住房和城乡建设部"十四五"规划教材

高等学校土木工程专业系列教材

现代地下工程
监测和检测理论与技术

孙　丽　主　编

金　峤　侯世伟　副主编

张春巍　主　审

中国建筑工业出版社

图书在版编目（CIP）数据

现代地下工程监测和检测理论与技术 / 孙丽主编；
金峤，侯世伟副主编. -- 北京：中国建筑工业出版社，
2025. 7. -- （住房和城乡建设部"十四五"规划教材）
（高等学校土木工程专业系列教材）. -- ISBN 978-7-112-
31381-5

Ⅰ. TU198

中国国家版本馆 CIP 数据核字第 20259K0N78 号

本书聚焦于现代地下工程监测及检测领域，系统且深入地介绍、论述了与之相关的基
础知识、背景理论以及基本技术。全书架构明晰，共划分为 9 章，主要内容包括现代地下
工程测试与监测、岩土工程力学基础、测试技术基础知识、地下工程的量测仪器和数据采
集系统、地下工程监测项目及控制基准、地下工程监测项目的实施方法、地下工程现场监
测的组织与实施、地下工程现场检测技术及地下工程监测实例。

本书可供隧道与地下工程、城市轨道交通工程等专业方向的本科生和研究生教学使
用，也可供从事地下工程领域工作的专业人员和科研人员参考。

为了更好地支持教学，我社向采用本书作为教材的教师提供课件，有需要者可与出版
社联系，索取方式如下：建工书院 https://edu.cabplink.com，邮箱 jckj@cabp.com.cn，
电话（010）58337285。

＊　　＊　　＊

责任编辑：仕　帅
责任校对：张惠雯

住房和城乡建设部"十四五"规划教材

高等学校土木工程专业系列教材

现代地下工程监测和检测理论与技术

孙　丽　主　编

金　峤　侯世伟　副主编

张春巍　主　审

＊

中国建筑工业出版社出版、发行（北京海淀三里河路 9 号）

各地新华书店、建筑书店经销

北京科地亚盟排版公司制版

廊坊市海涛印刷有限公司印刷

＊

开本：787 毫米×1092 毫米　1/16　印张：14½　字数：359 千字

2025 年 8 月第一版　　2025 年 8 月第一次印刷

定价：**48.00** 元（赠教师课件）

ISBN 978-7-112-31381-5

（44784）

本书编审委员会名单

主　编：孙　丽

副主编：金　峤　侯世伟

编　委：孙　威　由迎春　李　闯　郭　超

主　审：张春巍

出 版 说 明

党和国家高度重视教材建设。2016年，中办国办印发了《关于加强和改进新形势下大中小学教材建设的意见》，提出要健全国家教材制度。2019年12月，教育部牵头制定了《普通高等学校教材管理办法》和《职业院校教材管理办法》，旨在全面加强党的领导，切实提高教材建设的科学化水平，打造精品教材。住房和城乡建设部历来重视土建类学科专业教材建设，从"九五"开始组织部级规划教材立项工作，经过近30年的不断建设，规划教材提升了住房和城乡建设行业教材质量和认可度，出版了一系列精品教材，有效促进了行业部门引导专业教育，推动了行业高质量发展。

为进一步加强高等教育、职业教育住房和城乡建设领域学科专业教材建设工作，提高住房和城乡建设行业人才培养质量，2020年12月，住房和城乡建设部办公厅印发《关于申报高等教育职业教育住房和城乡建设领域学科专业"十四五"规划教材的通知》（建办人函〔2020〕656号），开展了住房和城乡建设部"十四五"规划教材选题的申报工作。经过专家评审和部人事司审核，512项选题列入住房和城乡建设领域学科专业"十四五"规划教材（简称规划教材）。2021年9月，住房和城乡建设部印发了《高等教育职业教育住房和城乡建设领域学科专业"十四五"规划教材选题的通知》（建人函〔2021〕36号）。为做好"十四五"规划教材的编写、审核、出版等工作，《通知》要求：（1）规划教材的编著者应依据《住房和城乡建设领域学科专业"十四五"规划教材申请书》（简称《申请书》）中的立项目标、申报依据、工作安排及进度，按时编写出高质量的教材；（2）规划教材编著者所在单位应履行《申请书》中的学校保证计划实施的主要条件，支持编著者按计划完成书稿编写工作；（3）高等学校土建类专业课程教材与教学资源专家委员会、全国住房和城乡建设职业教育教学指导委员会、住房和城乡建设部中等职业教育专业指导委员会应做好规划教材的指导、协调和审稿等工作，保证编写质量；（4）规划教材出版单位应积极配合，做好编辑、出版、发行等工作；（5）规划教材封面和书脊应标注"住房和城乡建设部'十四五'规划教材"字样和统一标识；（6）规划教材应在"十四五"期间完成出版，逾期不能完成的，不再作为《住房和城乡建设领域学科专业"十四五"规划教材》。

住房和城乡建设领域学科专业"十四五"规划教材的特点，一是重点以修订教育部、住房和城乡建设部"十二五""十三五"规划教材为主；二是严格按照专业标准规范要求编写，体现新发展理念；三是系列教材具有明显特点，满足不同层次和类型的学校专业教学要求；四是配备了数字资源，适应现代化教学的要求。规划教材的出版凝聚了作者、主审及编辑的心血，得到了有关院校、出版单位的大力支持，教材建设管理过程有严格保障。希望广大院校及各专业师生在选用、使用过程中，对规划教材的编写、出版质量进行反馈，以促进规划教材建设质量不断提高。

住房和城乡建设部"十四五"规划教材办公室
2021年11月

前　言

在当代工程建设的宏伟蓝图中，地下工程无疑是浓墨重彩的重要一笔。其广泛应用于城市地铁的纵横交错、大型水利设施的坚实根基以及众多基础设施的隐蔽支撑，宛如稳固的基石，深深嵌入国计民生的发展脉络，对社会的稳定运行与持续进步起着不可或缺的作用，其重要性随着时代的发展愈发彰显。

本书脱胎于沈阳建筑大学土木工程学院"地下工程测试与监测技术"的授课讲义，历经岁月的沉淀与反复打磨，在编写团队的精心雕琢下，如今得以呈现在读者面前。团队长期专注于土木工程结构健康监测领域，在科研与教学的道路上坚定前行，积累了丰富且扎实的专业知识和实践经验。团队成员积极投身于东北地区各类建筑工程，尤其是地下工程的监测及检测项目一线，始终遵循理论与实践紧密结合的原则，在实际项目中不断检验和完善所学所思，为本书的创作汇聚了大量真实且宝贵的素材与案例。

书中内容匠心独运，巧妙地将理论知识与实践应用融会贯通。开篇深入探索地下工程测试与监测的理论根基，从岩土力学基础理论的详细解读，到前沿监测技术原理的深入剖析，为读者构建起稳固的知识大厦。随后逐步过渡到实际操作环节，详尽地阐述各类量测仪器的精确使用技巧、监测方案的合理规划步骤以及数据处理分析的科学方法，并结合丰富多样且极具代表性的工程实例，如隧道工程、风机基础工程等监测项目，深入挖掘其中蕴含的成功关键与失败教训，进而提出切实有效的应对策略。我们力求让读者在阅读过程中，仿佛身临其境般融入真实的工程场景，能够深入浅出地领悟知识精髓，并熟练掌握实际操作要领，从而在地下工程测试与监测领域稳步提升专业素养与实践能力，为我国地下工程事业的蓬勃发展贡献智慧与力量。

本书各章节编写分工明确：第1章由孙丽、金峤悉心撰写；第2章和第8章由侯世伟、郭超合力完成；第3章由金峤主笔；第4章和第6章由由迎春、孙丽、李闯倾心编写；第5章和第7章由孙威负责；第9章由郭超、李闯、张春巍编写。正是得益于团队成员的紧密协作与不懈努力，才使得本书能够以严谨、详实的面貌问世。

随着社会经济的飞速发展，现代地下工程在城市建设、交通、能源等领域不断拓展其深度和广度，工程规模持续扩大，技术复杂度日益提升。地下工程所处环境的隐蔽性以及地质条件的高度不确定性，使得测试与监测工作成为保障工程安全、优化设计施工以及确保项目顺利推进的核心环节，其精准性、可靠性和及时性直接关系到工程的成败与效益。

面对这一行业发展的迫切需求，我们满怀热忱与责任感，倾力打造这本《现代地下工程监测和检测理论与技术》专业教材。我们深知一本优质、系统且实用的专业教材对于行业的技术迭代、人才培养以及整体发展具有不可估量的重要意义，因此在编写过程中始终坚守严谨的科学态度和务实的工匠精神。一方面，广泛搜集并深入研究国内外最新的学术成果和经典工程实践案例，将前沿的理论知识和创新的技术方法巧妙地融入书中，例如在监测技术章节中，除了全面介绍传统测试手段外，还着重对光纤光栅传感、无线传感等新兴技术进行了详细阐述，帮助读者紧跟行业发展的前沿趋势，拓宽专业视野。另一方面，高度注重理论与实践的有机融合，以大量生动鲜活的实际工程案例为依托，将抽象的知识具象化，生动地展示其在实际工作中的应用场景和操作方法，使读者能够轻松理解并迅速将所学知识转化为实际工作中的有效解决方案，提升解决问题的能力。

本书的章节架构经过精心策划与反复推敲，遵循从基础概念到核心技术、从理论原理到实践应用的逻辑顺序，层层递进、环环相扣，犹如为读者搭建了一座逐步攀升的知识阶梯，便于读者循序渐进地深入探索地下工程测试与监测的专业领域。无论是初涉该领域的新生力量，还是在行业中摸爬滚打多年、经验丰富的专业人士，都能从本书中汲取丰富而有价值的知识养分，获取实用的技能技巧和创新的思维方法，从而在专业发展的道路上不断突破自我、勇攀高峰。

我们衷心期望本书能够成为广大读者在现代地下工程测试与监测领域的忠实伙伴和得力助手，为推动行业的技术进步、人才培养以及整体发展贡献一份坚实的力量。同时，我们也清醒地认识到，知识的海洋浩瀚无垠，学科的发展日新月异，本书虽经精心编写，但难免存在一些不足之处。我们诚挚地欢迎广大读者提出宝贵的意见和建议，这些反馈将成为我们不断完善和提升本书质量的重要依据和动力源泉。在未来的日子里，我们将持续关注行业动态，不断学习和探索，努力在后续的修订工作中进一步优化本书内容，使其能够更好地满足读者的需求，适应行业的发展变化，为我国地下工程事业的辉煌未来提供更加有力的智力支持和知识保障。

编　者
2025 年 1 月

目　　录

第 1 章　现代地下工程测试与监测

【本章导读】

　　本章主要介绍了现代地下工程测试与监测的基本概念、特征、作用、发展历史、现状和趋势等内容，旨在让学生了解地下工程测试与监测的必要性和目的，以及在地下工程设计、施工、运营和维护中的作用和价值。

【重点和难点】

　　1. 掌握现代地下工程测试与监测的基本概念、方法和技术，以及相关的测试系统、传感器、仪器和设备的工作原理、性能指标和使用方法。

　　2. 理解现代地下工程测试与监测的必要性和目的，以及在地下工程设计、施工、运营和维护中的作用和价值。

　　3. 了解国内外现代地下工程测试与监测技术的发展历史、现状和趋势，以及相关的前沿领域和热点问题。

1.1　现代地下工程的概念、特征和作用

1.1.1　现代地下工程的定义和分类

　　地下工程是指为开发利用地下空间资源埋入地面以下，建造的地下结构物。地下工程包括：地下房屋、地下构筑物、地下铁道、公路隧道、水下隧道、地下共同沟（地下城市综合走廊）和过街地下通道等。地下工程具有空间利用率高、节约能源、保护环境、防火、防爆、安全性高等优点，是人类为了适应自然环境和社会需求而进行的一种创造性活动。它既是人类文明进步的体现，也是人类智慧结晶的产物。

　　根据地下工程的用途，地下工程可以分为以下五类：

　　1) 地下交通工程：主要包括地铁、轻轨、公路隧道等，是解决城市交通拥堵问题的有效途径，也是提高城市运输效率和安全性的重要措施。

　　2) 地下市政管线工程：主要包括给水、排水、燃气、电力、通信等管线，是保障城市正常运行和居民生活的基础设施，也是减少地面占用和环境污染的有效方法。

　　3) 地下工业工程：主要包括矿山、石油、化工等工业设施，是开发和利用地下资源的重要途径，也是提高资源利用率和降低生产成本的有效手段。

　　4) 地下民用工程：主要包括地下商场、停车场、仓库、防空洞等，是扩大城市空间容量和提高城市生活质量的重要措施，也是增加城市安全性和抗灾能力的有效方法。

5）地下科学研究工程：主要包括地质勘探、水文观测、核废料处置等科学研究设施，是探索地球内部结构和物理化学过程的重要手段，也是推动科学技术进步和创新的有效平台。

地下工程具有以下显著特点：

1）空间资源丰富：地下空间资源是一种可再生的自然资源，其潜力巨大。据估计，即使只开发相当于城市总容积1/3的地下空间，就等于全部城市地面建筑的容积。

2）环境影响小：地下工程可以减少对地面环境的占用和破坏，降低噪声和废气污染，改善城市景观和生态环境。

3）功能性强：地下工程可以满足不同用途和需求的功能要求，如恒温恒湿、超净、防火防爆等，也可以与地面建筑相结合，形成立体化的空间组织。

4）安全性高：地下工程由于处于一定厚度的土层或岩层的覆盖下，可以免遭或减轻空袭、炮轰、爆破等人为灾害，以及地震、飓风等自然灾害的破坏。

5）经济性好：地下工程可以节省地面空间，提高土地利用率，也可以节省能源，降低运营费用，同时也可以提高工作效率和社会效益。

在这样一个广阔而复杂的地下空间中，如何有效地进行测试与监测，以保证地下工程的安全性、可靠性和功能性，是一个亟待解决的问题。传统的地下工程测试与监测方法，主要依赖于人工观测和简单仪器设备，其效率低、精度差、范围受限，并不能满足现代地下工程的需求。因此，随着现代科学技术的支持，以系统工程思想为指导，以优化设计、精细施工、有效管理为目标，以改善人类生活环境和提高社会经济效益为导向，对地下空间资源进行开发利用的一种创新型工程——现代地下工程应运而生。

现代地下工程是指在现代科学技术支持下，以系统工程思想为指导，以优化设计、精细施工、有效管理为目标，以改善人类生活环境和提高社会经济效益为导向，对地下空间资源进行开发利用的一种创新型工程。"现代"二字的内涵是指地下工程测试与监测在科学技术不断发展和社会需求不断变化的背景下，所体现出来的新理念、新方法、新技术和新成果，如智能化、网络化、数字化、可视化等。现代地下工程不仅是一种技术活动，也是一种社会活动，它涉及多方面的因素和利益，需要综合考虑技术、经济、社会、环境等方面的影响和效果。现代地下工程对于解决城市交通拥堵、缓解城市用地紧张、保护城市生态环境、提高城市安全防护等问题具有重要意义和价值。

现代地下工程可以按照不同的标准进行分类，常见的分类方法有以下三种：

1）按照用途分类。根据地下工程所服务的不同领域和功能，可以将其分为以下五类：

（1）交通类：这类地下工程主要是为了解决城市或区域之间的交通运输问题而建造的，如地铁、轻轨、隧道、桥梁等。

（2）水利类：这类地下工程主要是为了利用或调节水资源而建造的，如水库、水电站、输水管道、排水管道等。

（3）市政类：这类地下工程主要是为了提供或改善城市公共服务和设施而建造的，如停车场、商场、剧院、图书馆等。

（4）能源类：这类地下工程主要是为了开发或储存能源资源而建造的，如煤矿、石油井、天然气井、核废料库等。

（5）防灾类：这类地下工程主要是为了防止或减轻自然灾害或人为灾害的影响而建造

的，如防空洞、地震监测站、应急避难所等。

2）按照结构形式分类。根据地下工程的空间形态和结构特点，可以将其分为以下四类：

（1）开挖型：这类地下工程是通过在地面以下开挖出一定的空间，然后在空间内部建造结构物或设施的，如地铁站、地下商场、地下停车场等。

（2）钻掘型：这类地下工程是通过在地面以下钻掘出一定的通道，然后在通道内部布置结构物或设施的，如隧道、管道、井筒等。

（3）护壁型：这类地下工程是通过在地面以下设置一定的护壁结构，然后在护壁内部填充或排除土体，形成空间或通道的，如桩基、挡土墙、护岸等。

（4）真空型：这类地下工程是通过在地面以下形成一定的真空区域，然后在真空区域内部建造结构物或设施的，如真空隧道、真空仓库、真空实验室等。

3）按照建造方法分类。根据地下工程的施工技术和方法，可以将其分为以下四类：

（1）盾构法：这种方法是通过使用一种特殊的机械设备——盾构机，在地面以下钻掘出通道，并同时安装管片或衬砌结构的，如青函隧道、英吉利海峡隧道等。

（2）新奥法：这种方法是通过使用一种特殊的注浆材料——新奥泥，在地面以下对土体进行加固和密实，并同时开挖出空间或通道的，如日本东京都厅大楼基础、法国巴黎歌剧院基础等。

（3）喷锚支护法：这种方法是通过使用一种特殊的喷射设备，在地面以下对开挖面进行喷射混凝土，并同时设置锚杆或锚索进行支护的，如中国三峡坝基坑、美国胡佛水坝基坑等。

（4）微型隧道法：这种方法是通过使用一种特殊的微型机械设备，在地面以下钻掘出小直径的通道，并同时安装管线或电缆等设施的，如日本东京都市气体管线、美国纽约市电力电缆等。

1.1.2　现代地下工程的特点和优势

现代地下工程具有以下四个特点：

1）系统性：现代地下工程是一个复杂的系统工程，它不仅包括单个或多个结构物或设施，还包括与之相互作用和影响的地层条件、周围环境、运营管理等要素。因此，现代地下工程需要从系统的角度进行分析设计、施工建造、运行维护等，并考虑系统内部和外部各要素之间的关系和协调。

2）创新性：现代地下工程是一种创造性的工程，它不仅需要遵循已有的理论和规范，还需要根据不同的需求和条件，采用新颖的思想和方法，开发新型的技术和材料，创造新颖的形式和功能。因此，现代地下工程需要具有开放性和前瞻性，并不断进行探索和实践。

3）可持续性：可持续性是指利用环境技术、生态技术、节能技术等，使现代地下工程能够更好地保护和改善地下空间的自然环境，减少对地表环境的负面影响，提高地下空间的生态效益和环境效益。例如，利用地热能、太阳能等可再生能源为地下工程提供供暖、供冷、照明等服务，利用植物、微生物等生物技术为地下工程提供通风、净化、美化等功能，利用废弃物、污水等资源技术为地下工程提供回收、再利用、处理等措施。

4）多样性：现代地下工程是一种多样化的工程，它不仅需要适应不同的地理、气候、地质、社会等条件，还需要满足不同的功能、效果、美观等要求。因此，现代地下工程需要具有灵活性和适应性，并根据不同的情况进行差异化和个性化的设计和施工。

现代地下工程与传统地下工程相比，有着明显的区别和联系。区别在于，现代地下工程更加注重系统性、创新性、可持续性和多样性，更加符合人类对地下空间资源开发利用的高层次需求和目标。联系在于，现代地下工程是在传统地下工程的基础上发展而来的，它继承了传统地下工程的经验和技术，并在此基础上进行了改进和创新。

从传统地下工程到现代地下工程的发展历程中，可以看出现代地下工程具有以下三点优势：

1) 规模扩大：随着人类对地下空间的需求不断增加，现代地下工程的规模也不断扩大，从单一的隧道或硐室发展到复杂的网络系统，从浅层或中层发展到深层或超深层，从小跨度或小高度发展到大跨度或大高度。

2) 技术进步：随着科技的进步和创新，现代地下工程的技术也不断进步，从简单的人力或机械施工发展到先进的自动化或智能化施工，从经验或简单理论设计发展到科学或复杂理论设计，从传统或单一材料支护发展到新型或多种材料支护。

3) 功能多样：随着社会的发展和变化，现代地下工程的功能也不断多样化，从单一的交通或防御功能发展到多种的商业、娱乐、文化、教育、科研等功能，从满足基本需求发展到提高生活品质。

1.1.3　现代地下工程在社会经济发展中的重要角色

现代地下工程是城市建设和发展的重要组成部分，它在社会经济发展中发挥着重要的作用，主要体现在以下四个方面：

1) 促进城市交通的发展。地下交通设施，如地铁、地下道路、地下停车场等，是解决城市交通拥堵和污染的有效措施，可以提高城市交通的效率和安全性，减少人们的出行时间和成本，增加人们的出行选择和便利性。

2) 完善城市功能。地下建筑设施，如地下商场、地下办公楼、地下图书馆、地下博物馆等，是丰富和拓展城市功能的有效途径，可以满足人们日益增长的生活和工作需求，提高人们的生活质量和文化水平。

3) 提升城市竞争力。地下综合体设施，如地下综合管廊、地下综合服务中心、地下综合信息网络等，是提升城市竞争力的有效手段，可以实现城市基础设施的集约化、智能化和节能化，提高城市管理和服务的水平和效率。

4) 保障国家安全和社会稳定。地下防护设施，如地下防空洞、地下指挥中心、地下仓库等，是保障国家安全和社会稳定的有效措施，可以抵御战争、恐怖主义、自然灾害等威胁，保护国家领导人、重要机构、战略物资等不受损失或破坏。

1.2　现代地下工程测试与监测的基本概念

1.2.1　现代地下工程测试与监测的必要性和目的性

在施工过程中进行动态监测和检测，实施信息化施工，提供反馈信息，从而指导施工、修改设计，以确保工程安全。监测与检测已经成为继勘察、设计、施工、监理之后的又一个产业，基于地下工程测试和监测的必要性以及目前存在的问题，地下工程测试与监测的研究与学习对工程人员均具有重要的意义。

地下工程是建筑工程中的重要组成部分。它以岩土地基、边坡、围岩三种主要形式与结构物组成各种形式的建筑物整体；被称为"隐蔽工程"和"灰色工程"。地下工程赋存环境的复杂性决定了其工程建设的风险性；风险的解决过程是设计、施工和监测检测相互配合协调的过程；在施工、运行过程中，监测岩土工程的实际状况及稳定性，将为保证工程安全提供科学依据，监测信息将为修改设计、指导施工提供可靠资料。

在岩土中修建地下工程，由于对结构设计的合理性进行理论分析涉及的问题很多，进行精确计算比较困难。主要原因是岩土的复杂性、施工方法的难以模拟性、围岩与支护结构相互作用的复杂性及周边环境的复杂性。因此，需通过先进手段对围岩的特性进行检测并进行信息化施工，通过施工过程中对围岩、支护结构及周边建（构）筑物的位移和应力监测，并及时反馈到设计与施工中去，优化设计参数及施工方法，以确保地下工程施工和周围建（构）筑物的安全。

地下工程赋存环境的复杂性决定了其工程建设的风险性。如：地下工程施工中很容易造成周围建筑物的不均匀沉降，进而造成周围建筑的破坏，尤其在特殊情况下线路和建筑基础或桥梁桩基相遇，需要进行桩基托换，这对建筑物的影响极大，控制不当将导致建筑物的破坏。复杂的地质条件使得施工极具挑战，很难找到一种工法、一种机械适用于所有的地质条件，同时地下流砂、暗浜或沼气很容易造成隧道坍塌和人员伤亡。丰富的地下水尤其是承压水是施工中的大敌，降水对周围建筑极具破坏性。城市地下工程意味着多层地下空间的交叠，致使地下工程的深度越来越深，这给施工中的地下支撑体系带来很大的困难，任何支撑体系的失效都会带来灾难性的事故，较深的埋深和丰富的地下水使得地下结构的抗浮极其困难，地下水降水不充分，会造成基坑底板隆起，甚至底板破坏涌水涌砂，但超量的地下降水会造成周围建筑的超常沉降而破坏；地下工程穿越河流是不容忽视的难点，河水通常和地下水连通形成承压水地层，极易造成隧道上浮变形破坏，同时河床下的地层通常比较松软，容易造成流砂。联络通道的施工是地下工程施工中的重要风险点，目前国内地铁施工通常采用冷冻法，支撑体系依赖冻土强度，冷冻土体的强度是通过冷冻温度和冷冻时间控制，在施工中冷冻设备的正常工作至关重要，任何冷冻设备的失效会造成冻土强度减弱，从而导致隧道坍塌，如果联络通道在河流下方，会造成灾难性的后果。综上所述，地下工程是极具挑战的工作，如何解决好以上风险是工程能否成功的关键。

风险的解决过程是设计、施工和监测、检测相互配合协调的过程。地下工程施工过程中，在各种力的作用和自然因素的影响下，其工作性态和安全状况随时都在发生变化。如出现异常，而又不被及时发现和掌握这种变化的情况和性质，任险情持续发展，后果不堪设想。如能在岩土体或工程结构上安装埋设必要的监测、检测仪器，随时监测、检测其工程状态，则可在发现异常时，提前对岩土体或工程结构采取补强加固措施，防止灾害性破坏的产生；或采取必要的应急处理，避免或减少生命和财产的损失。

在施工、运行过程中，监测岩土工程的实际状况及稳定性，为保证工程安全提供科学依据，监测信息将为修改设计、指导施工提供可靠资料，同时监测成果还将为提高新建岩土工程的技术水平积累经验。目前，安全监测已成为工程勘测、设计、施工和运行过程中不可缺少的重要手段，被视为工程设计效果、施工和运行安全的直接指示器。岩土工程都建造在岩土介质之上或之中，在施工过程中必须进行动态监测，实行信息化施工，提供反馈信息，从而指导施工和修改设计，以确保工程安全。

综上所述，现代地下工程测试与监测具有以下四个方面的必要性和目的性：

1）为地下工程设计提供基础数据。通过对地下工程所处的地质条件、水文条件、环境条件等进行测试和监测，可以获取地下工程的物理性质、力学性质、变形特征、稳定性能等数据，为地下工程的设计提供可靠的依据，优化设计方案，降低设计风险。

2）为地下工程施工提供技术支持。通过对地下工程施工过程中的开挖变形、支护应力、围岩应变、水压力等进行测试和监测，可以及时掌握施工对结构和围岩的影响，评估施工安全状况，指导施工参数的调整，提高施工效率和质量。例如，三峡工程在施工和运营过程中，广泛采用了各种测试与监测技术，保证了水库结构与围岩的稳定性和功能性，实现了长江流域的防洪、发电和航运目标。

3）为地下工程运营提供安全保障。通过对地下工程施工、运营过程中的结构裂缝、位移变化、渗漏情况等进行测试和监测，可以及时发现结构和围岩的损伤和变化，预警可能发生的灾害，采取应急措施，保障运营安全和功能完善。国内若干起地下工程安全事故，如杭州风情大道地铁坍塌事故、北京地铁 10 号线"7·19"事故、上海地铁 12 号线"11·15"事故、广州地铁 8 号线"5·28"事故等，都是由于在开挖地铁站台时未进行充分的测试与监测，导致土体失稳、水体涌入、火花引燃等事故的发生。

4）为地下工程维护提供科学依据。通过对地下工程维护过程中的结构性能、围岩稳定性、环境质量等进行测试和监测，可以准确评估结构和围岩的寿命和耐久性，制定合理的维护计划，延长使用寿命，降低维护成本。例如，奥涅卡洛核废料处置工程在施工和运营过程中，广泛采用了各种测试与监测技术，保证了核废料容器的密封性和屏蔽性，防止了核废料的泄漏和扩散。

地下工程测试与监测是一项非常重要的技术活动，它可以从多个方面保障地下工程的安全性、效率、质量、环境和社会效益。因此，在进行地下工程施工时，必须重视并加强地下工程测试与监测的研究和应用。

1.2.2　现代地下工程测试与监测的定义、目的、内容和分类

现代地下工程测试与监测是指在地下工程设计、施工和运营过程中，利用各种仪器设备和技术手段，对地下空间的形态、结构、性质、变化和影响因素进行观测、测量、分析和评价的活动。现代地下工程测试与监测具有以下三个特点：

1）现代地下工程测试与监测是一种综合性的活动，涉及多个学科领域，如岩土力学、结构力学、材料科学、电子技术、计算机科学等。

2）现代地下工程测试与监测是一种动态性的活动，需要根据地下工程的不同阶段和不同目标，采用不同的方法和技术，实现对地下空间的全面、实时、动态和精细化监测。

3）现代地下工程测试与监测是一种创新性的活动，需要不断开发新型的测试与监测方法和仪器，利用新材料、新原理、新技术，提高测试与监测的灵敏度、分辨率、稳定性和适应性。

现代地下工程测试与监测的目的是为了获取地下工程的基本数据，指导地下工程的设计方案，控制地下工程的施工质量，评估地下工程的安全性能，预防和处理地下工程的风

险和灾害，保障地下工程的正常运行和延长使用寿命。具体来说，现代地下工程测试与监测可以实现以下四个方面的功能：

1）数据获取：通过对地下空间内部或周边环境中各种物理量或物理现象进行观测或测量，获取其大小、位置、形状、变化等信息。

2）数据分析：通过对获取到的数据进行处理、整理、归纳、统计等操作，提取其规律、特征、趋势等信息。

3）数据评价：通过对分析得到的信息进行比较、判断、评估等操作，确定其优劣、合理性、可靠性等信息。

4）数据应用：通过将评价得到的信息应用于设计方案、施工控制、安全预警等方面，实现对地下空间的优化管理和有效利用。

现代地下工程测试与监测的内容包括对地下空间的形状、位置、尺寸、稳定性、强度、刚度、变形、应力、应变、裂缝、渗流等参数进行测试与监测。这些参数可以反映地下空间的几何特征、结构特征、力学特征、变化特征等方面的信息，对于评估地下空间的性能和状态，预测地下空间的变化和影响，制定地下空间的措施和方案，都有重要的作用。

现代地下工程测试与监测根据不同的对象、目标和方法可以分为以下七类：

1）控制测量：是指在地下工程施工前后，对地表或地下空间内部建立一定精度和密度的控制网或控制点，以提供平面坐标和高程基准，以及联系上下部分或不同区域的连接线或连接点。

2）局部测量：是指在地下工程施工过程中或施工完成后，对地下空间内部或周边环境中各种物体或特征点进行局部或详细的观测或测量，以获取其形态、位置、尺寸等信息。

3）施工放样：是指在地下工程施工前或施工过程中，根据设计图纸或施工方案，将地下空间的形状、位置、尺寸等参数通过测量手段在现场标出，以指导施工人员进行开挖、支护、装饰等施工活动。

4）力学电测：是指利用电阻应变片或其他电测元件，将地下空间内部或周边环境中的力学量（如应力、应变、位移、速度、加速度等）转换为电信号，通过电桥或其他电路进行放大、调理和采集，以获取力学量的大小和变化规律。

5）声波测试：是指利用声波在岩土介质中的产生、发射和传播特性，对地下空间内部或周边环境中的岩土介质进行检测和评价，以获取其弹性模量、泊松比、密度、波速等参数，以及其完整性、损伤程度等信息。

6）声发射监测：是指利用岩土介质在受到外力作用时产生的微弱声波信号，对地下空间内部或周边环境中的岩土介质进行实时、连续、动态的监测和评价，以获取其应力状态、变形过程、破坏机理等信息。

7）模拟试验：是指利用物理模型或数值模型，对地下空间内部或周边环境中的岩土介质进行模拟和仿真，以获取其力学特性、变形特征、破坏模式等信息。

1.2.3 现代地下工程测试与监测的基本原理和方法

现代地下工程测试与监测的基本原理是利用各种物理、化学、生物、数学等规律，通过各种仪器、设备和技术，对地下工程的各种参数进行观测、测量、分析和评价，从而反映地下工程的结构、围岩、水文、环境等方面的状态和变化。现代地下工程测试与监测的基本方法是根据测试与监测的目的和对象，选择合适的仪器、设备和技术，制定合理的测试与监测方案，执行严格的测试与监测程序，采集准确的测试与监测数据，运用科学的测试与监测方法，得出可靠的测试与监测结果。现代地下工程测试与监测的基本方法包括以下七个步骤：

1）确定测试与监测目标。根据地下工程的设计、施工、运营和维护的需要，明确测试与监测的目的和要求，确定测试与监测的对象和参数，确定测试与监测的范围和精度。

2）选择测试与监测方法。根据确定的测试与监测目标，综合考虑地下工程的特点和条件，选择适合的测试与监测方法，包括现场测试与监测方法和室内试验与分析方法，以及传统测试与监测技术和现代测试与监测技术。

3）制定测试与监测方案。根据选择的测试与监测方法，制定详细的测试与监测方案，包括仪器、设备和技术的选型和配置，观测点、线、面和体的布置和安装，数据采集、传输和存储的方式和频率，数据处理、分析和评价的方法和步骤等。

4）执行测试与监测程序。根据制定的测试与监测方案，执行严格的测试与监测程序，包括仪器、设备和技术的校准和标定，观测点、线、面和体的建立和维护，数据采集、传输和存储的操作和控制等。

5）采集测试与监测数据。根据执行的测试与监测程序，采集准确的测试与监测数据，包括结构、围岩、水文、环境等方面的各种参数值，以及相关的时间、位置等信息。

6）运用测试与监测方法。根据采集的测试与监测数据，运用科学的测试与监测方法，包括数据处理、分析和评价等方法，对数据进行整理、筛选、校正、归一化等处理，对数据进行统计、回归、拟合、预测等分析，对数据进行对比、推断、判断等评价。

7）得出测试与监测结果。根据运用的测试与监测方法，得出可靠的测试与监测结果，包括结构性能、围岩稳定性、水文条件、环境质量等方面的状态和变化情况，以及可能发生的风险和灾害情况。

1.3　现代地下工程测试与监测的主要技术和设备

1.3.1　现代地下工程测试与监测的主要技术及设备

现代地下工程测试与监测的主要技术及相应设备可以根据其原理和方法分为以下四类：

1）光电测量技术。该类技术利用光电效应，将光信号转换为电信号，从而实现对地下工程的位移、变形、应力、温度等参数的测量。光电测量技术的优点是精度高、抗干扰能力强、可靠性高、维护成本低等。常见的光电测量设备有光纤传感器、激光干涉仪、全站仪、数字水准仪等。

2）声波检测技术。该类技术利用声波在介质中的传播特性，通过发射和接收声波信号，从而实现对地下工程的结构完整性、裂缝分布、孔隙率、弹性模量等参数的检测。声波检测技术的优点是无需接触被测对象，适用于各种介质和环境，可以进行连续和动态的检测等。常见的声波检测设备有超声波检测仪、微震监测仪、声发射仪等。

3）无损检测技术。这类技术利用电磁波、红外线、X射线等无损手段，对地下工程进行非破坏性的检测，从而实现对地下工程的结构缺陷、渗漏情况、钢筋锚杆状态等参数的检测。无损检测技术的优点是不影响被测对象的正常使用，可以进行快速和准确的检测，可以提供直观和定量的结果等。常见的无损检测设备有电磁波探伤仪、红外热像仪、X射线探伤仪等。

4）模型试验技术。这类技术利用物理模型或数值模型，模拟地下工程的实际情况，从而实现对地下工程的受力状态、变形规律、稳定性分析等参数的试验研究。模型试验技术的优点是可以在较小的尺度和较短的时间内重现地下工程的复杂过程，可以进行多种参数和条件的变化分析，可以提供较为全面和深入的结果等。常见的模型试验设备有物理相似模型试验台、数值计算模拟软件等。

1.3.2　现代地下工程测试与监测技术和设备的选择原则

现代地下工程测试与监测技术和设备的选择原则主要包括以下三点：

1）根据测试与监测的目的和对象，选择适合的技术和设备。不同的测试与监测目的和对象，需要采用不同的技术和设备，以保证测试与监测的有效性和准确性。例如，对于地下结构的变形监测，可以选择光电测量技术和全站仪；对于地下围岩的破裂监测，可以选择微震监测技术和声发射监测系统等。

2）根据测试与监测的条件和环境，选择适合的技术和设备。不同的测试与监测条件和环境，需要采用不同的技术和设备，以保证测试与监测的可行性和安全性。例如，对于地下水位较高或有易燃易爆气体的地下工程，可以选择无损检测技术和雷达探测仪；对于地下空间较小或有强电磁干扰的地下工程，可以选择光纤传感技术和光纤光栅传感器等。

3）根据测试与监测的经费和效益，选择适合的技术和设备。不同的测试与监测技术和设备，需要投入不同的经费，并能带来不同的效益，需要综合考虑经费和效益之间的平衡。例如，对于一般性质的地下工程，可以选择成本较低但精度较高的传统测试与监测技术和设备；对于重要性质或复杂条件的地下工程，可以选择成本较高但效果较好的现代测试与监测技术和设备等。

1.4　地下工程测试与监测的发展历史、现状和趋势

1.4.1　地下工程测试与监测的发展历史

地下工程的发展历史可以追溯到古代，人类为了生存和防御，就开始利用地下空间建造洞穴、墓穴、水井等。随着科学技术的进步和社会经济的发展，地下工程的规模、深度、复杂度和多样性都不断增加。从19世纪开始，世界上出现了第一条地铁（图1-1）、第一条水下隧道（图1-2）、第一座地下商场（图1-3）等地下工程的里程碑。20世纪以来，随着城市化进程的加快和人口的增长，地下工程在城市建设中发挥了越来越重要的作用。目前，世界上许多大城市都建有地铁、轻轨、公路隧道等地下交通工程，以及地下商场、停车场、仓库等地下民用工程。同时，为了满足科学研究和国防安全的需要，也建有大型粒子对撞机、核废料处置库等地下科学研究工程和防空洞、导弹发射井等地下军事工程。

图 1-1　世界第一条地铁（英国伦敦
大都会地铁，1863 年建成，长度 6km）

图 1-2　世界第一条水下隧道（英国伦敦
泰晤士河隧道，1843 年建成，长度 381m）

从历史发展的纵轴线来看，地下工程测试与监测技术的发展历史可以分为四个阶段：

图 1-3　世界第一座地下商场
（日本大阪难波地下街，1957 年建成）

1. 萌芽阶段——20 世纪 50 年代至 20 世纪 70 年代

这一阶段是地下工程测试与监测技术的起步阶段，主要以经验法为主，缺乏系统的理论指导和规范化的操作流程。测试与监测仪器设备主要依赖于传统的光学、机械方法，如水准仪、经纬仪、光学测距仪等，精度低，效率低，易受环境干扰。测试与监测内容主要局限于基本的岩土力学参数和结构物变形量的测定，缺乏对环境影响和风险预警的关注。测试与监测数据主要依靠人工记录和计算，缺乏有效的数据处理和分析方法。

2. 规范阶段——20 世纪 80 年代

这一阶段是地下工程测试与监测技术的成熟阶段，开始形成了较为完善的理论体系和规范化的操作流程。测试与监测仪器设备开始引入电子技术和计算机技术，如电子水准仪、电子经纬仪、电子测距仪等，提高了精度和效率，减少了人为误差。测试与监测内容开始拓展到岩土体应力应变状态、结构物稳定性和可靠性等方面，增加了对周围环境影响和安全预警的评估。测试与监测数据开始利用计算机进行存储和处理，采用统计分析和数值模拟等方法，提高了数据的可信度和可用性。

3. 全方位发展阶段——20 世纪 90 年代至 21 世纪初

这一阶段是地下工程测试与监测技术的创新阶段，开始涌现了许多新的测试与监测手段和设备，使得测试与监测技术向着标准化、自动化和智能化的方向发展。测试与监测仪器设备开始广泛应用高新技术，如光纤技术、激光技术、雷达技术、卫星技术等，实现了对地下工程的高精度、高效率、高灵敏度、高分辨率和实时动态的测试与监测。测试与监测内容开始涵盖地下工程的全生命周期，从勘察设计到施工运营，从岩土体到结构物，从环境影响到风险预警，从静态观测到动态控制，从局部分析到整体评价。测试与监测数据开始利用信息技术进行传输和共享，采用智能分析和决策支持等方法，实现了数据的动态管理和优化应用。

4.融合创新阶段——21世纪初至今

这一阶段是地下工程测试与监测技术的发展前沿阶段，开始探索多学科、多领域、多层次的融合创新，使得测试与监测技术更加适应地下工程的复杂性和多样性。测试与监测仪器设备开始集成多种传感器和通信方式，如无线传感网络、物联网、云计算等，实现了对地下工程的无缝覆盖、无线连接和云端服务。测试与监测内容开始关注地下工程的社会效益和生态效益，从单一目标到多目标优化，从工程安全到人员安全，从风险预警到风险防范。测试与监测数据开始利用大数据技术进行挖掘和利用，采用机器学习、深度学习、人工智能等方法，实现了数据的智能化和价值化。测试与监测技术开始与其他工程技术相互融合和创新，如数字孪生技术、虚拟现实技术、增强现实技术等，实现了对地下工程的数字化和可视化。

目前，地下工程已走上现代技术交融的快车道，新理念、新方法、新技术正在日新月异地改变着地下工程的面貌，从而不断地诞生着地下工程先驱们难以想象的伟大案例和惊人成果，例如：

1）世界上最长最深的海底隧道——日本青函隧道。该隧道连接了日本本州岛和北海道岛，全长53.85km，其中海底部分23.3km，最深处达到240m。该隧道采用了盾构法、新奥法等先进的施工方法，并配备了通风系统、火灾探测系统、紧急避难所等安全设施。

2）世界上最深的地铁站——乌克兰基辅地铁阿森纳站（图1-4）。该站位于基辅市中心，距离地面105.5m，共有两层平台，分别为红线和绿线。该站采用了开挖法和钻掘法相结合的施工方法，并装饰了大理石、花岗岩、青铜等材料。

3）世界上最大的人造洞穴——俄罗斯东西伯利亚地区的和平钻石矿坑（图1-5）。这个巨大的洞穴是由苏联和俄罗斯矿工在1955年开始挖掘的，直到2010年才停止开采。它的深度达到了533m，顶部直径约为1600m，是世界上最大的人造洞穴，也是在外太空可见的人造景观之一。

图1-4 世界上最深的地铁站——乌克兰基辅地铁阿森纳站

图1-5 世界上最大的人造洞穴——俄罗斯东西伯利亚地区的和平钻石矿坑

1.4.2 地下工程测试与监测的现状问题

地下工程测试与监测技术经过几十年的发展，已经取得了显著的成就和进步，为地下工程的设计、施工和运营提供了有力的技术支撑和保障。然而，由于地下工程本身的复杂性和多样性，以及社会经济和环境的变化和挑战，地下工程测试与监测技术仍然面临着一些问题和困难，需要进一步的研究和改进。以下是一些主要的问题和困难：

1. 测试与监测仪器设备的局限性

尽管目前已经有许多先进的测试与监测仪器设备，但是它们仍然存在一些局限性，如：

适应性不强：一些仪器设备只能适用于特定的岩土体类型、结构物形式、环境条件等，不能满足不同地下工程的多样化需求。

稳定性不高：一些仪器设备在长期使用或恶劣环境下容易出现故障、损坏、失效等情况，影响测试与监测的准确性和可靠性。

成本不低：一些仪器设备的价格昂贵、维护费用高、使用寿命短，增加了测试与监测的经济负担。

因此，需要开发更加适应性强、稳定性高、成本低的测试与监测仪器设备，以提高测试与监测技术的普适性和可持续性。

2. 测试与监测内容的不足性

尽管目前已经有许多全面的测试与监测内容，但是它们仍然存在一些不足，如：

精度不够：一些测试与监测内容只能获取岩土体或结构物的平均或整体性质或状态，不能反映其内部或局部的差异或变化。

敏感度不够：一些测试与监测内容只能检测到岩土体或结构物已经发生的损伤或变形，不能预测其可能发生的风险或危险。

时效性不够：一些测试与监测内容只能在特定的时间点或时间段进行观测或测量，不能实时或连续地获取岩土体或结构物的动态变化。

因此，需要开发更加精确、敏感、时效的测试与监测内容，以提高测试与监测技术的精细化和及时化。

3. 测试与监测数据的利用性

尽管目前已经有许多有效的测试与监测数据处理和分析方法，但是它们仍然存在一些利用性问题，如：

一致性不够：一些测试与监测数据来自不同的仪器设备、方法或来源，可能存在不同的格式、标准或质量，导致数据的整合和对比困难。

安全性不够：一些测试与监测数据涉及地下工程的敏感信息或机密信息，可能存在泄露、篡改或损毁的风险，影响数据的保密性和完整性。

价值性不够：一些测试与监测数据只是被简单地存储或展示，没有被充分地挖掘或利用，导致数据的冗余或浪费。

因此，需要开发更加一致、安全、有价值的测试与监测数据管理和应用方法，以提高测试与监测技术的协同化和智能化。

1.4.3　现代地下工程测试与监测的发展趋势和前沿领域

地下工程测试与监测技术作为一门重要的工程应用技术，将随着科学技术的进步和社会需求的变化，不断地发展和创新，形成新的理论体系、方法论和技术手段。以下是一些可能的发展趋势：

1. 测试与监测仪器设备的多功能化

未来的测试与监测仪器设备将不再是单一功能或单一类型的，而是将多种传感器、通信方式、计算能力等集成在一起，形成多功能、多模式、多维度的测试与监测平台。这样的平台将能够适应不同地下工程的多样化需求，实现对岩土体、结构物、环境等多方面的综合测试与监测，提高测试与监测技术的覆盖率和效率。

2. 测试与监测内容的微观化

未来的测试与监测内容将不再是宏观或整体性质或表面的，而是将深入到岩土体或结构物的微观或局部层面，实现对其内部结构、组成、变化等的精细测试与监测。这样的内容将能够反映出岩土体或结构物的本质特征和潜在风险，实现对其损伤或变形的预测和预防，提高测试与监测技术的精度和敏感度。

3. 测试与监测数据的智能化

未来的测试与监测数据将不再是静态或孤立的，而是将通过信息技术和大数据技术进行动态地传输、共享、挖掘和利用，实现对地下工程的智能化管理和优化。这样的数据将能够提供更加丰富和有价值的信息和知识，实现对地下工程的评价和决策支持，提高测试与监测技术的时效性和价值性。

1.5　课程内容、教学目标与学习方法

1.5.1　课程基本内容与教学目标

本课程是一门针对现代地下工程测试和监测的综合性教材，共分为九个部分，依次介绍了地下工程测试和监测发展现状、地下结构相关的土力学基础理论、测试技术的基础知识、地下工程的量测仪器和数据采集系统、地下工程监测项目及控制基准、地下工程监测项目的实施方法、地下工程现场监测的组织与实施、地下工程现场检测技术以及地下工程监测典型案例等内容，具体包含以下四个方面：

1）地下工程测试与监测的基本概念、原理和方法，以及相关的测试系统、传感器、仪器和设备的工作原理、性能指标和使用方法。

2）地下工程测试与监测的主要项目和内容，包括地下工程的地质条件、结构性能、施工过程、运行状态等方面的测试与监测。

3）地下工程测试与监测的数据处理和分析方法，包括数据的采集、传输、存储、处理、分析和评价等步骤，以及相关的数学模型、统计方法、数据挖掘方法等。

4）地下工程测试与监测的实际应用案例以及相应的问题分析和解决方案。

本课程具有应用型、实践型、发展型的特点。地下工程测试与监测技术是一门综合性的新兴工程应用技术，涉及地质、力学、设计、施工、仪器、监测技术和理论分析等知识领域。目前还处于发展阶段，还有大量的技术难题有待于探讨、研究和解决。鉴于此，在课程教学目标设立上主要体现以下四点：

1）使学生了解地下工程测试与监测的基本概念、原理和方法，掌握相关的测试系统、传感器、仪器和设备的工作原理、性能指标和使用方法。

2）使学生熟悉地下工程测试与监测的主要项目和内容，能够根据不同类型的地下工

程制定合理的测试与监测方案，并能够使用相应的仪器和设备进行测试与监测。

3）使学生掌握地下工程测试与监测的数据处理和分析方法，能够对测试与监测数据进行有效的采集、传输、存储、处理、分析和评价，并能够运用相关的数学模型、统计方法、数据挖掘方法等进行数据挖掘和知识发现。

4）使学生了解地下工程测试与监测的实际应用案例，能够分析和解决实际工程中遇到的各种问题，并能够结合国内外现代地下工程测试与监测技术的发展趋势和前沿领域，提出创新性的思路和建议。

1.5.2　课程学习方法

本课程是一门实践性很强的工程应用性学科，与其他课程相比，无论是在内容体系上，还是在教学要求上，均存在着很大差别。学生在学习过程中，必须充分注意到该课程实践应用型的特点，掌握其内在的规律及其基本要领，变被动为主动，才能取得较好的效果。本课程在学习上有如下要求：

1）作为一门技术和应用型课程，除了涉及地下结构、地下工程施工、岩土方面的专业知识外，还涉及大量测量学、电工学、数理统计电子学等学科的基础知识。尽管上述基础知识在之前的学习中已经有了一些认识，但多为了解的内容，也非地下工程专业学生的主干课程，因此学生对此重视程度不够，基础较薄弱。然而，在本课程中，对上述基础知识的要求已经从了解上升到应用的高度，这就要求学生在涉及这些知识时，自己补充学习，以利于掌握本课程的基本原理和概念。如监测与检测技术基础知识章节中，涉及大量的电工学和电子学的知识；测量误差分析及数据处理章节中，涉及大量数理统计的内容。

2）在学习过程中，必须牢固树立服务于工程、切实解决工程实际问题的思路。测试和监测工作贯穿于工程建设的全过程，部分还渗透到运营过程，且实际的工程进展和监测结果具有直接的对应关系。因此，在本课程学习前，要对地下工程的施工技术，如施工方法、施工步序等有深刻的认识，掌握各阶段的重点监测内容；随着工程建设的进行，合理有序地调整监测对象、监测内容、监测频率，达到优化监测方案、确保工程安全的目的。此外，对土力学、岩石力学等地下工程方向的专业基础课程要有一定的掌握，学会用土力学和岩石力学中的相关理论知识来解释围岩应力、应变等方面的监测结果。

3）要重视实践和试验的内容，要求深入工程、熟悉工程、密切注意当前在建地下工程。结合教学过程，安排诸如室内试验操作、室外现场测试以及现场元件埋设测试和分析等不同形式的实践内容。学生应珍惜这些机会，增强参与意识，努力提高动手能力，将理论知识应用于实际，达到学以致用的目的。此外，深入实际工程现场，参观学习现场的测试、监测技术，通过实践获得最直观的认识。

4）重视地下工程测试、监测技术的发展动态。地下工程测试中，监测检测仪器发挥了重要作用，各种类型的传感器是设备中的必要元件。随着电子技术的飞速发展，出现了大量新型传感器和多种新型测试技术，对上述发展的新知识和新技术的掌握和认识，有助于合理选择监测检测仪器，对提高监测检测精度、减小监测工作劳动量、节省投资将起到一定的作用。

5）现有的测试与监测手段和仪器是通过长期工程实践摸索和总结出来的方法，与目前的施工水平无疑是相适应的，具有一定的先进性和经济性，但也存在不足。如在测试精确度和准确度及对测试结果的分析判断方面存在不足，这是由地下工程及其所处环境的复杂性决定的。在学习过程中要对不足有清晰的认识，不能完全依赖监测结果，要对结果有一个客观的、符合实际的分析和认识。

6）重视测试与监测结果的积累和分析，深刻认识反分析及广义反分析法在结果分析中的重要地位，及其对设计和理论的修正、指导和验证作用。

复习思考题

1-1　请简要说明现代地下工程的概念和特征，以及与传统地下工程的区别。

1-2　请简要说明现代地下工程测试与监测的概念和特征，以及其在地下工程设计、施工、运营和维护中的作用和价值。

1-3　请列举现代地下工程测试与监测的主要技术和设备，并简要介绍其原理、特点、优缺点和适用条件。

1-4　请简要概述国内外现代地下工程测试与监测技术的发展历史、现状和趋势，以及相关的前沿领域和热点问题。

1-5　请根据实际案例，分析和解决实际工程中遇到的某个测试与监测问题，并提出创新性的思路和建议。

第 2 章　岩土工程力学基础

【本章导读】

　　本章主要介绍了岩土工程力学的基本概念和计算方法，包括岩土力学指标和分类、边坡稳定性分析、围岩压力与计算、地下水压力与土体渗流等内容。本章旨在帮助读者掌握岩土工程力学的基本理论和方法，为后续的地下工程测试与监测打下坚实的基础。

【重点和难点】

　　本章的重点是理解岩土力学的基本概念和计算方法，掌握边坡稳定性分析、围岩压力与计算、地下水压力与土体渗流的原理和方法，以及相关的监测和评估技术。本章的难点是掌握土体强度的测试方法、边坡开挖支挡结构方案优化、围岩支护形式、水压力对土体性状的影响等内容，以及运用相关的理论和方法解决实际工程问题。

2.1　岩土力学基本概念

2.1.1　土的物理力学指标和分类

　　在自然界，土是岩石风化的产物，具有碎散性、三相性和天然变异性。不同种类的土具有不同的物理性质和工程性质，土的物理性质和工程性质主要取决于土的三相组成、颗粒级配、矿物成分、结构性等因素。土的三相组成是指土由固体颗粒、水和气体三种不同状态的物质组成，为了推导三相比例指标和便于说明问题，可用土的三相组成示意图（图 2-1）来表示各部分间的数量关系。

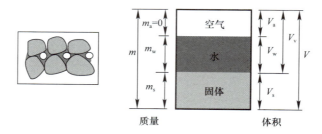

图 2-1　土的三相组成示意图

　　土体的基本指标的概念和表达式如表 2-1 所示。

土体的基本指标的概念和表达式　　　　　　表 2-1

指标名称及符号	指标表达式	常用换算公式	常见数值范围
密度 ρ	$\rho=\dfrac{m}{V}$	$\rho=\rho_d(1+\omega)=\dfrac{d_s(1+\omega)}{1+e}\rho_\omega$	$1.6\sim2.0\text{g/cm}^3$
干密度 ρ_d	$\rho_d=\dfrac{m_s}{V}$	$\rho_d=\dfrac{\rho}{1+\omega}=\dfrac{d_s}{1+e}\rho_\omega$	$1.3\sim1.8\text{g/cm}^3$
饱和密度 ρ_{sat}	$\rho_{sat}=\dfrac{m_s+V_V\rho_\omega}{V}$	$\rho_{sat}=\dfrac{d_s+e}{1+e}\rho_\omega$	$1.8\sim2.3\text{g/cm}^3$
浮密度 ρ'	$\rho'=\dfrac{m_s-V_s\rho_\omega}{V}$	$\rho'=\rho_{sat}-\rho_\omega=\dfrac{d_s-e}{1+e}\rho_\omega$	$0.8\sim1.3\text{g/cm}^3$
土粒相对密度 d_s	$d_s=\dfrac{m_s/V_s}{\rho_{w4^\circ}}=\dfrac{\rho_s}{\rho_{w4^\circ}}$	$d_s=\dfrac{S_r e}{\omega}$	黏性土:$2.72\sim2.75$ 粉土:$2.70\sim2.71$ 砂土:$2.65\sim2.69$
孔隙比 e	$e=\dfrac{V_V}{V_s}$	$e=\dfrac{d_s\rho_\omega}{\rho_d}-1=\dfrac{d_s(1+\omega)\rho_\omega}{\rho}-1$	淤泥质黏土:$1\sim1.5$ 黏性土和粉土:$0.4\sim1.2$ 砂土:$0.38\sim0.9$
孔隙率 n	$n=\dfrac{V_V}{V}\times100\%$	$n=\dfrac{e}{1+e}=1-\dfrac{\rho_d}{d_s\rho_\omega}$	黏性土和粉土:$30\%\sim60\%$ 砂土:$25\%\sim45\%$
含水率 ω	$\omega=\dfrac{m_w}{m_s}\times100\%$	$\omega=\dfrac{S_r e}{d_s}=\dfrac{\rho}{\rho_d}-1$	$10\%\sim70\%$
饱和度 S_r	$S_r=\dfrac{V_w}{V_V}\times100\%$	$S_r=\dfrac{\omega d_s}{e}=\dfrac{\omega\rho_d}{n\rho_\omega}$	稍湿:$0\leqslant S_r\leqslant50\%$ 很湿:$50\%<S_r\leqslant80\%$ 饱和:$80\%<S_r\leqslant100\%$

2.1.2　地基岩土体的工程分类

自然界的土类众多，工程性质各异。土的分类体系就是根据土的工程性质差异将土划分成一定的类别，其目的在于通过一种通用的鉴别标准，将自然界错综复杂的情况予以系统地归纳，以便于在不同土类间作有价值的比较、评价、积累以及学术与经验的交流。不同部门，研究问题的出发点不同，使用分类方法各异，目前国内各部门根据各自的用途特点和实践经验，制定了各自的分类方法。

目前，国内外有两大类土的工程分类体系：一是建筑工程系统的分类体系，它侧重于把土作为建筑地基和环境，故以原状土为基本对象，因此，对土的分类除考虑土的组成外，很注重土的天然结构性，即土粒联结与空间排列特征。例如《建筑地基基础设计规范》GB 50007—2011 地基土的分类。二是工程材料系统的分类体系，它侧重于把土作为建筑材料，用于路堤、土坝和填土地基等工程。故以扰动土为基本对象，注重土的组成，不考虑土的天然结构性，如《土的工程分类标准》GB/T 50145—2007 工程用土的分类和《公路土工试验规程》JTG 3430—2020 的工程分类。

建筑地基土的分类参考勘察规范和地基基础规范。《岩土工程勘察规范》GB 50021—2001（2009 年版）和《建筑地基基础设计规范》GB 50007—2011 分类体系的主要特点是：在考虑划分标准时，注重土的天然结构特性和强度，并始终与土的主要工程特性即变形和强度特征紧密联系。因此，首先考虑按沉积年代和地质成因划分，同时将某些特殊形成条件和特殊工程性质的区域性特殊土与普通土区别开来。

地基土按沉积年代可划分为：①老沉积土：第四纪晚更新世 Q_3 及其以前沉积的土，一般呈超固结状态，具有较高的结构强度；②新近沉积土：第四纪全新世 Q_4 近期沉积的土，一般呈欠固结状态，结构强度较低。

作为建筑地基的岩土分为岩石、碎石土、砂土、粉土、黏性土、人工填土和特殊土。

1. 岩石

岩石为颗粒间牢固联结呈整体或具有节理裂隙的岩体。作为建筑物地基，岩石应划分其坚硬程度和完整程度。岩石的坚硬程度根据岩块的饱和单轴抗压强度分为坚硬岩、较硬岩、较软岩、软岩和极软岩。岩石根据风化程度可分为未风化、微风化、中风化、强风化和全风化。

2. 碎石土

粒径大于 2mm 的颗粒含量超过全重 50％的土称为碎石土。根据颗粒级配和颗粒形状按表 2-2 分为漂石、块石、卵石、碎石、圆砾和角砾。

碎石土分类　　　　　　　　　　　　　　　　表 2-2

土的名称	颗粒形状	颗粒级配
漂石	圆形及亚圆形为主	粒径大于 200mm 的颗粒含量超过全重 50％
块石	棱角形为主	粒径大于 200mm 的颗粒含量超过全重 50％
卵石	圆形及亚圆形为主	粒径大于 20mm 的颗粒含量超过全重 50％
碎石	棱角形为主	粒径大于 20mm 的颗粒含量超过全重 50％
圆砾	圆形及亚圆形为主	粒径大于 2mm 的颗粒含量超过全重 50％
角砾	棱角形为主	粒径大于 2mm 的颗粒含量超过全重 50％

注：定名时应根据颗粒级配由大到小以最先符合者确定。

3. 砂土

粒径大于 2mm 的颗粒含量不超过全重 50％，且粒径大于 0.075mm 的颗粒含量超过全重 50％的土称为砂土。根据颗粒级配按表 2-3 分为砾砂、粗砂、中砂、细砂和粉砂。

4. 粉土

粉土是介于砂土与黏性土之间，塑性指数 $I_p \leqslant 10$，粒径大于 0.075mm 的颗粒含量不超过全重 50％的土。

砂土分类　　　　　　　　　　　　　　　　表 2-3

土的名称	颗粒级配
砾砂	粒径大于 2mm 的颗粒含量占全重 25％～50％
粗砂	粒径大于 0.5mm 的颗粒含量超过全重 50％
中砂	粒径大于 0.25mm 的颗粒含量超过全重 50％
细砂	粒径大于 0.075mm 的颗粒含量超过全重 85％
粉砂	粒径大于 0.075mm 的颗粒含量超过全重 50％

注：定名时应根据颗粒级配由大到小以最先符合者确定。

有资料表明，粉土的密实度与天然孔隙比 e 有关，一般 $e > 0.9$ 时，为稍密，强度较低，属软弱地基；$0.75 < e < 0.9$ 为中密；$e < 0.75$，为密实，其强度高，属良好的天然地

基。粉土的湿度状态可按天然含水率 ω（%）划分，当 $\omega < 20\%$，为稍湿；$20\% < \omega < 30\%$，为湿；$\omega > 30\%$，为很湿。粉土在饱水状态下易于散化与结构软化，以致强度降低，压缩性增大。野外鉴别粉土可将其浸水饱和，团成小球，置于手掌上左右反复摇晃，并以另一手振击，则土中水迅速渗出土面，并呈现光泽。

5. 黏性土

塑性指数大于 10 的土称为黏性土。根据 I_p 黏性土又可分为粉质黏土（$10 < I_p \leq 17$）和黏土（$I_p > 17$）。

6. 人工填土

人工填土是指由于人类活动而堆积的土，其物质成分杂乱，均匀性较差。人工填土可按堆填时间分为老填土和新填土，通常把堆填时间超过 10 年的黏性填土或超过 5 年的粉性填土称为老填土，否则称为新填土。根据其物质组成和成因又可分为素填土、压实填土、杂填土和冲填土四类。

1）素填土。素填土是由碎石、砂土、粉土和黏性土等组成的填土。其不含杂质或含杂质很少，按主要组成物质分为碎石素填土、砂性素填土、粉性素填土及黏性素填土。经分层压实的称为压实填土。

2）压实填土。经分层压实或夯实的素填土称为压实填土，在道路等工程中常用。

3）杂填土。杂填土是含有大量建筑垃圾、工业废料或生活垃圾等杂物的填土。按组成物质分为建筑垃圾土、工业垃圾土及生活垃圾土。

4）冲填土。冲填土是由水力冲填泥砂形成的填土。

7. 特殊土

特殊土是指具有一定分布区域或工程意义上具有特殊成分、状态和结构特征的土。从目前工程实践来看，大体可分为：软土、红黏土、黄土、膨胀土、多年冻土、盐渍土等。

1）软土。软土是指沿海的滨海相、三角洲相、溺谷相、内陆的河流相、湖泊相、沼泽相等主要由细粒土组成的孔隙比大（$e \geq 1$）、天然含水率高（$\omega \geq \omega_L$）、压缩性高、强度低和具有灵敏性、结构性的土层。其包括淤泥、淤泥质黏性土、淤泥质粉土等。

淤泥和淤泥质土是工程建设中经常遇到的软土。在静水或缓慢的流水环境中沉积，并经生物化学作用形成。当黏性土的 $\omega > \omega_L$，$e > 1.5$ 时称为淤泥；而当 $\omega > \omega_L$，$1.0 \leq e < 1.5$ 时称为淤泥质土。当土的有机质含量大于 5% 时称为有机质土，大于 60% 时称为泥炭。

2）红黏土。红黏土是指碳酸盐系的岩石经第四纪以来的红土化作用，形成并覆盖于基岩上，呈棕红、褐黄等色的高塑性黏土。其特征是：$\omega_L > 50\%$，土质上硬下软，具有明显胀缩性，裂隙发育。已形成的红黏土经坡积、洪积再搬运后仍保留着黏土的基本特征，且 $\omega_L > 45\%$ 的称为次生红黏土。我国红黏土主要分布于云贵高原、南岭山脉南北两侧及湘西、鄂西丘陵山地等。

3）黄土。黄土是一种含大量碳酸盐类且常能以肉眼观察到大孔隙的黄色粉状土。天然黄土在未受水浸湿时，一般强度较高，压缩性较低。但当其受水浸湿后，因黄土自身大孔隙结构的特征，压缩性剧增使结构受到破坏。上层突然显著下沉，同时强度也随之迅速下降，这类黄土统称为湿陷性黄土。湿陷性黄土根据上覆土自重压力下是否发生湿陷变形，又可分为自重湿陷性黄土和非自重湿陷性黄土。

4）膨胀土。膨胀土是指土体中含有大量的亲水性黏土矿物成分（如蒙脱石、伊利石等），在环境温度及湿度变化影响下，可产生强烈的胀缩变形的土。由于膨胀土通常强度较高，压缩性较低，而一旦遇水，就呈现出较大的吸水膨胀和失水收缩的能力，其自由膨胀率不小于40%。往往导致建筑物和地基开裂、变形而破坏。膨胀土大多分布于当地排水基准面以上的二级阶地及其以上的台地、丘陵、山前缓坡、垅岗地段，其分布多呈零星分布且厚度不均，不具绵延性和区域性，在我国十几个省均分布有膨胀土。

5）多年冻土。多年冻土是指土的温度等于或低于0℃、含有固态水，且这种状态在自然界连续保持3年或3年以上的土。当自然条件改变时，它将产生冻胀、融陷、热融滑塌等特殊不良地质现象，并发生物理力学性质的改变。主要分布于我国西北和东北部分地区，青藏公路和青藏铁路沿线即遇大量多年冻土。

6）盐渍土。盐渍土是指易溶盐含量大于0.5%，且具有吸湿、松胀等特性的土。由于可溶盐遇水溶解，可能导致土体产生湿陷、膨胀以及有害的毛细水上升，使建筑物遭受破坏。

2.1.3　土的抗剪强度和破坏准则

土体抗剪强度是指土体在外力作用下抵抗破坏的能力，它与土体的内聚力、内摩擦角、含水量、密度、应力状态等因素有关。土体强度是地下工程测试与监测的重要参数之一，它直接影响到地下工程结构的稳定性和安全性。一般来说，土体抗剪强度可以用库仑公式（库仑定律）来表示：

$$\tau = c + \sigma_n \tan\varphi \tag{2-1}$$

式中，τ 是土的剪切强度，c 是土的内聚力，σ_n 是土的法向应力，φ 是土的内摩擦角。

强度准则是指用数学公式或图形来表示材料在不同应力状态下发生变形和破坏的条件或规律。强度准则可以分为两类：屈服准则和破坏准则。

屈服准则是指用数学公式或图形来表示材料在不同应力状态下开始发生塑性变形的条件或规律，它反映了材料从弹性状态向塑性状态转变的临界点。屈服准则通常用于描述金属等具有明显屈服现象的材料。

破坏准则是指用数学公式或图形来表示材料在不同应力状态下发生断裂或失效的条件或规律，它反映了材料从塑性状态向破坏状态转变的临界点。破坏准则通常用于描述岩土等具有脆性破坏特征的材料。

对于岩土材料，由于其复杂而特殊的力学特性，如非线性、各向异性、结构性、流变性等，目前还没有一个普遍适用且完全正确的强度准则，只能根据不同类型和状态的岩土选择合适的强度准则进行近似分析。常见的岩土强度准则有以下三种：

1. Mohr-Coulomb 准则

这是最早提出也是应用最广泛的岩土材料强度准则，也可用于一些脆性或近似脆性的岩土材料，如砂岩、页岩、花岗岩等。它假设岩土材料的破坏面三维空间是一个等边不等角的六棱锥，M-C模型屈服面函数为：

$$f = R_{mc}q - p\tan\varphi - c = 0 \tag{2-2}$$

$$R_{mc} = \frac{1}{\sqrt{3}\cos\varphi}\sin\left(\Theta + \frac{\pi}{3}\right) + \frac{1}{3}\cos\left(\Theta + \frac{\pi}{3}\right)\tan\varphi \tag{2-3}$$

$$\cos(3\Theta) = \frac{r^3}{q^3} \tag{2-4}$$

式中，p 为平均应力，q 是剪应力，φ 是 p-q 面上 M-C 屈服面的夹角，即内摩擦角，c 是内聚力，R_{mc} 是控制屈服面在 π 平面的形状参数，Θ 是极偏角，r 是第三偏应力不变量 J_3。

2. Drucker-Prager 准则

这是一个用于描述颗粒状材料（如土、混凝土等）的屈服条件的强度准则，它是对 Von Mises 屈服准则的修正，即在 Von Mises 表达式中加入了一个与静水压力（或侧限压力）有关的项。其屈服函数为：

$$f = \sqrt{J_2} + aI_1 - H = 0 \tag{2-5}$$

式中，f 是屈服函数，J_2 是应力偏张量第二不变量，I_1 是应力张量第一不变量，a 和 H 是材料参数，一般通过与 Coulomb 强度准则的六棱锥拟合得到。这个准则在 π 平面上呈现为一个圆形，在子午面上呈现为一个锥形。

3. Hoek-Brown 准则

这是一个专门为岩石设计的强度准则，它考虑了岩石的非线性和各向异性特性，其表达式为：

$$\sigma_1 = \sigma_3 + \sigma_c\left[m_b\frac{\sigma_3}{\sigma_c} + s\right]^a \tag{2-6}$$

式中，σ_1 和 σ_3 分别是最大和最小主应力，σ_c 是单轴抗压强度，m_b、s 和 a 是与岩石类型相关的经验参数。这个准则可以较好地拟合不同类型的岩石的试验数据，但也存在一些局限性，如参数难以确定、不适用于含水岩石等。

2.1.4　土体强度的测试方法

土体强度可通过室内或现场试验测定，主要试验有：室内的直接剪切试验、三轴压缩试验、无侧限抗压试验和现场的十字板剪切试验等。

1. 直接剪切试验（以下简称直剪试验）

直剪试验是一种简单而常用的室内测试方法，它可以直接测得土体在不同法向应力下的剪切强度，并由此求出土体的内聚力和内摩擦角。为了近似模拟土体的排水条件，直剪试验可分为快剪、固结快剪和慢剪三种方法。直剪试验原理如图 2-2 所示。

直剪试验的步骤如下：

1）将制备好的试样放置在上下盒内两块透水石之间。固定好上下两个剪切盒，并连接好应变计和荷重计。

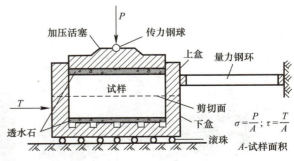

图 2-2　直剪试验原理示意图

2）施加竖向压力。给上盒施加某一法向荷载，并在一次剪切过程中保持不变。

3）施加水平推力。开始给予下剪切盒一个恒定的水平位移速率，并记录下位移和荷载随时间变化的数据。

4）使试样在上下盒之间的水平接触面上产生剪切变形，直至破坏。

5）在不同竖向压力的条件下进行多组试验，根据数据绘制出剪切强度-法向应力曲线，并求出其斜率和截距，即为内摩擦角和内聚力。

2．三轴压缩试验

三轴压缩试验是测定土体抗剪强度的一种较为完善的方法，三轴压缩试验应力状态和应力路径明确，排水条件可控制。虽然考虑主应力的影响，但可以模拟不同应力路径加载条件，获得相应的土体的变形过程和强度特征。按固结条件和排水条件，可分为不固结不排水（UU）试验、固结排水（CD）试验和固结不排水（CU）试验。三轴压缩试验的原理以及多功能试验仪器如图 2-3 所示。

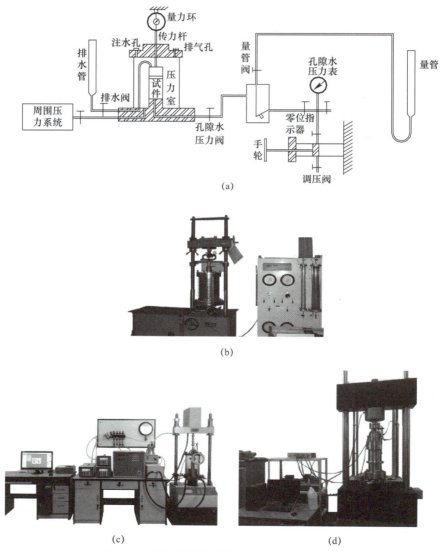

图 2-3　三轴压缩试验原理示意图及仪器（一）

（a）简图；（b）常规三轴仪；（c）多功能静动三轴仪；（d）高压三轴仪

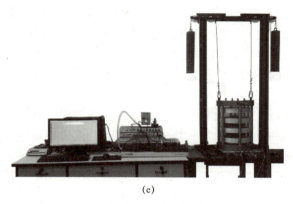

(e)

图 2-3　三轴压缩试验原理示意图及仪器（二）

（e）共振柱

三轴压缩试验的步骤如下：

1）试验准备。将制备好的圆柱形土样包裹在橡胶膜中，并放入三轴仪的压力室内，连接好应变计和压力计。

2）试样饱和。一般三轴压缩仪器适用于饱和土。试样的饱和过程可采取饱和器提前单独操作，也可以在三轴仪上进行饱和阶段。在进行固结和剪切阶段前要测定试样的饱和度，确定试样达到饱和状态后进行三轴压缩过程。

3）试样固结。给予试样施加初始围压，模拟土体的天然应力状态，根据孔隙水的排出情况和监测的孔隙水压力判断固结阶段是否完成。

4）剪切试验。施加竖向荷载进行常规剪切或者控制围压和竖向荷载变化实现不同应力路径变化过程，试验停止条件可根据试验目的，采用应力或应变控制。

5）根据数据绘制出应力-应变曲线，可求其极限状态下的主应力差和主应力比，进而获得变形和强度特征参数。

2.2　边坡稳定性分析

边坡是指具有一定倾角的土体或岩体表面，除天然边坡外，基坑、明挖地下工程都会形成人工边坡。滑坡是一部分土体在自身重力和外部荷载作用下，可能发生滑动或崩塌等失稳现象，造成工程安全和环境危害。分析和评价边坡的稳定性，是地下工程设计和施工中的重要任务。

2.2.1　边坡稳定性的概念

边坡稳定性是指边坡在一定条件下保持其形状和位置不发生变形或破坏的能力。边坡稳定性受到岩土体自身强度、应力状态、水文和地质条件、温度变化、地震等多种因素的影响。当岩土体受到外部荷载或内部扰动时，其内部应力会发生变化，如果应力超过了岩土体的抗剪强度，就会导致边坡失稳。

1. 边坡失稳的形式和机理

边坡失稳的形式有多种，常见的有以下四种：

1）滑动失稳。滑动失稳是指岩土体在某个滑动面上发生相对移动的失稳形式，它是最常见的边坡体失稳形式之一。滑动面可以是边坡内部存在的软弱层、裂缝、接触面等，也可以是边坡岩土体与基岩或其他结构之间的分界面。滑动失稳的机理是边坡在外界力的作用下，其在滑动面上的剪切应力超过了其剪切强度，导致边坡在滑动面上发生剪切破坏和相对移动。

2）倾倒失稳（崩塌）。倾倒失稳是指边坡在垂直或近似垂直的断裂面上发生旋转或倾覆的失稳形式，它是一种较为复杂的边坡失稳形式。倾倒失稳通常发生在岩质边坡或岩土复合边坡中，其断裂面可以是岩体内部存在的节理、裂缝、层理等，也可以是岩体与其他结构之间的分界面。倾倒失稳的机理是岩土体在外界力的作用下，其在断裂面上的正应力超过了其正向强度，导致土体在断裂面上发生张开和旋转。

3）坍塌失稳。坍塌失稳是指边坡体由于自重或水压等作用，发生局部或整体下沉或坍塌的失稳形式，它是一种较为危险的边坡体失稳形式。坍塌失稳通常发生在松散或饱和的土体中，如砂土、粉土、淤泥等。坍塌失稳的机理是土体在自重或水压等作用下，其孔隙水压超过了其有效应力，导致土体失去承载能力和内聚力，发生下沉或坍塌。

4）流动失稳（侵蚀）。流动失稳是指边坡体由于含水量过高或外力冲击等作用，发生大范围的流动或冲刷的失稳形式，它是一种较为灾难性的土体失稳形式。流动失稳通常发生在含水量高或易液化的土体中，如泥石流、泥流、泥砂流等。流动失稳的机理是土体在含水量过高或外力冲击等作用下，其内聚力和摩擦角降低，导致边坡土体变成类似液态的物质，发生流动或冲刷。

2. 边坡稳定性的判据和评价指标

边坡稳定性的判据是指用于判断边坡是否稳定或失稳的依据或标准，它反映了边坡的力学性能和受力情况。边坡稳定性的评价指标是指用于衡量边坡稳定程度或失稳危险性的定量或定性的参数或等级，它反映了边坡的安全状况和风险水平。本节将介绍常用的边坡稳定性的判据和评价指标。

1）边坡稳定性的判据

边坡稳定性的判据有多种，常用的有以下三种：

（1）安全系数法。安全系数法是一种基于极限平衡理论的边坡稳定性判据，它是指将边坡的抗滑力/力矩与滑动力/力矩之比定义为安全系数，当安全系数大于等于某个临界值时，认为边坡是稳定的，否则认为边坡是失稳的。安全系数法的优点是简单易用、适用范围广；缺点是忽略了边坡的变形特征和失稳过程。

（2）临界状态法。临界状态法是一种基于塑性理论和变形理论的边坡稳定性判据，它是指将边坡在失稳前后的应力状态与其临界应力状态进行比较，当边坡中岩土体的应力状态达到或超过其临界应力状态时，认为边坡是失稳的，否则认为边坡是稳定的。临界应力状态可以用摩尔-库仑（Mohr-Coulomb）准则、德鲁克-普拉格（Drucker-Prager）准则等描述。临界状态法的优点是考虑了边坡岩土体的变形特征和失稳过程；缺点是计算复杂、需要更多的参数。

（3）能量法。能量法是一种基于能量守恒和能量耗散原理的边坡稳定性判据，它是指将边坡在失稳过程中所释放或吸收的能量与其在平衡状态下所储存或消耗的能量进行比较，当前者大于后者时，认为边坡是失稳的，否则认为边坡是稳定的。能量法的优点是考虑了边坡的动态特征和失稳过程；缺点是难以确定边坡在失稳过程中所涉及的能量项。

　　2）边坡稳定性的评价指标

　　边坡稳定性的评价指标有多种，常用的有以下三种：

　　（1）安全系数。安全系数是一种用于衡量边坡抗滑能力与滑动倾向之比值的定量指标，它反映了土体离失稳状态有多远。安全系数越大，表示边坡越接近于完全稳定；安全系数越小，表示边坡越接近于完全失稳。一般认为，当安全系数小于1时，表示边坡已经失稳；当安全系数等于1时，表示边坡处于临界状态；当安全系数大于1时，表示边坡处于稳定状态。

　　（2）失稳概率。失稳概率是一种用于衡量在给定条件下，某个区域或某个点发生土体失稳的可能性的定量指标，它反映了边坡土体稳定性的不确定性和随机性。失稳概率越大，表示边坡越容易发生失稳；失稳概率越小，表示边坡越不容易发生失稳。一般认为，当失稳概率大于某个阈值时，表示边坡有较高的失稳危险；当失稳概率小于某个阈值时，表示边坡有较低的失稳危险。

　　（3）安全等级。安全等级是一种用于衡量边坡稳定性程度的定性指标，它反映了边坡的安全状况和风险水平。安全等级通常根据安全系数、失稳概率、失稳后果等因素综合划分，一般分为安全、基本安全、亚安全、不安全等几个等级。安全等级越高，表示边坡越稳定；安全等级越低，表示边坡越不稳定。

2.2.2　边坡稳定性的计算分析方法

　　边坡稳定性的计算分析方法是指根据边坡失稳的形式、机理和评价指标，采用数学模型和计算方法，对边坡稳定性进行定量或定性的评价和预测的方法。常用的边坡稳定性分析方法有以下3种。

　　1. 极限平衡法

　　极限平衡法是一种基于力学平衡原理的边坡稳定性分析方法，黏性土坡常用的分析方法有整体圆弧滑动法、瑞典条分法和折线滑动法等。

　　整体圆弧滑动法假设边坡内部存在一个潜在的圆弧滑动面，如图2-4所示，这个圆弧可以通过坡脚也可以

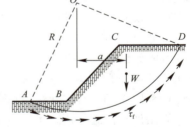

图 2-4　整体圆弧滑动法示意图

不通过坡脚。沿该滑动面的抗滑力矩与滑动力矩之比定义为边坡的安全系数。当安全系数小于1时，边坡就会发生失稳；当安全系数等于1时，边坡处于临界状态；当安全系数大于1时，边坡就能保持稳定。

　　实际工程中土坡轮廓复杂，由多层土构成，各区段土法向应力不同，因此，常将滑动土体分成若干土条，基于极限平衡思想，分析作用于每个土条的力和力矩平衡条件，求出安全系数，这类统称条分法，如图2-5所示。根据不同的假设条件和计算方法，可以分为以下4种：

　　1）瑞典圆弧法。瑞典条分法（Swedish slice method）也称瑞典圆弧法，是一种适用于圆弧形滑动面的极限平衡法，它假设沿滑动面的法向应力和剪切应力均匀分布，滑动面为圆柱面及滑动土体为刚体，不考虑土条两侧面上的作用力，且沿滑动面的剪切应力等于土体的抗剪强度。瑞典圆弧法通过求解沿滑动面的土条底部的法向力和土条的力矩平衡方

程，求出安全系数，最后得到使安全系数最小的临界滑动圆弧，即边坡潜在的最危险滑裂面，并以此作为边坡失稳的判据。

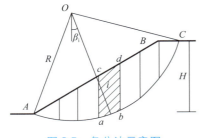

图 2-5　条分法示意图

2）毕肖普法。毕肖普（Bishop）条分法是一种适用于圆弧状滑动面的极限平衡法，它假设沿滑动面的法向应力和剪切应力均匀分布，且沿滑动面的剪切应力等于土体的抗剪强度。毕肖普法通过将滑动面分为若干土条，假定土条重力、法向力和切向力作用于土体底部中点，并对每一小段求解水平方向和竖直方向的力平衡方程，得到整个滑动面上的安全系数，并以此作为边坡失稳的判据。

3）简布法。简布（Janbu）法是一种适用于复杂边坡非圆弧普遍条分法，它假设沿滑动面的剪切应力不均匀分布，且受到孔隙水压力和表面水压力等因素的影响。简布法通过将边坡分为若干条形区域，假定土条两侧法向力作用于土条底面以上 1/3 处。并对每一条形区域求解水平方向和竖直方向的力平衡方程，得到整个边坡上的安全系数，并以此作为边坡失稳的判据。

4）折线滑动法。折线滑动法（不平衡推力法）是假定边坡滑动面为折线，适用于岩质或者带有基岩的边坡。将滑动土体按照基岩或结构面划分为块体，考虑重力分解为滑面的法向和切向，沿着滑体底面计算每块的剩余推力，假定滑坡推力作用点在滑体厚度的 1/2 处，推力安全系数根据滑坡现状及其对工程的影响等因素确定，可取 1.05～1.25。根据边坡剩余推力为零的极限状态，得到整个边坡的临界状态。

极限平衡法的优点是模型简单、计算简捷，可以快速地对边体稳定性进行评价；缺点是假设过于理想化，通过引入假定条件较少未知数的个数，求解多个土条的力和力矩的平衡方程；没有考虑边坡的变形特性和应力分布规律，导致安全系数的偏差。

2. 有限元法

有限元法是一种基于数值模拟的边坡稳定性分析方法，它将连续的土体离散为有限个单元，并根据岩土体的本构关系和边界条件，建立各个单元之间的方程组，求解岩土体的位移场和应力场。有限元法可以考虑岩土体的非线性、非均质、非饱和等特性，以及复杂的边界条件和荷载作用，可以更准确地反映岩土体的真实状态。有限元法根据不同的求解策略，可以分为以下四种：

1）强度折减法。强度折减法是一种适用于任意形状滑动面和任意强度准则的有限元法，它假设岩土体的强度参数随着一个折减系数而逐渐降低，直到岩土体发生失稳。强度折减法通过求解岩土体在不同折减系数下的平衡状态，得到使边坡达到临界状态的最大折减系数，并以此作为边坡的安全系数。

2）应力折减法。应力折减法是一种适用于圆形滑动面和库仑强度准则的有限元法，它假设岩土体的应力水平随着一个折减系数而逐渐增加，直到边坡发生失稳。应力折减法通过求解边坡在不同折减系数下的平衡状态，得到使边坡达到临界状态的最小折减系数，并以此作为边坡的安全系数。

3）增量荷载法。增量荷载法是一种适用于任意形状滑动面和任意强度准则的有限元法，它假设边坡受到一个逐渐增加的外部荷载作用，直到边坡发生失稳。增量荷载法通过求解边坡在不同荷载水平下的平衡状态，得到使边坡达到临界状态的最大荷载水平，并以此作为边坡的安全系数。

有限元法的优点是模型灵活、精度高，可以更真实地模拟边坡的变形和破坏过程；缺点是计算复杂、耗时长，需要专业的软件和人员进行操作。

3. 可靠度法

可靠度法是一种基于概率统计的边坡稳定性分析方法，它考虑了影响边坡稳定性的各种随机因素（如荷载、材料参数、水文条件等）的不确定性和变异性，将边坡稳定性表述为一个概率问题。可靠度法通过建立一个可靠度函数或可靠度指标，来描述边坡在一定时间内不发生失稳的概率或可信程度。可靠度法根据不同的计算方法，可以分为以下三种：

1）第一类可靠度法。第一类可靠度法是一种基于极限平衡法的可靠度法，它假设边坡内部存在一个潜在的滑动面，沿该滑动面的安全系数服从某种概率分布，如正态分布、对数正态分布等。第一类可靠度法通过求解安全系数的累积分布函数或概率密度函数，得到边坡失效的概率或可靠度指标。第一类可靠度法的优点是计算简单，缺点是不能考虑滑动面位置的不确定性。

2）第二类可靠度法。第二类可靠度法是一种基于有限元法的可靠度法，它假设边坡的位移场和应力场服从某种概率分布，如正态分布、对数正态分布等。第二类可靠度法通过求解位移场和应力场的累积分布函数或概率密度函数，得到边坡失效的概率或可靠度指标。第二类可靠度法的优点是能考虑边坡的变形特性和应力分布规律，缺点是计算复杂。

3）第三类可靠度法。第三类可靠度法是一种基于蒙特卡罗模拟的可靠度法，它利用计算机生成大量的随机样本，模拟边坡在不同条件下的状态，并统计边坡失效的频率或比例，从而得到边坡失效的概率或可靠度指标。第三类可靠度法的优点是能适用于任意形式的概率分布和极限状态方程，缺点是需要大量的计算资源和时间。

2.2.3　边坡稳定性的安全系数和安全等级

边坡稳定性的安全等级是指根据边坡的安全系数和失稳后可能造成的危害程度，对边坡进行分级评价的方法。不同国家和地区对边坡稳定性的安全等级有不同的标准和规范。如表 2-4 所示给出了采用边坡安全系数进行边坡稳定性评价的一个示例：

边坡稳定性分级评价表　　　　　　　　　　表 2-4

安全等级	安全系数范围	失稳后危害程度
Ⅰ	$F_s > 3$	极轻
Ⅱ	$2 < F_s < 3$	轻
Ⅲ	$1.5 < F_s < 2$	中
Ⅳ	$1.2 < F_s < 1.5$	重
Ⅴ	$F_s < 1.2$	极重

2.2.4　边坡开挖支挡结构方案优化

边坡开挖和支护是一种对边坡产生重要影响的人为活动，它会改变边坡岩土的几何形状、应力状态、水文条件等，从而影响边坡的稳定性。因此，边坡开挖和支挡结构的设计和施工需要充分考虑边坡稳定性问题，采取合理的方案和措施，避免或减轻边坡失稳的风险。

1. 边坡开挖对支挡结构稳定性的影响分析

边坡开挖是一种改变地质环境的人为活动，它会对周围的岩土体产生不同程度的影响，可能导致岩土体的变形、破坏或失稳。影响岩土体稳定性的主要因素有以下四个方面：

1) 边坡开挖会改变地基岩土体的应力状态，引起地基岩土体内部的应力重分布产生应力集中，降低地基岩土体的安全系数。特别是当开挖深度较大或距离地基岩土体较近时，开挖对地基的影响更为显著。

2) 边坡开挖会改变地基岩土体的支持条件，削弱地基岩土体的整体性和稳定性。例如，开挖会切断或破坏地基内部的连接结构，如岩层、裂隙、夹层等，使地基岩土体失去原有的约束和支撑；开挖会破坏或移除底部或侧面的支持物，如基岩、锚杆、桩等，使地基失去原有的支持力和抗滑力。

3) 边坡开挖会改变地基的水文条件，影响地基的渗流特性和水压分布。例如，开挖会改变地下水位和水流方向，增加或减少地基内部的孔隙水压，降低或提高地基的有效应力；开挖会引起地表水或雨水的入渗或积蓄，增加地基的重量和饱和度，降低地基的抗剪强度。

4) 边坡开挖会引起地震或爆破等动力作用，对地基产生冲击或振动。例如，开挖过程中可能会使用爆破、机械施工、车辆运输等方式，产生冲击波、气压波、声波等动力效应，对地基造成周期性或随机性的扰动；开挖过程中可能会引发地震、滑移等地质灾害，对地基造成突发性或累积性的破坏。

因此，在进行边坡开挖时，必须对周围的地基进行充分的调查和分析，评估开挖对地基稳定性的影响程度和范围，并采取相应的监测和防治措施，以保证地下工程和基础工程的安全。

2. 支挡结构对地基安全性的影响分析

在进行边坡开挖时，为了保证周围地基的稳定性和安全性，通常需要采用不同类型和形式的支挡结构来加固和保护地基。然而，支挡结构本身也会对地下工程产生一定的影响，可能导致地下工程的变形、破裂或失稳。影响地下工程安全性的主要因素有以下四个方面：

1) 支挡结构会改变地下工程周围土体或岩体的应力状态，引起地下工程内部的应力重分布和应力集中，降低地下工程的安全系数。特别是当支挡结构的刚度、强度或位置与地下工程不匹配时，支挡结构对地下工程的影响更为显著。

2) 支挡结构会改变地下工程周围土体或岩体的变形特性，引起地下工程内部的变形不均匀和变形过大，降低地下工程的使用性能。例如，支挡结构会限制或增加土体或岩体的弹性或塑性变形，导致地下工程产生应力集中、裂缝开展、沉降变形等现象；支挡结构会与土体或岩体产生相互作用，导致地下工程产生位移偏差、倾斜变形、扭转变形等现象。

3) 支挡结构会改变地下工程周围土体或岩体的水文条件，影响地下工程的渗流特性和水压分布。例如，支挡结构会阻挡或改变土体或岩体的渗流路径，增加或减少地下工程内部的孔隙水压，降低或提高地下工程的有效应力；支挡结构会引起土体或岩体的水化、软化、膨胀等现象，降低土体或岩体的强度和刚度，影响地下工程的稳定性。

4) 支挡结构会受到地震或爆破等动力作用，对地下工程产生冲击或振动。例如，支挡结构可能会受到来自边坡或其他方向的动力荷载，对地下工程造成周期性或随机性的扰动；支挡结构可能会受到来自地下工程本身的爆破、机械施工、车辆运输等方式，产生冲击波、气压波、声波等动力效应，对地下工程造成振动或冲击。这些动力作用会影响地下工程的稳定性和耐久性，可能导致地下工程产生裂缝、变形、破坏等现象。

因此，在设计和施工边坡支挡结构时，应充分考虑支挡结构对地下工程的影响，选择合适的支护形式和参数，以减少或消除支护结构对地下工程的不利影响。同时，应采用有效的措施，如隔震、减震、隔声等，以降低或消除地震或爆破等动力作用对支护和地下工程的影响。

3. 边坡开挖和支护方案的优化设计

边坡开挖和支护方案的优化设计是指在满足边坡稳定性和地下工程安全性的前提下，寻求最经济、最合理、最可靠的方案。优化设计需要综合考虑多种因素，如工程目标、技术条件、经济条件、环境条件等，并运用多种方法，如比选法、试算法、灵敏度分析法等。通过优化设计，可以减少工程成本、提高工程质量、降低工程风险。优化设计的主要内容和步骤如下：

1）确定优化目标和约束条件。优化目标是指要达到的最优或最佳的指标或效果，如最小化成本、最大化安全系数、最小化变形量等；约束条件是指限制优化过程的因素或条件，如边坡稳定性要求、地下工程安全性要求、技术规范要求、环境保护要求等。

2）建立优化模型和方法。优化模型是指用数学表达式描述优化目标和约束条件之间的关系的数学模型，如线性规划模型、非线性规划模型、整数规划模型等；优化方法是指用来求解优化模型的算法或程序，如单纯形法、梯度法、遗传算法等。

3）进行方案比选和试算。方案比选是指根据经验或参考资料，选择若干个可行的开挖和支护方案，并进行初步评价和筛选；试算是指对比选出的方案进行详细的计算和分析，如计算边坡稳定系数、地下工程变形量、支护结构内力等，并进行技术经济分析。

4）进行灵敏度分析和调整。灵敏度分析是指分析各个参数对优化目标和约束条件的影响程度和敏感性，如支护结构的刚度、强度、位置等对边坡稳定系数和地下工程变形量的影响；调整是指根据灵敏度分析的结果，对方案中的参数进行适当的调整，以改善方案的优化效果。

5）确定最优或最佳方案。最优或最佳方案是指在满足所有约束条件的前提下，使优化目标达到最优或最佳的方案。确定最优或最佳方案的方法有多种，如综合评价法、层次分析法、多目标决策法等。

2.2.5 支挡结构稳定监测预警与防治措施

边坡支挡结构稳定监测预警与防治措施是指利用现代技术手段，对支挡的变形、应力、破坏等情况进行实时或定期的观测、分析和评价，及时发现支挡结构失稳的迹象和危险，采取有效的预防和应急措施，减少或避免支挡失稳造成的损失和灾害。本节将介绍以下内容：

1. 倾角计的原理和应用

倾角计是一种利用重力加速度方向变化来测量倾斜角度的仪器，它可以用来监测支挡结构的倾斜变化，反映边坡的稳定性状况。倾角计的原理是利用重力感应器或电子陀螺仪等元件，将倾斜角度转换为电信号，然后通过数据采集器和传输器将电信号传送到数据处理中心，进行数据分析和显示。倾角计的应用是将倾角计安装在支挡结构或地基岩土体内部的关键位置，如滑动面、裂缝、支护结构等，定期或连续地测量倾斜角度，并与基准值或临界值进行比较，判断边坡是否发生变形或失稳，并及时发出预警信号。

2. 滑坡预警系统的原理和应用

滑坡预警系统是一种利用多种监测手段和方法，对边坡的变形、应力、水文、气象等因素进行综合分析和评价，提前预测滑坡发生的可能性、时间、规模和影响范围，及时发布预警信息和指令，指导防灾减灾工作的系统。滑坡预警系统的原理是利用多种监测设备和传感器，如倾角计、位移计、应力计、水位计、雨量计等，收集边坡的各种监测数据，并通过无线通信或有线通信将数据传送到数据处理中心，利用专业软件和模型进行数据处理和分析，并结合历史资料和现场情况，综合评估边坡的稳定性风险等级，并根据预设的预警标准和流程，生成预警信息和指令，并通过多种方式发布给相关人员和部门。滑坡预警系统的应用是在易发生滑坡的区域或工程建立滑坡预警系统，并定期或实时地进行监测、分析和评估，并根据预警信息和指令，采取相应的防治措施或应急措施，如加固边坡、排水降压、撤离人员、封闭道路等。

3. 边坡稳定防治方案的制定和实施

边坡稳定防治方案是指根据边坡稳定性分析和监测预警结果，综合考虑技术可行性、经济合理性和社会可接受性等因素，选择最优或最佳的防治措施和方法，保证边坡的长期稳定和安全，减少或消除边坡失稳对人民生命财产和社会经济的危害。边坡稳定防治方案的制定和实施需要遵循以下步骤：

1）调查评估：对边坡的地质条件、工程环境、失稳机理、失稳危害等进行详细的调查和评估，确定边坡的稳定性等级和风险等级，明确防治的目标和要求。

2）方案设计：根据调查评估结果，选择合适的防治措施和方法，如加固边坡本体、增加边坡稳定力、减少边坡不稳定力、改善边坡排水条件等，并确定防治结构的类型、参数、布置方式等，编制防治方案和施工图。

3）方案审核：对防治方案进行技术、经济、环境等方面的审核，评价方案的可行性、合理性和有效性，提出修改意见或建议，并进行优化调整。

4）方案实施：按照审核通过的防治方案，组织施工队伍和设备，按照规范要求和工艺要点，实施防治结构的施工，并进行质量控制和检测，保证防治结构的完整性、稳定性和可靠性。

5）方案验收：对防治结构进行验收，检查防治结构是否符合设计要求和规范标准，评价防治结构对边坡稳定性的改善效果，确定防治结构的使用寿命和维护方式。

2.3　围岩压力与计算

地下工程开挖前，岩体在初始应力作用下处于弹性平衡状态。开挖移去部分岩体后，周边岩体产生向内移动趋势，岩体发生由表及里的应力重新调整，达到新的平衡状态的应力分布称为二次应力或者重分布应力，发生应力重分布的岩体称为围岩。

围岩压力指引起地下开挖空间周围岩体和支护变形或破坏的作用力。它包括由地应力引起的围岩力以及围岩变形受阻而作用在支护结构上的作用。围岩压力是围岩与支护间的相互作用力，它与围岩应力不是同一个概念。围岩应力是岩体中的内力，而围岩压力则是作用在支护衬砌上的外力。

在地下工程开挖过程中，围岩收敛是一个不可避免的现象，它会导致土体变形，从而影响地下工程结构的安全和稳定性。因此，了解围岩收敛的原因和机制，以及土体变形的特点和规律，是进行地下工程设计、施工和评估的重要内容。

2.3.1 围岩压力的分类

围岩压力是指作用在地下工程结构表面上的土体或岩体的压力，它与地下工程结构的形状、尺寸、位置、方向、刚度等因素有关。

1. 形变压力

形变压力是由于围岩变形受到支护的抑制而产生，形变压力除了与围岩应力有关外，还与支护时间和支护刚度等有关。按其成因可进一步分为：

1）弹性形变压力

当硐室支护紧临掌子面施工时，围岩弹性变形未完全释放，进而作用到支护结构上形成的形变压力称为弹性形变压力。

2）塑性形变压力

由于围岩塑性变形使支护受到的压力称为塑性形变压力，是最常见的一种围岩形变压力。

3）流变压力

流变性围岩发生随时间而增加的变形或者流动产生的压力为流变压力，具有显著的时间效应，严重时会致围岩鼓出、空间变小。

2. 松动压力

由于开挖而松动或塌落的岩体以重力的形式直接作用在支护上的压力称为松动压力。围岩地质条件、岩体破碎程度、结构面状态、开挖施工方法、爆破作用、支护形式与设置时间、支护与围岩的贴合程度等均会影响松动压力。

形变压力和松动压力实质上是围岩压力发展的两个阶段，塑性岩体中，形变压力明显，脆性岩体中，松动压力更为明显。

3. 冲击压力

岩爆产生的压力称为冲击压力，是围岩积累了大量的弹性变形能之后，突然释放对支护产生的压力，与爆破情况相似。

4. 膨胀压力

岩体具有吸水膨胀崩解的特性，由围岩膨胀崩解引起的压力称为膨胀压力，与形变压力的区别在于吸水膨胀引起，与流变压力的机理不同。

2.3.2 围岩压力的计算方法

1. 按松散体理论计算围岩压力

1）垂直围岩压力

把岩体假定为松散体，考虑岩体粘结力时，抗剪强度可根据松散体等效表达为：

$$\tau = \sigma f_k = \sigma\left(\tan\varphi + \frac{c}{\sigma}\right) \tag{2-7}$$

（1）浅埋结构上的垂直围岩压力

如图 2-6 所示，当地下结构上覆岩层较薄时，地下结构所承受的围岩压力就是覆盖层岩石柱的重量。考虑摩擦影响的围岩压力计算公式：

$$q = \frac{Q}{2a_1} = \gamma H\left[1 - \frac{H}{2a_1}\tan^2\left(45° - \frac{\varphi}{2}\right)\tan\varphi\right] \tag{2-8}$$

式中，Q 为 $ABCD$ 体的总重量。对 H 取导数，则可求得最大围岩压力的深度和集度等。

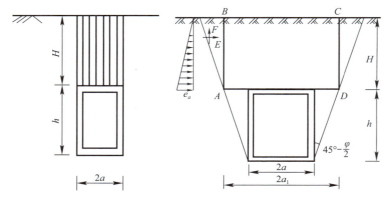

图 2-6　浅埋结构上的垂直围岩压力

（2）深埋结构上的垂直围岩压力

如图 2-7 所示，当地下结构埋深大到一定程度，两侧摩擦阻力远大于滑移柱的重量，此时围岩压力来自硐室上方一个局部范围 $ABCDE$，这部分称为岩石拱，也叫卸荷拱。此时只有 AED 的重量作用于结构，成为压力拱。压力拱的曲线形状是二次抛物线，根据普氏拱理论可以确定压力拱的高度。

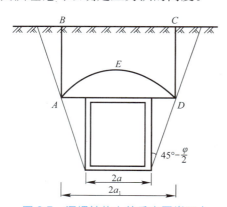

图 2-7　深埋结构上的垂直围岩压力

2）水平围岩压力

水平围岩压力只是对较松软的岩层才考虑。水平围岩压力集度可以在垂直围岩压力集度基础上乘以侧压力系数。水平围岩压力沿着深度呈三角形分布。如果结构深度上岩体有多层，则必须分层计算。

3）底部围岩压力

松软岩层中衬砌侧墙底部轴向压力作用下，黏性土层遇水膨胀，可能产生洞底隆起现象，对底板产生底部围岩压力。底部围岩压力一般比水平围岩压力小得多，在中等坚硬围岩中，通常不需要计算。

2. 按弹塑性体理论计算围岩压力

地下圆形洞室周围出现的各种变形区如图 2-8 所示，根据弹塑性区域的边界，弹性区中应力可根据弹性理论中的厚壁圆筒的解答描述；非弹性区中应力根据弹塑性理论解答；

交界面应力既满足弹性应力方程，也满足非弹性应力方程，即得到了著名的修正芬纳公式（2-9），它表示当岩体性质、埋深等确定的情况下，非弹性变形区大小与支护对围岩提供的反力间的关系。

$$p_{\mathrm{b}} = \left[(p + c\cot\varphi)(1 - \sin\varphi) \right] \left(\frac{a}{R} \right)^{\frac{2\sin\varphi}{1-\sin\varphi}} - c\cot\varphi \tag{2-9}$$

式中，p_{b} 为支护对围岩的反力，与围岩对支护的压力相等；c 为内聚力；P 为洞室所在位置的原始应力；a 为洞室半径；R 为非弹性变形区的半径。

3. 按围岩分级和经验公式确定围岩压力

根据理论分析和工程实践，围岩压力的性质、大小、分布规律等与许多因素有关，这些因素包括地质构造、岩体结构特征、地下水情况、初始应力状态、洞室形状和大小、支护手段以及施工方法等。由于影响因素多，围岩压力的确定便成了一个十分复杂的问题。前面介绍的按松散体理论和弹塑性理论确定围岩压力的方法，都是根据对岩体进行某种假定加以抽象简化而提出来的，其适用范围均有一定局限性。为了更好地解决各种实际

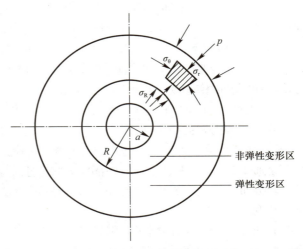

图 2-8 弹塑性模型计算围岩压力简图

压力计算问题，学者又提出了由工程类比得出的经验公式和数据，从而对围岩压力进行估计。经验公式适用于深埋结构上的围岩压力，具体参考相关规范。

2.3.3 围岩压力对地下工程结构受力状况的影响

围岩压力是地下工程结构受力分析的重要依据之一，它决定了地下工程结构所承受的外部荷载和内部应力。一般来说，围岩压力越大，地下工程结构越容易发生破坏或变形。因此，需要根据围岩压力的大小和分布，选择合适的结构形式、材料、尺寸、支护方式等，以保证地下工程结构的稳定性和安全性。围岩压力对地下工程结构受力状况的影响主要有以下四方面：

1）围岩压力会导致地下工程结构发生弯曲、剪切、扭转等变形，从而产生相应的弯矩、剪力、扭矩等内力。

2）围岩压力会导致地下工程结构发生径向收缩或膨胀，从而产生相应的径向应力和周向应力。

3）围岩压力会导致地下工程结构与土体或岩体之间发生相对位移或滑移，从而产生相应的摩擦力和粘结力。

4）围岩压力会导致地下工程结构与支护系统之间发生相互作用，从而产生相应的支护反力和支护变形。

2.3.4　围岩稳定性

1. 围岩稳定性原理

围岩稳定性受到多种因素的影响，常见的因素包括：

1）地质条件。地质构造、岩性、岩层倾角、节理、岩石强度等是影响围岩稳定性的重要因素。存在断层、节理、褶皱等地质构造会导致围岩的不均匀应力分布，从而增加围岩的破裂和滑动的风险。

2）岩性特征。不同类型的岩石具有不同的力学性质，如强度、变形能力和耐久性等。软弱的岩石易于塌方和滑动，而硬质的岩石则更稳定。

3）水文地质条件。地下水的存在和流动对围岩稳定性有重要影响。水的渗透、积聚和排出等过程会改变围岩的物理性质和力学性能，地下水可以降低围岩的内聚力和摩擦力，增加围岩的饱和度，导致围岩松动和滑动，从而影响围岩的稳定性。

4）工程活动。诸如挖掘、爆破、开挖等工程活动会导致围岩的变形和应力分布的改变，从而影响围岩的稳定性。

5）外部荷载。外部荷载包括自然荷载（如地震、地表水荷载）和人工荷载（如建筑物、交通工具等）。围岩受到的外部应力状态也是影响其稳定性的重要因素。应力状态的不均匀分布和超过围岩承受能力的应力作用可能导致围岩的破坏。外部荷载对围岩产生的压力和变形会影响其稳定性。

6）时间因素。时间因素对围岩稳定性的影响主要体现在围岩的变形和蠕变。随着时间的推移，围岩的变形和破坏可能逐渐加剧。

综上所述，围岩稳定性受到多个因素的综合影响。在进行围岩工程设计和施工时，需要充分考虑以上因素，对围岩的稳定性进行评价和分析，可以采用各种方法和技术，如地质勘察、岩土力学试验、数值模拟等。这些方法可以帮助工程师和研究人员评估围岩的稳定性，并采取相应的支护措施来确保围岩的稳定性。

2. 围岩支护形式

改善围岩承载能力的支护可分为支护和加固，支护是对开挖围岩表面施加力的作用，通常包括木支护、钢支护、喷射混凝土、钢筋混凝土衬砌、钢拱架等；加固是指从岩体内部维护并改善岩体整体性质的方法，比如锚杆（锚索）和注浆等技术。围岩支护形式有多种，具体选择哪种形式应根据具体工程情况和围岩特性来确定。以下是常见的5种围岩支护形式。

1）锚杆（锚索）。将一种受拉杆件埋入岩土体，用以提高岩土体的整体强度和自稳能力，这种受拉杆件称为锚杆或锚索，其所发挥的作用即为锚固。锚固的基本原理是依靠锚杆周围稳定地层的抗剪强度来传递结构物（被加固物）的拉力，以稳定结构物或保持岩土体自身的稳定。目前普遍认同的锚固作用机理包括悬吊作用、组合梁作用和挤压加固作用，三个作用机理在实际工程中并非孤立存在，往往是多个作用同时存在并产生综合作用。

通常，工程中按是否施加预应力将锚杆分为预应力锚杆和粘结型锚杆，预应力是人为对锚杆施加的张应力，从而对岩土体施加主动压力，而粘结型锚杆只有在岩土体产生变形时才承受张力，且张力随位移增大而增大。

锚杆支护的主要特点包括：锚杆支护是通过围岩内部的锚杆改变围岩本身的力学状

态，在巷道周围形成一个整体而又稳定的承载拱，达到维护巷道稳定的目的；锚固支护具有支护效果好、成本低、操作简便、使用灵活、占用施工净空少、有利于机械化操作、施工速度较快等优点；但由于锚杆支护不能封闭围岩，围岩易风化，不能防止各锚杆之间裂隙岩石的剥落。

2）喷射混凝土。喷射混凝土是将混有速凝剂的混凝土拌合料与高压水喷射到岩壁表面，并迅速凝结成层状支护结构，从而对围岩起到支护作用。喷射混凝土的作用机理主要包括支撑作用、充填作用、隔绝作用及转化作用，喷射混凝土支护作用机理的几个作用是相互关联、共同作用的。喷射混凝土可单独使用，也可和预应力锚杆（锚索）、粘结型锚杆、土钉等联合使用，形成以锚杆等为主的支护结构，称为锚杆喷射混凝土支护（简称锚喷支护）。采用喷射混凝土进行支护的优点主要包括：速度较快，支护及时，施工安全；支护质量较好，强度高，密实性好，防水性能较好；操作较简单，支护工作量减少；不需对边墙后及拱背进行回填压浆，施工灵活性大，可以根据需要进行分层喷射，满足工程设计与使用需求。

3）拱架。拱架是指在地下工程施工中加固所用的钢支架，适用于围岩软弱破碎的情况。拱架主要作用包括：在喷射混凝土支护功能出现前提供支撑；对喷射混凝土进行补强；可作为超前支护（含超前小导管与管棚）的支点；与喷射混凝土、锚杆共同构成初期支护。隧道初期支护拱架通常包括型钢钢架和格栅钢架。型钢钢架具有刚度大、承受能力强、及时受力等特点，在软弱破碎围岩中、需采用超前支护的围岩地段或处理塌方时使用较多；但型钢钢架与喷射混凝土粘结不好，与围岩间的空隙难于用喷射混凝土紧密充填；由于型钢两侧所喷混凝土被型钢隔离，导致钢架附近喷射混凝土出现裂缝。格栅钢架与型钢钢架相比，具有受力好、质量轻、刚度可调节、省钢材、易制造安装，钢架两侧喷混凝土可连成整体并共同作用等优点。

4）现浇混凝土。现浇混凝土是按照设计要求在施工现场进行支模浇筑的混凝土。地下硐室通常也采用现浇混凝土衬砌作为永久性支护结构的一部分，目的是保证硐室在服役年限中的稳定、耐久，以及作为安全储备的工程措施，通常采用素混凝土或钢筋混凝土。由于其在锚喷支护施作后进行，隧道工程中称之为二次衬砌，锚喷支护为初期水平旋喷支护，两者同时使用时，称为复合式衬砌。

当围岩性质较好，强度较高时，二次衬砌按安全储备设计，应在围岩或围岩加初期支护稳定后施作；当围岩性质较差，强度较低时，二次衬砌按承载结构设计以承受后期围岩压力，如施工后发生的外部水压、软弱围岩的蠕变压力、膨胀性地压或浅埋道路受到的附加荷载等，并应根据现场量测数据调整施作时机。

现浇筑模混凝土衬砌施工的主要环节包括：混凝土材料及模板的选择与准备、浇筑前的准备工作、混凝土的制备与运输、浇筑作业、养护与拆模。必要时在施工地段对衬砌背后进行压浆工作等。

5）超前支护。超前支护是在初期支护施作之前不能满足掌子面稳定条件而采取的辅助措施，其目的是控制掌子面挤出变形及前方的超前变形，防止掌子面拱部塌方掉块，以保证施工安全，超前支护种类繁多，如超前锚杆、超前小导管、超前管棚、超前水平旋喷、超前管幕等，作用模式各异。

选择合适的围岩支护形式需要充分考虑围岩的性质、施工条件、经济性以及对环境的影响。

3．围岩稳定性判别

1）拉破坏

由围岩重分布应力特征克制，当岩体侧压力系数小于1/3时，硐室顶部和底部处于单向受拉状态，若拉应力大于围岩抗拉强度，则围岩发生破坏。

2）基于摩尔-库仑强度准则的压剪破坏

当围岩处于单向受压或复杂应力状态时，围岩会发生剪切破坏，一般可采用摩尔-库仑强度理论作为破坏判据。

3）基于霍克-布朗强度准则的压剪破坏

霍克（E. Hoek）和布朗（E. T. Brown）基于大量岩体抛物线型破坏包络线的研究结果，提出了岩石破坏经验判据：

$$\sigma_1 = \sigma_3 + \sigma_c \left(m_b \frac{\sigma_3}{\sigma_c} + s \right)^a \tag{2-10}$$

式中，σ_1 为破坏时最大有效主应力；σ_3 为破坏时最小有效主应力；σ_c 为岩块单轴抗压强度；m_b、s、a 为表示岩体特性的半经验参数。

4）岩石破坏区的确定

利用 H-B 强度准则和弹性应力分布计算圆形硐室边界的破坏范围，根据压和拉破坏区域确定。

2.3.5　围岩压力的实时监测和评估方法

围岩压力的实时监测和评估方法是指在地下工程施工和运营过程中，利用各种仪器设备和数据处理技术，对围岩压力进行连续或定期测量，并根据测量结果进行分析和评价，以及采取相应的控制措施。围岩压力的实时监测和评估方法主要包括以下四个方面：

1）围岩压力的测量方法：是指用各种仪器设备，如土压力计、应变计、应力计等，对土体或岩体在地下工程结构表面上或内部的压力、应变、应力等物理量进行直接或间接的测量，并将测量信号转换为电信号，并通过导线或无线方式传输到数据采集系统中。围岩压力的测量方法可以根据仪器设备的安装位置和方式，分为嵌入式、表面式、墙式等类型。

2）围岩压力的数据处理方法：是指用各种数据处理技术，如滤波、校准、分析等，对围岩压力的测量信号进行必要的处理，并将处理后的信号转换为数字信号，并进行必要的存储、传输和展示。围岩压力的数据处理方法可以根据数据处理技术的功能和效果，分为数据采集系统、数据展示系统、数据评价系统等类型。

3）围岩压力的分析评价方法：是指用各种分析评价模型和策略，如对比、判断、推断等，对围岩压力的数据进行必要的分析和评价，并给出相应的评价结果、预警信息和控制建议。围岩压力的分析评价方法可以根据分析评价模型和策略的依据和目标，分为理论分析法、经验分析法、数值分析法等类型。

4）围岩压力的控制方法：是指用各种控制措施，如优化设计、加固支护、调整参数等，对围岩压力对地下工程结构稳定性和安全性产生的不利影响进行必要的控制或消除。围岩压力的控制方法可以根据控制措施的类型和效果，分为主动控制法、被动控制法、综合控制法等类型。

2.4　地下水压力与土体渗流

水压力和土体渗流是影响地下工程测试与监测的重要因素，本节将探讨它们的基本概念、计算方法、规律和方程，以及对土体性状和工程安全的影响，同时介绍了水压力和水位的实时监测和评估方法。

2.4.1　水压力的定义和计算

1. 水压力的概念

水压力是指水对单位面积的作用力，单位为帕斯卡（Pa）。在地下工程中，水压力会影响土体的应力状态、变形特性、强度特性等，因此需要对水压力进行准确的测量和计算。

2. 水压力的分布规律

在静止或近似静止的水中，水压力只与深度有关，与方向无关，这称为静水压力。静水压力随着深度的增加而线性增加，考虑到大气压力 p_0 的影响，其分布规律可以用式（2-11）表示：

$$p = p_0 + \rho g h \tag{2-11}$$

式中，p 为静水压力，ρ 为水的密度，g 为重力加速度，h 为深度。

在动态或流动的水中，水压力除了与深度有关外，还与流速有关，这称为动水压力。动水压力随着流速的增加而减小，其分布规律可以用式（2-12）表示：

$$p = p_0 + \rho g h - \frac{1}{2} \rho v^2 \tag{2-12}$$

式中，v 为流速。式（2-12）依据伯努利方程推导，反映水在流动过程中能量守恒原理。

3. 水压力的计算方法

根据不同的工程条件和目的，可以采用不同的方法来计算水压力。常用的方法有以下三种：

1）简单方法：这是一种基于假设和经验的方法，它忽略了复杂的边界条件和非均匀性等因素，只考虑了静水压力或动水压力，并根据平均或最不利情况进行计算。这种方法适用于一些简单或初步的工程分析和设计。

2）解析方法：这是一种基于数学公式或解析解的方法，它考虑了边界条件和非均匀性等因素，并根据精确或近似解进行计算。这种方法适用于一些规则或简化的工程问题。

3）数值方法：这是一种基于数值模拟或数值解的方法，它考虑了边界条件和非均匀性等因素，并根据离散或迭代等技术进行计算。这种方法适用于一些复杂或实际的工程问题。

2.4.2　土体渗流的规律和方程

1. 达西定律

土体渗流是指水在土体中的运动现象，它受到土体的孔隙结构、水的黏性、重力等因素的影响。达西定律是描述土体渗流的基本定律，它表明了土体渗流速度与水压力梯度之间的关系，可以用式（2-13）表示：

$$v = -k \frac{\mathrm{d}p}{\mathrm{d}x} \tag{2-13}$$

式中，v 为渗流速度，k 为土体的渗透系数，p 为水压力，x 为流动方向。达西定律说明了以下三点：

1）渗流速度与水力梯度成正比，水力梯度越大，渗流速度越快。

2）渗流速度与土体的渗透系数成正比，渗透系数越大，表明土体的孔隙越大，水在其中流动越容易。

3）渗流速度与流动方向成反比，流动方向与水力梯度方向相反。

达西定律适用于一些简单或均匀的土体渗流层流问题，但对于一些复杂或非均匀的土体渗流问题，需要引入更多的修正因子或参数来考虑其他影响因素。

2. 连续性方程

连续性方程是描述土体渗流中水量守恒的方程，它表明了单位时间内单位体积土体中水量的变化量等于单位时间内单位面积土体表面上水量的净流入量，可以用式（2-14）表示：

$$\frac{\partial \theta}{\partial t} = -\nabla \cdot (\theta v) \tag{2-14}$$

式中，θ 是土含水率，t 是时间，$\nabla \cdot (\theta v)$ 是水量的净流入量。连续性方程说明：

1）如果土体含水率不随时间变化，则表示土体处于稳定渗流状态，即 $\frac{\partial \theta}{\partial t} = 0$。

2）如果土体含水率随时间增加，则表示土体处于非稳定渗流状态，并且有外部水源向土体中补充水量，即 $\frac{\partial \theta}{\partial t} > 0$。

3）如果土体含水率随时间减少，则表示土体处于非稳定渗流状态，并且有内部水量从土体中排出，即 $\frac{\partial \theta}{\partial t} < 0$。

连续性方程适用于任何形状和性质的土体渗流问题，但对于一些非饱和或非等温的土体渗流问题，需要引入更多的物理模型或假设来描述含水率和渗透系数等参数与其他变量之间的关系。例如：

非饱和渗流：当土体中存在空气和水两种流体时，土体的含水率不再是一个常数，而是一个与有效应力、毛细压力、温度等因素相关的函数。非饱和渗流需要考虑空气和水两种流体之间的相互作用和传递过程，以及它们对土体性质的影响。非饱和渗流可以用式（2-15）表示：

$$\frac{\partial \theta}{\partial t} = -\nabla (\theta_{\mathrm{w}} v_{\mathrm{w}} + \theta_{\mathrm{a}} v_{\mathrm{a}}) \tag{2-15}$$

式中，θ_{w} 是土体中水分的含水率，θ_{a} 是土体中空气的含水率，v_{w} 是水分的渗流速度，v_{a} 是空气的渗流速度。非饱和渗流说明了以下三点：

1）当 $\theta_{\mathrm{w}} + \theta_{\mathrm{a}} = 1$ 时，退化为饱和渗流。

2）当 $\theta_{\mathrm{w}} + \theta_{\mathrm{a}} < 1$ 时，表明土体中存在一定比例的干燥区域。

3）当 $\theta_{\mathrm{w}} + \theta_{\mathrm{a}} > 1$ 时，表明土体中存在一定比例的过饱和区域。

非饱和渗流对土体强度、变形、稳定性等方面有重要的影响，需要采用特殊的试验方法和数值方法来研究其规律和机理。

非等温渗流：当土体中存在温度梯度或变化时，土体的含水率和渗透系数也会随着温度而变化，导致土体渗流受到热力效应的影响。非等温渗流需要考虑温度对水分运动和传递以及土体性质的影响。非等温渗流可以用式（2-16）表示：

$$\frac{\partial \theta}{\partial t} = -\nabla \cdot (\theta_v) + S_T \tag{2-16}$$

式中，S_T 是温度引起的水分源项，它反映了温度对水分运动和传递的影响。非等温渗流说明了以下三点：

1）当 $S_T = 0$ 时，退化为等温渗流。

2）当 $S_T > 0$ 时，表明温度导致土体中水分增加，称为热吸湿效应。

3）当 $S_T < 0$ 时，表明温度导致土体中水分减少，称为热排湿效应。

非等温渗流对土体强度、变形、稳定性等方面有重要的影响，需要采用特殊的试验方法和数值方法来研究其规律和机理。

3. 边界条件

边界条件是描述土体渗流问题中边界上水压力或渗流速度等变量的约束条件，它决定了土体渗流问题的解的唯一性和存在性。常用的边界条件有以下三种：

1）第一类边界条件：也称为固定压力边界条件或狄利克雷边界条件，它指定了边界上水压力的值，例如：

$$p|_{\Gamma_1} = p_1 \tag{2-17}$$

式中，Γ_1 是第一类边界，p_1 是给定的水压力值。第一类边界条件适用于边界上有固定的水源或水汇的情况，例如地下水位、井孔、渗透面等。

2）第二类边界条件：也称为固定流量边界条件或诺依曼边界条件，它指定了边界上渗流速度的法向分量的值，例如：

$$v \cdot n|_{\Gamma_2} = q_2 \tag{2-18}$$

式中，Γ_2 是第二类边界，n 是边界的法向量，q_2 是给定的渗流速度的法向分量值。第二类边界条件适用于边界上有固定的流入或流出量的情况，例如渗滤、排水、注水等。

3）第三类边界条件：也称为混合边界条件或罗宾边界条件，它指定了边界上水压力和渗流速度之间的关系，例如：

$$v \cdot n|_{\Gamma_3} = h(p - p_3) \tag{2-19}$$

式中，Γ_3 是第三类边界，h 是给定的传递系数，p_3 是给定的参考水压力值。第三类边界条件适用于边界上有一定的阻力或阻抗的情况，例如半透膜、过滤材料、裂缝等。

边界条件对土体渗流问题的求解有重要的作用，需要根据实际工程情况和目标来合理地选择和设定。一般来说，土体渗流问题需要满足以下三个原则：

1）完备性原则：土体渗流问题需要在整个求解域和所有边界上都有足够多的方程和条件来确定唯一解。

2）相容性原则：土体渗流问题需要在求解域内部和各个边界上都保持方程和条件之间的一致性和连续性。

3）适应性原则：土体渗流问题需要根据不同类型和性质的土体以及不同目标和要求

来选择合适的方程和条件。

2.4.3　水压力对土体性状的影响

1. 水压力对土体强度的影响

土体强度是指土体抵抗外部加载引起的破坏或变形的能力，它是影响地下工程安全和稳定的重要因素。土体强度不仅取决于土体本身的性质，还受到水压力的显著影响。水压力是指土体中孔隙水对土颗粒施加的压力，它与土体渗流状态、饱和度、含水率、温度等因素有关。水压力对土体强度的影响主要通过以下几个方面来分析：

1）有效应力原理。有效应力原理是土体力学的基本原理之一，它由现代土力学的创始人，美籍奥地利土力学家太沙基（Karl Terzaghi）于1923年提出。有效应力原理表明了饱和土中某点任取一个截面上的法向应力由有效应力和孔隙水压力组成。其中总应力由土的重力、外荷载所产生的压力以及静水压力组成，是单位面积上的平均应力；土颗粒间的接触面承担和传递的应力为有效应力；饱和土孔隙水承担的应力为孔隙水压力。可以用式（2-20）表示：

$$\sigma' = \sigma - u \tag{2-20}$$

式中，σ'是有效应力，σ是总应力，u是水压力。有效应力原理说明了以下三点：

（1）水压力越大，有效应力越小，土体强度越低。

（2）水压力越小，有效应力越大，土体强度越高。

（3）如果水压力等于总应力，则有效应力为零，土体失去强度，发生液化现象。

因此，在地下工程中，需要控制和降低水压力，以提高土体强度和稳定性。

2）饱和度和含水率。饱和度是指土体中孔隙被水充填的比例，含水率是指土体中水分占土体总重量的比例。饱和度和含水率是描述土体中水分含量的两个重要参数，它们与水压力有密切的关系。饱和度和含水率对土体强度有以下影响：

（1）饱和度越高，表明土体中孔隙被水充填得越多，水压力越大，有效应力越小，土体强度越低。

（2）饱和度越低，表明土体中孔隙被空气充填得越多，空气压力一般小于水压力，有效应力越大，土体强度越高。

（3）含水率越高，表明土体中水分含量越多，土体重量增加，总应力增加，但同时也会导致渗流速度增加，水压力增加，有效应力减小，土体强度降低。

（4）含水率越低，表明土体中水分含量越少，土体重量减少，总应力减少，但同时也会导致渗流速度减小，水压力减小，有效应力增大，土体强度提高。

因此，在地下工程中，需要控制和调节饱和度和含水率，以适应不同的工程条件和要求。

3）渗流状态。渗流状态是指土体渗流过程中的动态特征，它与渗流速度、方向、稳定性等因素有关。渗流状态对土体强度有以下影响：

（1）稳定渗流状态下，土体中各点的水压力不随时间变化，并且与外部加载保持平衡。此时，土体强度主要取决于有效应力大小和分布。

（2）非稳定渗流状态下，土体中各点的水压力随时间变化，并且与外部加载不平衡。此时，土体强度不仅取决于有效应力大小和分布，还取决于水压力的变化率和方向。如果水压力的变化率大于有效应力的变化率，或者水压力的方向与有效应力的方向相反，会导致土体强度降低，甚至发生破坏。这种现象称为渗流诱发破坏，是一种常见的土体失稳机制。

因此，在地下工程中，需要监测和控制渗流状态，以防止渗流诱发破坏的发生。

4）温度效应。温度效应是指温度对土体渗流和强度的影响，它主要表现在以下三个方面：

（1）温度对水分运动和传递的影响：温度会影响水分的黏性、密度、表面张力等物理性质，从而影响水分在土体中的运动和传递过程。一般来说，温度越高，水分的黏性越小，密度越小，表面张力越小，水分在土体中流动越容易。这意味着温度越高，渗流速度越快，水压力越大，有效应力越小，土体强度越低。

（2）温度对土体性质的影响：温度会影响土体的含水率、渗透系数、孔隙比、干密度等物理性质，从而影响土体的强度和变形特征。一般来说，温度越高，土体的含水率越高，渗透系数越大，孔隙比越大，干密度越小。这意味着温度越高，土体越松散，强度越低，变形越大。

（3）温度对化学反应的影响：温度会影响土体中存在的各种化学反应的速率和方向，从而影响土体的矿物组成、结构、电荷等化学性质。一般来说，温度越高，化学反应越快，土体的矿物组成越容易发生变化。这意味着温度越高，土体的化学稳定性越差，可能导致土体结构破坏或溶解。

温度效应对土体强度、变形、稳定性等方面有重要的影响，需要采用特殊的试验方法和数值方法来研究其规律和机理。

2. 水压力对土体变形的影响

土体变形是指土体在受到外部荷载后产生的位移和应变，它是一个重要的地下工程测试与监测的内容。土体变形与土体中的孔隙水流动密切相关，而孔隙水流动又与水压力有关。一般来说，水压力越大，孔隙水流动越快，土体变形越大。这就导致了土体在受到外部荷载后产生不同类型和程度的变形。

水压力对土体变形的影响主要表现在以下两个方面：

1）固结变形：是指土体在受到外部荷载后，由于孔隙水流出或流入而产生的体积变化。固结变形是一个缓慢的过程，它会随着时间的推移而逐渐增加。

2）渗流变形：是指土体在受到外部荷载后，由于孔隙水流动而产生的剪切变形。渗流变形是一个快速的过程，它会随着孔隙水流动而迅速发生。

水压力对土体变形的影响可以通过合理的测试与监测方法来评估和控制。一些常用的测试与监测方法包括：

1）土压力计：用于测量土体中的水压力和总应力。

2）渗透仪：用于测量土体的渗透系数和渗透性。

3）固结仪：用于测量土体的固结参数和固结曲线。

4）变形仪：用于测量土体的位移和应变。

3. 水压力对土体稳定性的影响

土体稳定性是指土体在受到外部荷载或内部扰动时保持其形态和结构不发生破坏的能力，它是一个重要的地下工程安全评估指标。土体稳定性与土体的应力分布和变化密切相关，而应力分布和变化又与水压力有关。一般来说，水压力越大，土体的应力分布越不均匀，土体的稳定性越差。这就导致了土体在受到外部荷载或内部扰动时更容易发生滑移、垮塌、涌水等灾害。

水压力对土体稳定性的影响可以通过不同的理论分析和数值模拟方法来预测和评估。一些常用的理论分析和数值模拟方法包括：

1）极限平衡法：用于分析土体在不同水压力下的极限平衡状态和安全系数。

2）有限元法：用于模拟土体在不同水压力下的应力、应变、位移等物理量的分布和变化。

3）随机有限元法：用于考虑土体中的随机性因素，如含水量、渗透性、强度等，并模拟其对土体稳定性的影响。

通过这些理论分析和数值模拟方法，我们可以得到土体稳定性与水压力之间的关系图或方程，从而为地下工程安全评估提供依据。

2.4.4　地下水压力的监测和评估

1. 水压力计的原理和安装

孔隙水压力探头由金属壳体和透水石组成。孔隙水压力计的工作原理是把多孔元件（如透水石）放置在土中，使土中水连续通过元件的孔隙（透水后），把土体颗粒隔离在元件外面而只让水进入有感应膜的容器内，容器中的水压力即为孔隙水压力。

孔隙水压力计的安装和埋设应在水中进行，滤水石不得与大气接触，一旦与大气接触，滤水石应重新排气。埋设方法有压入法和钻孔法。

1）压入法埋设

如果土质较软，可用钻杆将孔隙水压力计直接压入到预定的深度。若有困难，可先钻孔至埋设深度以上 1m 处，再用钻杆将其压到预定的深度，上部用黏土球封孔至少封 1m 以上，然后用钻孔时取出的黏土回填封孔至孔口。

2）钻孔法埋设

在埋设地点采用钻机钻深度大于预定的孔隙水压力计埋设深度约 0.5m 的钻孔，达到要求的深度或标高后，先在孔底填入部分干净的砂，将孔隙水压力计放入，再填砂到孔隙水压力计上面 0.5m 处为止，最后采用膨胀性黏土或干燥黏土球封孔 1m 以上。

如图 2-9 所示为孔隙水压力计在土中的埋设情况。为了监测不同土层或同一土层中不同深度处的孔隙水压力，需要在同一钻孔中不同标高处埋设孔隙水压力计，每个孔隙水压力计之间的间距应不小于 2m，埋设时要精确地控制好填砂层、隔离层和孔隙水压力计的位置，以便每个探头都在填砂层中，并且各个探头之间都由干土球或膨胀性黏土严格地相互隔离，否则达不到测定各层土层孔隙水压力变化的目的。由于在一个钻孔中埋设多个孔隙水压力计的难度很大，所以，原则上一个钻孔

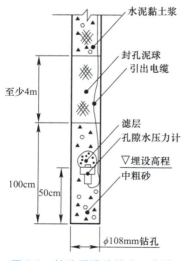

图 2-9　钻孔埋设孔隙水压力计

只埋设一个孔隙水压力计。

2. 地下水渗透压力和水流量监测

隧道开挖引起的地表沉降等都与岩土体中孔隙水压力的变化有关。通过地下水渗透压力和水流量监测，可及时了解地下工程中水的渗流压力分布情况及其大小，检验有无管涌、流土及不同土质接触面的渗透破坏，防止地下水对工程的影响，保证工程安全和施工进度。

地下水渗透压力一般采用渗压计（也称作孔隙水压力计）进行测量，根据压力与水深成正比关系的静水压力原理，当传感器固定在水下某一点时，该测点以上水柱压力作用于孔隙水压力敏感元件上，这样即可间接测出该点的孔隙水压力。隧道初期支护孔隙水压力计安装在洞室顶部、底部和两侧，某一断面中埋设四只孔隙水压力计，将孔隙水压力计的电缆在二衬施工完毕后通过 PVC 保护管沿电缆沟引到预埋电缆箱处进行人工或自动化采集。

复习思考题

2-1　土的物理力学指标有哪些？如何进行土的工程分类？

2-2　什么是边坡稳定性？边坡稳定性的判据和评价指标有哪些？

2-3　什么是极限平衡法？什么是有限元法？什么是可靠度法？这三种方法在边坡稳定性分析中有什么优缺点和适用范围？

2-4　什么是围岩压力？围岩压力的分类有哪些？按松散体理论和弹塑性体理论计算围岩压力的基本假设和公式是什么？

2-5　什么是水压力？水压力的分布规律是什么？水压力对土体强度、变形和稳定性有什么影响？如何监测和评估地下水压力？

第 3 章　测试技术基础知识

【本章导读】

本章主要介绍了测试技术的基础知识，包括测试系统的组成及其主要性能指标、测试系统的静态特性及其主要参数、测试系统的动态特性及其测定、测试系统选择的原则和误差与数据处理。本章内容涉及测试技术的基本概念、原理和方法，是后续章节的基础和前提。

【重点和难点】

本章的重点是测试系统的动态特性及其测定，需要掌握动态方程和传递函数、系统在典型输入下的动态响应、系统实现信号不失真传递的条件、系统的负载效应和系统特性参数的测定方法。本章的难点是误差与数据处理，需要理解测量误差的分类和来源，掌握单随机变量和多变量的数据处理方法。

3.1　概述

没有试验和测量技术就没有科学，科学技术的发展需要试验和测量技术加以支撑。现代科技水平的不断发展，为测试技术水平的提高创造了物质基础条件，反之，高水平的测试理论、先进的测试系统以及创新的测试元件，又为新科技成果的涌现提供支持。可见，试验与测量技术和科学技术既各自发展，又相互促进，彼此在对立统一关系中不断发展。

世界已进入信息时代，信息技术正成为推动国民经济和科技发展的关键技术。信息技术包括计算机、通信和仪器测量技术，而仪器测量技术是对客观世界的信息进行感知的基本技术，因此它是信息技术的基础，具有任何技术不可替代的作用，在当今社会的发展中起着举足轻重的作用。

测试技术是测量技术和试验技术的总称。现代测试技术已成为一门研究测试与试验技术的规律、方法、原理及应用的学科。随着新世纪科学技术的迅猛发展，各种测试技术已经更加广泛地、更加深入地被植入于各种工程领域和科学研究当中。测试技术水平的高低已成为衡量一个国家科技现代化水平的重要标志之一。测试技术在现代地下工程中具有重要的作用，它可以为地下工程的设计、施工、运行和维护提供可靠的数据和信息，从而保证地下工程的安全、经济和高效。

现代测试技术的基本功能主要体现在以下四个方面：①各种参数的测定；②自动化过程中参数的监测、反馈、调节和控制；③现场实时检测和监控；④试验过程中的参数测量和分析。

地下工程测试技术是指利用各种仪器设备和方法，对地下工程中涉及的土体、岩体、水体等介质进行物理量测量和参数确定的技术。地下工程测试技术是地下工程设计、施工和运营中不可缺少的重要手段，它可以为地下工程提供可靠的数据支持，评价地下工程的安全性和稳定性，预测地下工程可能出现的问题和风险，指导地下工程的优化和改进。

地下工程测试技术涉及多种学科领域，如工程地质学、岩土工程勘察技术、土力学、岩石力学、水文地质学、地基处理技术、基坑与支护工程、工程测量学、信号处理学等。因此，要掌握地下工程测试技术，需要具备一定的跨学科知识和能力。同时，由于地下工程具有复杂多变、难以直接观察等特点，地下工程测试技术也面临着很多挑战和难题，需要不断创新和发展。

在进行地下工程测试时，通常需要使用一个或多个测试系统来完成测量任务。测试系统的性能直接影响到测试结果的准确性和可靠性，因此，需要对测试系统进行合理的设计、选择和评价。为了实现这一目的，需要掌握测试系统的基本特性和参数，以及它们与被测物理量之间的关系。一个测试系统是由若干个部件组成的一个整体，它可以对被测对象进行感应、采集、传输、处理、显示和存储等操作。因此，要了解一个测试系统的性能和特点，就需要从不同层面进行分析和评价。本章将从以下五个方面对测试系统进行介绍：

1）测试系统的组成及其主要性能指标。本节将介绍一个典型测试系统由哪些部件组成，以及如何用一些量化的指标来描述测试系统的性能水平。

2）测试系统的静态特性及其主要参数。本节将介绍测试系统在稳态条件下的输入输出关系，以及用来描述这种关系的一些重要参数，如灵敏度、误差、线性度等。

3）测试系统的动态传递特性及其分析方法。本节将介绍测试系统在非稳态条件下的输入输出关系，以及用来描述这种关系的一些重要参数，如频率响应、相位差、延迟时间等。同时，本节还将介绍一些常用的动态特性分析方法，如拉普拉斯变换、傅里叶变换等。

4）测试系统选择的原则和步骤。本节将介绍在进行地下工程测试时，如何根据测试目的、对象和条件，选择合适的测试系统，以及选择测试系统时需要考虑的一些因素和步骤。

5）误差与数据处理。本节将介绍在本章导读进行地下工程测试时，可能产生的各种误差，以及如何对误差进行分析和控制。同时，本节还将介绍一些常用的数据处理方法，如平均值、方差、回归分析等。

3.2　测试系统的组成及其主要性能指标

在对物理量进行测量时，要用到各种各样的装置和仪器，这些装置和仪器对被测的物理量进行传感、转换与处理、传送、显示、记录以及存储，它们组成了所谓的测试系统。按照信号传递方式来分，常用的测试系统可分为模拟式测试系统和数字式测试系统。近些年来，随着计算机技术的应用和普及，智能式测试系统的研发速度不断加快，测试系统的智能化、网络化趋势日益显现。

3.2.1　测试系统的组成

测试系统可以由一个或若干个功能单元组成。一般地，一个完整测试系统的功能应用被描述为：将被测对象置于预定状态下，并对被测对象所输出的特征信息进行采集、变换、传输、分析、处理、判断和显示记录，最终获得测试目的所需的信息。

如图 3-1 所示为一个典型力学测试系统，其由荷载系统、测量系统和显示与记录系统等三大部分组成。其中，荷载系统主要由被测对象及加载体系构成；测量系统包括传感器、信号变换与测量电路；显示与记录系统则主要包括数据存储器、数据处理器、打印机及绘图仪等设备。

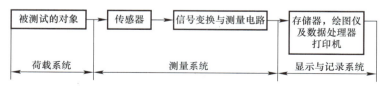

图 3-1　测试系统组成

根据测试目的和要求不同，简单的测试系统可以只包含上述三大部分中的一至两个部分，如弹簧秤（图 3-2），只由低松弛弹簧和刻度尺构成，仅仅包含测量和显示功能。而复杂的测试系统，则可能包含多个测试单元，如模拟地震振动台（图 3-3），典型的振动台是由台体结构、液压驱动和动力系统、测量和控制系统及测试和分析系统等组成。

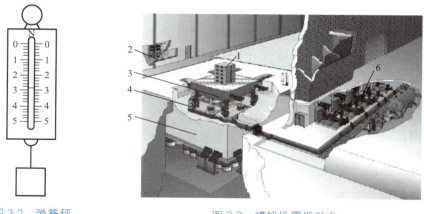

图 3-2　弹簧秤　　　　　　图 3-3　模拟地震振动台

1-试验结构模型；2-控制室；3-振动台台面；
4-电液伺服作动器；5-振动台基础；6-液压动力系统

1. 荷载系统

荷载系统也称加载系统，其是将被测对象置于一定的受力或约束状态，使被测对象（如试件等）有关的物理力学量之间的相关性充分显现出来，从而能够进行有效测量的一种专门系统。

例如，在图 3-3 所示的电液伺服模拟地震振动台系统中，荷载系统主要由液压源系统、激振器、伺服控制器、台面以及计算机控制系统组成。其中伺服控制器是以电液伺服阀为核心的控制器，其性能的好坏对整个系统起着决定性作用，是整个控制系统的核心部分。液压动力系统主要是提供动力，包括液压泵站、蓄能器组、冷却系统等，液压泵的流量是根据地震波的最大速度值来设计的，为了节省能源，目前都是设置大容量的蓄能器组来提供作动器瞬时的巨大能量。

2. 测量系统

测量系统由传感器、信号变换元件和测量电路组成，其作用是将被测物理量（如力、加速度、速度、位移等）通过传感器变换成电信号，再经过后接仪器的变换、放大和运算，转变成易于记录和处理的信号。传感器是整个测试系统中采集信息的关键环节，它的作用是将被测非电量转换成便于放大、记录的电量。因此，传感器也被称为测试系统的一次仪表，其余部分为二次仪表或三次仪表。在电液伺服模拟地震振动台系统中，在作动器提供激振力的同时，台面的多维位移、速度及加速度等参量被即时地测量，再根据反馈理论，快速、准确地纠正系统误差，使系统的动力输出能及时地追踪给定的命令信号，从而达到对地震动记录的精确模拟的目的。

3. 信号处理系统

信号处理系统是将测量系统的输出信号进一步进行处理以排除干扰。地震模拟振动台液压伺服控制系统主要采用数字控制和模拟控制相结合的混合控制，对于数字信号，控制系统计算机中包含了智能滤波软件，能排除测量系统中的噪声干扰和偶然波动，提高所获得信号的置信度；而对于模拟信号，则通过滤波器等硬件仪器来进行处理。

4. 显示与记录系统

显示与记录系统是测试系统的输出环节，它是将对被测对象所测得的有用信号及其变化过程显示、记录或存储下来。数据显示可以用各种表盘、电子示波器和显示屏来实现；而数据记录则可采用函数记录仪、光线示波器、磁盘、存储器等设备来实现。

3.2.2 测试系统的主要性能指标

测试系统的性能指标是衡量测试系统的质量和水平的重要依据，它反映了测试系统对被测物理量的测量能力和精度。测试系统的性能指标有很多，根据不同的角度和需求，可以选择不同的指标进行评价。测试系统的主要性能指标有精度、稳定性、测量范围（量程）、分辨率和传递特性等。测试系统的主要性能指标是经济合理地选择测试仪器和测试元件时必须首要考虑和明确提出的限定性条件。

1. 测试系统的精度和误差

测试系统的精度是指测试系统给出的指示值和被测量的真值之间的接近程度。精度和误差是同一概念的两种不同表示方法。通常，测试系统的精度越高，其误差越小；反之，精度越低，则误差越大。实际中常用测试系统相对误差和引用误差的大小来表示其精度的高低。

绝对误差见式（3-1）：

$$E_a = x - X_0 \tag{3-1}$$

相对误差见式（3-2）：

$$E_r = \frac{E_a}{X_0} = \frac{x - X_0}{X_0} \times 100\% \tag{3-2}$$

引用误差见式（3-3）：

$$E_q = \frac{E_a}{X_m} = \frac{x - X_0}{X_m} \times 100\% \tag{3-3}$$

上述三式中，x 为仪器指示值；X_0 为被测物理量的真值；X_m 为仪器的满量程值。

　　绝对误差越小，说明测量结果越接近被测量的真值。实际上真值是难以确切测量的，因此，常用更高精度的仪器来进行测量，并将测得的值 X_0（称之为约定真值）代替真值。在使用引用误差表示测试仪器的精度时，应尽量避免仪器在靠近测量下限的 1/3 量程内工作，以免产生较大的相对误差。

　　相对误差可用来比较同一仪器不同测量结果的准确程度，但不能用来衡量不同仪器的质量好坏，也不能用来衡量同一仪器在不同量程时的质量。因为对于同一仪器的整个量程范围而言，其相对误差是一个变值，其会随着被测量量程的减少而增大，精度随之降低。当被测量值接近到量程起始零点时，相对误差趋于无限大。实际中，常以引用误差来划分仪器的精度等级，可以较全面地衡量测量精度。

　　2. 稳定性

　　仪器示值的稳定性有两种指标加以衡量。一是时间上稳定性，以稳定度表示；二是仪器外部环境和工作条件变化所引起的示值不稳定性，以各种影响系数表示。

　　1）稳定度

　　稳定度是由于仪器随机性变动、周期性变动、漂移等引起的示值随时间的变化率，一般用精密度的数值与时间的比值来表示。例如，每 8h 内引起的电压波动为 1.3mV，则写成稳定度为 $S_V = 1.3\text{mV}/8\text{h}$。

　　2）环境影响

　　环境影响指仪器工作场所的环境条件，如室温、大气压、振动等外部状态以及电源电压、频率和腐蚀气体等因素对仪器精度产生的影响，统称为环境影响，用影响系数表示。例如，周围介质温度变化所引起的示值变化，可以用温度系数 β_r（即示值变化与温度变化的比值）来表示；而电源电压变化所引起的示值变化，可以用电源电压系数 β_u（即示值变化与电压变化率的比值）来表示，如 $\beta_u = 0.02\text{mA}/10\%$，表示电压每变化 10% 所引起的电流示值变化为 0.02mA。

　　3. 测量范围（量程）

　　测试系统在正常工作时所能测量的最大量值范围称为测量范围或量程。在动态测量时还需同时考虑仪器的工作频率范围。

　　4. 分辨率

　　分辨率是指系统能够检测到的被测量的最小变化值，也叫灵敏阈。例如，若某一位移测试系统的分辨率是 $0.5\mu m$，则当被测量的位移小于 $0.5\mu m$ 时，该位移测试系统没有反应。通常要求测定仪器在零点和 90% 满量程点的分辨率，一般来说分辨率的数值越小越好。

　　5. 传递特性

　　传递特性是表示测量系统输入与输出对应关系的性能。了解测量系统的传递特性对于提高测量的精度和正确选用系统或校准系统是十分重要的。

　　对不随时间变化（或变化很慢而可以忽略）的量的测量叫作静态测量；而对随时间变化的量的测量叫作动态测量。与此相应，测试系统的传递特性又可分为静态传递特性和动态传递特性。

　　描述测试系统静态测量时输入与输出之间函数关系的方程、图形、参数等称为测试系统的静态传递特性；同理，描述测试系统动态测量时的输入与输出之间函数关系的方程、图形、参数等称为测试系统的动态传递特性。作为静态测量的系统，可以不考虑动态传递特性；而作为动态测量的系统，既要考虑动态传递特性，又要考虑静态传递特性，因为测试系统的精度很大程度上与其静态传递特性有关。

3.3　测试系统的静态特性及其主要参数

3.3.1　测试系统与线性系统

为达到不同的测试目的，可组成各种不同功能的测试系统，这些系统所应具备的最根本功能是要保证系统的输出能精确地反映输入。一个理想的测试系统，应该具有确定的输入-输出映射关系，其中以输出与输入呈线性关系时为最佳，即理想的测试系统应当是一个线性时不变系统。

若系统的输入 $x(t)$ 和输出 $y(t)$ 之间的关系可以用常系数线性微分方程式来表示，则该系统就称为线性时不变系统，简称线性系统。这种线性系统的方程的通式为

$$a_n y^n(t) + a_{n-1} y^{n-1}(t) + a_{n-2} y^{n-2}(t) + \cdots + a_1 y^1(t) + a_0 y(t) \tag{3-4}$$
$$= b_m x^m(t) + b_{m-1} x^{m-1}(t) + b_{m-2} x^{m-2}(t) + \cdots + b_1 x^1(t) + b_0 x(t)$$

式中，$y^n(t)$、$y^{n-1}(t)$、$\cdots$、$y^1(t)$ 分别是输出函数 $y(t)$ 的各阶导数；$x^m(t)$、$x^{m-1}(t)$、$\cdots$、$x^1(t)$ 分别是输入函数 $x(t)$ 的各阶导数；a_n、a_{n-1}、a_{n-2}、$\cdots$、a_1、a_0 和 b_m、b_{m-1}、b_{m-2}、$\cdots$、b_1、b_0 为常数，其与测试系统特性、输入状况和测试点的分布等因素有关。

从式（3-4）可以看出，线性方程中的每一项都不包含输入输出以及它们的各阶导数的高次幂和它们的乘积。此外，其内部参数也不随时间的变化而变化，信号的输出与输入和信号的加入时间无关。

在研究线性测试系统时，对系统中的任一环节（如传感器、运算电路等）都可简化为一个方框图，并用 $x(t)$ 表示输入量，用 $y(t)$ 表示输出量，用 $H(t)$ 表示系统的传递关系，则三者之间的关系可用图 3-4 来表示。

图 3-4　系统的输入输出关系

$x(t)$、$y(t)$ 和 $H(t)$ 是三个具有确定关系的量，若已知其中任何两个量，即可求出第三个量，这便是工程测试中常常需要处理的实际问题。

3.3.2　静态方程和标定曲线

当测试系统处于静态测量时，输入量 x 和输出量 y 不随时间而发生变化，因而输入和输出的各阶导数均等于零，则式（3-4）将变成代数方程：

$$y = \frac{b_0}{a_0} x = Sx \tag{3-5}$$

式中，斜率 S 为标定因子，一般为常数。

式（3-5）被称为系统的静态传递特性方程，简称静态方程。将静态（或动态）方程用图形表示，则称为测试系统的标定曲线（又可称为特性曲线、率定曲线、定度曲线等）。在直角坐标系中，习惯上将标定曲线的横坐标设为输入量 x （即自变量），纵坐标设为输出量 y （即因变量）。

如图 3-5 所示为四种曲线的标定曲线及其相应的曲线方程。如图 3-5（a）所示为输出与输入呈线性关系，是标定曲线的理想状态；而如图 3-5（b）、（c）、（d）中的三条曲线则可看成是线性关系上叠加了非线性的高次分量。其中，图 3-5（c）图是只包含 x 的奇次幂的标定曲线，且由于其在零点附近有一段对称的近似于直线的线段，在实际标定中较为常用，而图 3-5（b）和（d）两图的曲线则不常用。

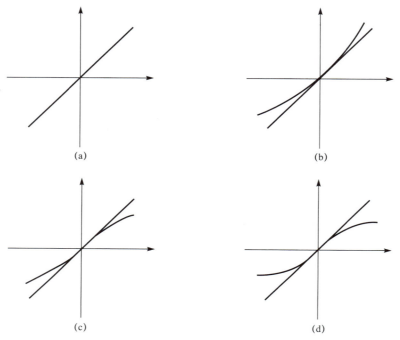

图 3-5　标定曲线的种类

（a）曲线方程 $y=a_0x$；（b）曲线方程 $y=a_0x+a_1x^2+a_3x^4$；

（c）曲线方程 $y=a_0x+a_2x^3+a_4x^5$；（d）曲线方程 $y=a_0x+a_1x^2+a_2x^3+a_3x^4$

标定曲线是反映测试系统输入量 x 和输出量 y 之间关系的曲线。一般情况下，实际的输出与输入关系曲线并不完全符合理论所要求的理想线性关系，所以定期对测试系统的输入输出关系进行标定，这是保证测试结果精确可靠的必要措施。对于重要的测试，需在测试前、后都对测试系统进行标定。只有当测试前、后标定结果的误差在允许的范围内时，才能确定测试结果为有效。

求取静态标定曲线时常以标准量作为输入信号并测定出与其对应的输出量，将输入与输出数据绘制成散点图，再用统计法回归出一条输入与输出的关系曲线。需要注意的是，标准量的精度应比被标定系统的精度高一个数量级。

3.3.3　测试系统的主要静态特性参数

根据标定曲线便可以分析测试系统的静态特性。描述测试系统静态特性的参数主要有灵敏度、线性度和回程误差。

1. 灵敏度

如图 3-6（a）所示，对测试系统输入一个变化量 Δx，就会相应地输出另一个变化量

Δy，则测试系统的灵敏度为：

$$S = \frac{\Delta y}{\Delta x} \tag{3-6}$$

对于线性系统，由式（3-6）可知：

$$S = \frac{b_0}{a_0} = \text{const} \tag{3-7}$$

由式（3-7）可知，线性系统的测量灵敏度为常数。

无论是线性系统还是非线性系统，灵敏度 S 都是系统特性曲线的斜率。若测试系统的输出和输入的量纲相同，则常用"放大倍数"来代替"灵敏度"，此时，灵敏度 S 无量纲，但输出与输入是可以具有不同量纲的。例如，某位移传感器的位移变化 1mm 时，输出电压的变化为 300mV，则其灵敏度 $S = 300\text{mV/mm}$。

此外，系统灵敏度的另一种含义是系统能够检测出的最小量。例如，电阻应变片的灵敏度为 10^{-6}，则表示该应变片能够检测出的最小应变等于 $1\mu\varepsilon$。这时的灵敏度为测量系统有确切读数时所对应的被测值。

2. 线性度

标定曲线与理想直线的接近程度称为测试系统的线性度（图 3-6b）。线性度是考察系统的输出与输入之间是否保持理想系统那样的线性关系的一种度量。由于系统的理想直线无法获得，在实际中，通常用一条能够反映标定数据一般趋势且误差绝对值最小的直线来代替理想直线。

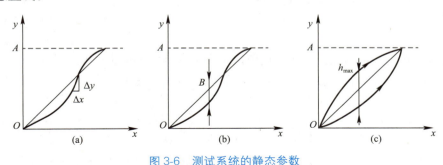

图 3-6　测试系统的静态参数
（a）灵敏度；（b）线性度；（c）回程误差

若在系统的标称输出范围 A（即全量程）内，标定曲线与参考理想直线的最大偏差为 B，则线性度可以表示为：

$$\delta_f = \frac{B}{A} \times 100\% \tag{3-8}$$

参考理想直线的确定方法目前尚无统一标准，通常是取过原点且与标定曲线间的偏差 B 的均方值最小的最小二乘拟合直线为参考理想直线，以该直线斜率的倒数作为名义标定因子。

3. 回程误差

回程误差是指在相同测试条件下和全量程范围 A 内，当输入量由小增大及由大减小的过程中，如图 3-6（c）所示，对于同一输入值所得到的两个输出值之间的最大差值 $h_{\max}$ 与 A 的比值百分率，即：

$$\delta_h = h_{\max} \times 100\% \tag{3-9}$$

回程误差是由滞后现象和系统的不工作区（即死区）引起的，前者在磁性材料的磁化过程和材料受力变形过程中产生。系统的死区就是指输入变化时输出无相应变化的范围，其产生的原因主要是机械摩擦、间隙等。

3.4 测试系统的动态传递特性

当系统的输入量与输出量随时间而变化时，测试系统所具有的特性就称为动态特性。在动态测试时，必须考察测试系统的动态传递特性，尤其要注意系统的工作频率范围。例如，体温计必须在口腔内保温足够的时间，它的读数才能反映人体的温度，即是说输出（示值）滞后于输入（体温），称为系统的时间响应。如用千分表测量振动体的振幅，当振动频率很低时，千分表的指针将随其摆动，指示出各个时刻的幅值（但可能不同步）；随着振动频率的增加，指针摆动弧度逐渐减小，以至趋于不动，说明指针的示值在随振动频率而变，这是由于构成千分表的弹簧-质量系统的动态特性造成的，故此现象称为系统对输入的频率响应。时间响应和频率响应是动态测试过程中表现出的重要特性，也是分析测试系统动态特性的主要内容。测试系统的动态特性是描述输出 $y(t)$ 和输入 $x(t)$ 之间的关系。这种关系在时间域内可以用微分方程或权函数表示，而在频率内可用传递函数或频率响应函数表示。

1. 传递函数

若系统的初始条件为零时，其输入量、输出量及其各阶导数均为零，对式（3-4）进行拉普拉斯变换（简称拉氏变换），可得：

$$(a_n s^n + a_{n-1}s^{n-1} + \cdots + a_1 s + a_0)Y(s) = (b_m s^m + b_{m-1}s^{m-1} + \cdots + b_1 s + b_0)X(s)$$

$$(3-10)$$

将上式输出量和输入量的拉氏变换之比值定义为传递函数 $H(s)$，则：

$$H(s) = \frac{Y(s)}{X(s)} = \frac{b_m s^m + b_{m-1}s^{m-1} + \cdots + b_1 s + b_0}{a_n s^n + a_{n-1}s^{n-1} + \cdots + a_1 s + a_0} \tag{3-11}$$

式中，a_n、a_{n-1}、a_{n-2}、$\cdots$、a_1、a_0 和 b_m、b_{m-1}、b_{m-2}、$\cdots$、b_1、b_0 为由系统确定的常数。式（3-11）是测试系统动态特性的一种表达式。在式（3-11）的表达式中，s 是一种运算符号，被称为拉氏算子；分母中 s 的最高幂次代表了系统微分方程的阶数；当 $n=1$ 或 $n=2$ 时，分别称为一阶系统和二阶系统的传递函数。

传递函数 $H(s)$ 是以复数域中的象函数 $X(s)$、$Y(s)$ 的代数式去代换实数域中原函数 $x(t)$、$y(t)$ 的微分方程式，来表征系统的传输、转换特性。利用拉氏变换，就可以将实数域中求解复杂高阶微分方程的问题转化成复数域中求解简单代数方程的问题，如此就极大地简化了运算过程。

传递函数有如下特点：

1）$H(s)$ 与输入 $x(t)$ 无关，亦即传递函数 $H(s)$ 不因输入 $x(t)$ 的改变而改变，它仅表达系统的响应特性，而与具体的物理系统的结构形式无关，同一传递函数可以表征若干个物理意义完全不同的物理系统；

2）由传递函数 $H(s)$ 所描述的一个系统对于任一具体的输入 $x(t)$ 都明确地给出了相应的输出 $y(t)$；

3）$H(s)$ 表达式中的各系数 a_n、a_{n-1}、a_{n-2}、$\cdots$、a_1、a_0 和 b_m、b_{m-1}、b_{m-2}、$\cdots$

b_1、b_0，是由测试系统本身结构特性所唯一确定的常数。

2. 传递函数的串联和并联

将传递函数的表达式（3-11）应用于线性传递元件串、并联的系统，则可得到十分简单的运算规则。

如图 3-7（a）所示的系统是由传递函数分别为 $H_1(s)$ 和 $H_2(s)$ 的环节串联而成。于是，系统的传递函数 $H(s)$ 为：

$$H(s) = \frac{Y(s)}{X(s)} = \frac{Y(s)}{Y_i(s)} \cdot \frac{Y_i(s)}{X(s)} = H_2(s)H_1(s) \tag{3-12}$$

同理，对于由 n 个环节串联组成的系统，则有：

$$H(s) = \prod_{i=1}^{n} H_i(s) \tag{3-13}$$

若系统由传递函数分别为 $H_1(s)$ 和 $H_2(s)$ 的环节并联而成（图 3-7b），$Y_1(s)$ 和 $Y_2(s)$ 分别为该两个环节的响应，则系统的传递函数 $H(s)$ 为：

$$H(s) = \frac{Y(s)}{X(s)} = \frac{Y_1(s) + Y_2(s)}{X(s)} = H_1(s) + H_2(s) \tag{3-14}$$

同理，对于由 n 个环节并联组成的系统，则有：

$$H(s) = \sum_{i=1}^{n} H_i(s) \tag{3-15}$$

由上可知，串联系统的传递函数为各子系统传递函数的积，并联系统的传递函数为各子系统传递函数的和。由数学分析可知，任何一个系统总可以看成是由若干个一阶系统和二阶系统以不同的方式串联或并联组合而成，故研究一阶系统和二阶系统的动态特性具有十分重要的意义。

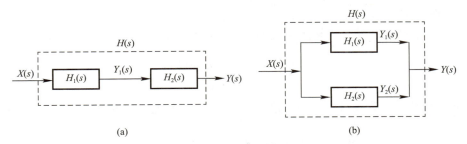

图 3-7　测试系统的串联和并联
（a）串联；（b）并联

3. 频率响应函数

在式（3-11）中，若取 $s = j\omega$，则相应的传递函数变为：

$$H(j\omega) = \frac{Y(j\omega)}{X(j\omega)} = \frac{b_m(j\omega)^m + b_{m-1}(j\omega)^{m-1} + \cdots + b_1(j\omega) + b_0}{a_n(j\omega)^n + a_{n-1}(j\omega)^{n-1} + \cdots + a_1(j\omega) + a_0} \tag{3-16}$$

式中，$H(j\omega)$ 称为测试系统的频率响应函数。

研究系统在正弦激励信号下的动态响应问题一般包含两个方面的内容：瞬态响应和稳态响应。频率响应函数仅能描述测试系统在稳态的输入-输出情况下的动态传递特性，它是传递函数的特例；若需要对系统瞬态及稳态的动态响应全过程进行研究和分析，则需要借助传递函数来完成。

4. 常见测试系统的传递函数及频率响应特性

1）一阶系统

在工程上，一般将下式视为一阶系统的微分方程通式：

$$a_1 \frac{\mathrm{d}y(t)}{\mathrm{d}t} + a_0 y(t) = b_0 x(t) \tag{3-17}$$

上式可改写为：

$$\frac{a_1}{a_0} \frac{\mathrm{d}y(t)}{\mathrm{d}t} + y(t) = \frac{b_0}{a_0} x(t) \tag{3-18}$$

令 $K = \dfrac{b_0}{a_0}$ 为系统静态灵敏度；$\tau = \dfrac{a_1}{a_0}$ 为系统时间常数；对式（3-18）作拉普拉斯变换，则有：

$$(\tau s + 1)Y(s) = KX(s) \tag{3-19}$$

故系统的传递函数为：

$$H(s) = \frac{Y(s)}{X(s)} = \frac{K}{\tau s + 1} \tag{3-20}$$

上式即为一阶惯性系统的传递函数。

在动态分析中，不妨令 $K=1$，则式（3-20）变成：

$$H(s) = \frac{Y(s)}{X(s)} = \frac{1}{\tau s + 1} \tag{3-21}$$

相应地，令 $s = j\omega$，则系统的频率响应函数为：

$$H(j\omega) = \frac{Y(j\omega)}{X(j\omega)} = \frac{1}{j\tau\omega + 1} \tag{3-22}$$

2）二阶系统

二阶系统的传递关系的通式均可用如下二阶微分方程通式表示：

$$a_2 \frac{\mathrm{d}^2 y(t)}{\mathrm{d}t^2} + a_1 \frac{\mathrm{d}y(t)}{\mathrm{d}t} + a_0 y(t) = b_0 x(t) \tag{3-23}$$

同样，令 $K = \dfrac{b_0}{a_0}$ 为系统静态灵敏度；$\omega_{\mathrm{n}} = \sqrt{\dfrac{a_0}{a_2}}$ 为系统无阻尼固有频率（rad/s）；$\xi = \dfrac{a_1}{2\sqrt{a_0 a_2}}$ 为系统阻尼比；对式（3-23）两边作拉普拉斯变换，得到：

$$\left(\frac{s^2}{\omega_{\mathrm{n}}^2} + \frac{2\xi s}{\omega_{\mathrm{n}}} + 1 \right) Y(s) = KX(s) \tag{3-24}$$

于是系统的传递函数为：

$$H(s) = \frac{Y(s)}{X(s)} = \frac{K}{\dfrac{s^2}{\omega_{\mathrm{n}}^2} + \dfrac{2\xi s}{\omega_{\mathrm{n}}} + 1} \tag{3-25}$$

相应地，系统的频率响应函数为：

$$H(j\omega) = \frac{Y(j\omega)}{X(j\omega)} = \frac{K}{\left(\dfrac{j\omega}{\omega_{\mathrm{n}}} \right)^2 + \dfrac{2\xi j\omega}{\omega_{\mathrm{n}}} + 1} \tag{3-26}$$

3.5 测试系统选择的原则

根据被测对象和所要达到的目的来选择测试系统，因此选择测试系统的根本出发点就是测试的目的和要求。但是，若要达到技术可行和经济合理，则必须考虑一系列因素的影响。下面针对系统的各个特性参数，就如何正确选用测试系统予以概述。

1. 灵敏度

原则上说，测试系统的灵敏度应尽可能地高，这意味着它能检测到被测物理量极微小的变化，换句话说，被测量稍有变化，测量系统就有较大的输出，并能显示出来。因此，在要求高灵敏度的同时，应特别注意与被测信号无关的外界噪声的侵入，因为高灵敏度的测量系统同时也是敏感的噪声接收系统，其噪声也可能被放大系统所放大。为达到既能检测微小的被测量、又能使噪声被抑制到尽量低的目的，测试系统的信噪比越大越好。但灵敏度越高，往往测量范围越窄，稳定性也越差。在地下工程监测中，被测物理量的变化范围比较大，因此要求相对精度在一定的允许值内，而对其绝对精度的要求不高。在选择仪器时最好选择灵敏度有若干挡可调的仪器，以满足在不同测试阶段对仪器不同灵敏度的测试要求。

2. 准确度

准确度表示测试系统所获得的测量结果与真值的接近程度，并综合反映了测量中各类误差的影响。准确度越高，则测量结果中所包含的系统误差和随机误差就越小。测试仪器的准确度越高，价格也越昂贵。因此应从被测对象的实际情况和测试要求出发，选用准确度合适的仪器，以获得最佳的技术经济效益。在地下工程监测中，监测仪器的综合误差为全量程的 $1.0\%\sim2.5\%$ 时，这样准确度基本能满足施工监测的要求。误差理论分析表明，由若干台不同准确度组成的测试系统，其测试结果的最终准确度取决于准确度最低的那一台仪器。所以，从经济性来看，应选择同等准确度的仪器来组成所需的测量系统。如果条件有限，不可能做到等准确度时，则前面环节的准确度应高于后面环节，而不希望出现与此相反的配置。一般地，如果是属于相对比较性的试验研究，只需获得相对比较值，则只要求系统的精密度足够高就行了，无须要求它的准确度；若属于定量分析，要获得精确的量值，就必须要求它具有相应的精确度。

3. 响应特性

测试系统的响应特性必须在所测频率范围内努力保持不失真条件。此外。响应总有一定的延迟，但要求延迟时间越短越好。换言之，若测试系统的输出信号能够紧跟急速变化的输入信号，则这一测试系统的响应特性就好。因此，在选用时，要充分考虑到被测量变化的特点。

4. 线性范围

任何测试系统都有一定的线性范围。在线性范围内输出与输入成比例关系，线性范围越宽，表明测试系统的有效量程越大。测试系统在线性范围内工作是保证测量准确度的基本条件。然而，在实际测试时，很难将系统处于绝对线性状态。在有些情况下，只要能满足测量的准确度，也可以在近似线性的区间内工作，必要时可以进行非线性补偿或修正。

5. 稳定性

稳定性表示在规定的条件下，测试系统的输出特性随时间的推移而保持不变的能力。影响稳定性的因素有时间、环境和测试仪器的器件状况等。在输入量不变的情况下，测试系统在一定时间后其输出量发生变化，这种现象称为漂移；当输入量为零时，测试系统也会有一定的输出，这种现象称为零漂。漂移和零漂主要是由系统本身对温度变化敏感以及元件不稳定等因素造成的，它对测试系统的准确度将产生影响。

地下工程监测的对象主要是处于露天和地下环境中的岩土介质和结构，其温度、湿度变化大，持续时间长，因此对仪器和元件稳定性的要求比较高，所以应充分考虑到在整个监测的过程中，使被测物理量的漂移以及随温度、湿度等引起的变化与综合误差相比处于同一数量级。

6. 测量方式

测试系统在实际工作条件下的测量方式，也是选择测试系统时应考虑的因素之一。诸如接触式测量和非接触性测量、机械量测和电测、在线测量和非在线测量等不同的测量方式，对测试系统的要求也不同。

在机械系统中，运动部件的被测参量（例如回转运动误差、振动和扭力矩等），往往需要非接触式测量。因为，接触式测量不仅对被测对象造成影响，而且存在许多难以解决的技术问题，如接触状态的变动、测量头的磨损、信号的采集等，都不容易妥善处理，也势必造成测量误差。此时，选用非接触式传感器或采用无线遥测测试技术，则是解决上述问题的最有前途的实现方式。

7. 各特性参数之间的配合

由若干环节组成的一个测试系统中，应注意各特性参数之间的恰当配合，使测试系统处于良好的工作状态。例如，一个多环节组成的系统，其总灵敏度取决于各环节的灵敏度以及各环节之间的联接形式，如串联、并联等，该系统的灵敏度与量程范围是密切关联的。当总灵敏度确定之后，过大或过小的量程范围，都会给正常的测试工作带来影响。对于连续刻度的显示仪表，通常要求输出量落在接近满量程的 1/3 区间内，否则即使仪器本身非常精确，测量结果的相对误差也会增大，从而影响测试的准确度。若量程小于输出量，很可能使仪器损坏。因此，在组成测试系统时要注意总灵敏度与量程范围的匹配。又如，当放大器的输出用来推动负载时，它应该以尽可能大的功率传给负载，只有当负载的阻抗和放大器的输出阻抗互为共轭复数时，负载才能获得最大的功率，这就是通常所说的阻抗匹配。

总之，在组成测试系统时，应充分考虑各特性参数之间的匹配关系。除上述必须考虑的因素，还应尽量兼顾体积小、重量轻、结构简单、易于维修、价格便宜、便于携带、通用化和标准化等一系列因素。

3.6 误差与数据处理

试验和监测的目的或是测定某个物理量的数值及其分布规律，或是探求物理量之间的相互关系。因此，需要对测试得到的大量试验数据运用适当的力学理论和数学工具进行处理与分析，以期得到能真实描述被测对象性质的物理参数或物理量与物理量之间变化规律的函数关系。

在试验、工程测试或监测中的物理量分为两种：①单随机变量。②多变量数据。对于单随机变量数据，通过采用统计分析法，得到它的平均值及表征其离散程度的方差；对于多变量数据，则需要通过列表法、图示法及解析法（回归方程法），建立它们的函数关系式。

任何试验或监测手段都有其局限性，反映在测试数据上就是必定存在着误差。因而有误差是绝对的，而没有误差是相对的。科学的研究方法应是将试验或监测得到的数据经过处理后，在得到物理量特征参数和物理量之间的经验公式中，再注明它们的误差范围或精确程度。

3.6.1　测量误差

1. 误差分类

测量值与真实值之间的差值叫作测量误差，它是由使用仪器、测量方法、周围环境、人的技术熟练程度和人的感官条件等技术水平和客观条件的限制所引起的，在测量过程中它是不可能完全消除的，但可通过分析误差的来源、研究误差的规律来减小误差，进而提高测量精度。并用科学的方法处理试验数据，以便使测量值更接近于真实值。根据误差性质和产生的原因，其可分为随机误差、系统误差和疏失误差。

1）随机误差

随机误差的发生是随机的，其数值变化的规律符合一定的统计规律，通常为正态分布规律。因此，随机误差是用标准偏差来度量的。随着对同一量的测量次数的增加，标准偏差的值变得更小，从而该物理量的值更加可靠。随机误差通常是由环境条件的波动以及观察者的精神状态等测量条件所引起。

2）系统误差

系统误差是在一组测量中，常保持同一数值和同一符号的误差，因而系统误差有一定的大小和方向。它是由测量原理或测量方法本身的缺陷、测试系统的性能、外界环境如温度、湿度、压力等的改变、个人习惯偏向等因素所引起的误差。通过改进测试仪器性能、标定仪器常数、改善观测条件和操作方法以及对测定值进行合理修正等方法，有些系统误差是可以消除的。

3）疏失误差

疏失误差又称过失误差或粗大误差，它是由设计错误、接线错误或操作者粗心大意看错、读错、记错等原因造成的，在测量过程中应尽量避免。

2. 精密度、准确度和精度

精密度表征在相同条件下多次重复测量中测量结果的互相接近和互相密集的程度，它反映随机误差的大小；准确度则表征测量结果与被测量真值的接近程度，它反映系统误差的大小；而精度则反映测量的总误差。

精密度、准确度和精度的概念以及三者之间的关系可用图 3-8 加以表示。如图 3-8 所示表达了这三个概念的关系。图中圆的中心代表真值的位置，各小黑点表示测量值的位置。如图 3-8（a）所示表示精密度和准确度都好，因而精度也高；如图 3-8（b）所示表示精密度好，但准确度差的情况；如图 3-8（c）所示表示精密度差而准确度好的情况；如

图 3-8（d）所示则表示精密度和准确度都差的情况。

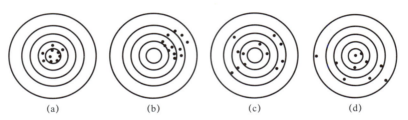

图 3-8　精密度、准确度和精度的关系

3.6.2　单随机变量的数据处理

1. 误差估计

本章 3.2.2 节已经介绍了绝对误差、相对误差及引用误差的基本概念。可知，此三种误差的定义中均包含有被测物理量的测量值与真实值之间所存在的差值。在实际测量中，可以将测量误差看作是随机变量，由于真实值不可得，故通过对同一被测物理量的大量重复观测，用均值、方差等概率统计量对误差的特性和范围做出估计。

1）算术平均值

当未知量 x_0 被测量 n 次，并被记录为 x_1，x_2，x_3，$\cdots$，x_n，则 $x_r = x_0 + e$，其中 e 为观测中的不确定度，其或正或负，则 n 次测量的算术平均值 $\overline{x}$ 为：

$$\overline{x} = \frac{x_1 + x_2 + x_3 + \cdots + x_n}{n} = x_0 + \frac{e_1 + e_2 + e_3 + \cdots + e_n}{n} \qquad (3\text{-}27)$$

因为绝对误差一部分可为正值，另一部分可为负值，数值 $(e_1 + e_2 + e_3 + \cdots + e_n)$ 将很小，在任何情况下它在数值上均小于各个独立误差的最大值。因此，如果 ζ 是测量中某一最大误差，则：

$$\frac{e_1 + e_2 + e_3 + \cdots + e_n}{n} < \zeta \qquad (3\text{-}28)$$

故有：

$$\overline{x} - x_0 < \zeta \qquad (3\text{-}29)$$

因此，$\overline{x}$ 可以被看作对真实值 x_0 的一种估计值，且 n 越大，$\overline{x}$ 越接近 x_0。

2）标准误差 σ

算术平均值是一组数据的重要标志，它反映了被测量的平均状况。但仅用算术平均值并不能反映大量数据测量值对真实值的分散程度。表示数据波动或分散程度的方法有多种，最常用的一种指标是标准误差，其计算表达式为：

$$\sigma = \sqrt{\frac{\sum_{i=1}^{n}(x_i - \overline{x})^2}{n-1}} \qquad (3\text{-}30)$$

式中，σ 为标准误差或称标准差，它是方差 σ^2 的正平方根值。

显然，标准误差 σ 反映了测量值在算术平均值附近的分散和偏离程度。它对一组数据中的较大误差或较小误差反映比较灵敏。σ 越大则波动越大，σ 越小则波动越小，用它来表示测量误差或测量精度是一个较好的指标。

3) 变异系数 C_v

如果两组同性质的数据标准误差相同，则可知两组数据各自围绕其平均数的偏差程度是相同的，它与两个平均数大小是否相同完全无关。而实际上考虑相对偏差是很重要的，因此，把样本的变异系数 C_v 定义为

$$C_v = \frac{\sigma}{\overline{x}} \tag{3-31}$$

2. 误差的分布规律

测量误差服从概率统计规律，其概率分布服从正态分布。随机误差的分布可用正态分布密度函数表示为：

$$p(x) = \frac{1}{\sigma\sqrt{2\pi}} e^{-\frac{(x-\overline{x})^2}{2\sigma^2}} \tag{3-32}$$

式中，$p(x)$ 为测量误差 $(x-\overline{x})$ 出现的概率密度。

如图 3-9 所示为概率密度的分布图。由图可知，误差值的概率密度函数有以下四个特征：

1) 单峰值

曲线形状似垂钟状，绝对值小的误差出现的次数比绝对值大的误差出现的次数多。

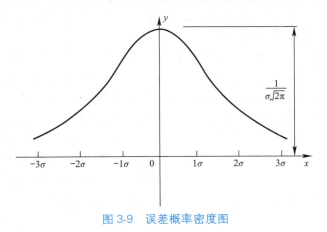

图 3-9　误差概率密度图

2) 对称性

大小相等且符号相反的误差出现的概率密度相等。

3) 抵偿性

在相同条件下对同一物理量进行测量，其误差的算术平均值随着测量次数的增大而趋近于零，即误差平均值的极限为零。凡具有抵偿性的误差，原则上都可以按随机误差处理。

4) 有界性

在一定测量条件下的有限测量值中，其误差的绝对值不会超过一定的界限。计算误差落在某一区间内的测量值出现的概率，在此区间内将 $p(x)$ 积分即可，计算结果表明：

（1）误差在 $-\sigma$ 与 $+\sigma$ 之间的概率为 68%；

（2）误差在 -2σ 与 $+2\sigma$ 之间的概率为 95%；

（3）误差在-3σ与$+3\sigma$之间的概率为99.7%。

在一般情况下，99.7%已可认为代表多次测量的全体，所以把$\pm3\sigma$叫作极限误差。因此，若将某多次测量数据记为$\overline{x}\pm3\sigma$，则可认为对该物理量所进行的任何一次测量值都会落在区间$[\overline{x}-3\sigma,\overline{x}+3\sigma]$之内。

3. 可疑数据的舍弃

在多次测量试验中，有时会遇到极个别测量值和其他多数测量值之间相差较大的情况，这些极个别数据就是所谓的可疑数据。

对于可疑数据的剔除，常见的方法有两种，拉依达法和肖维纳特法。

拉依达法又称3倍标准偏差法，简称3S法。当在多次测量试验中的测量次数较少时，采用该方法来判断某一测量数据是否是可疑数据比较准确且方便。在误差的有界性原理中已经分析过，多次测量中的误差在-3σ与$+3\sigma$之间的出现概率为99.7%，也就是说，在此范围之外误差出现的概率只有0.3%，即测量300多次才可能遇上1次。因此，对于通常只进行10~20次的有限测量，就可以认为超出的$\pm3\sigma$误差已不属于随机误差，应将其舍去。

肖维纳特法则主要针对测量次数较大的情况。例如，当测量次数高于300次时，超出$\pm3\sigma$的误差就有可能在其中某次测量中随机出现。此时，拉依达法便无法使用。可见，对数据保留的合理误差范围与测量次数n有关。当测量试验次数较大时，应用肖维纳特法来进行可疑数据的剔除便更加合理。

如表3-1所示给出了肖维纳特法的试验值舍弃标准。在表3-1中，n是测量次数，d_i是合理的误差限，σ是根据测量数据算得的标准误差。采用肖维纳特法进行可疑数据辨识时，先计算一组测量数据的均值$\overline{x}$和标准误差σ，再计算可疑值x_k的误差$d_i(=|x_k-\overline{x}|)$与标准差的比值，并根据测量次数n与表中对应的d_i/σ相比较，若前者大于后者，则当前可疑测量值应当舍弃。剔除可疑值后，需要重新计算剩下测量值的均值$\overline{x}$和标准误差σ，再对下一个可疑值进行类似比对。需要注意的是，这种方法只适合误差只是由测试技术原因引起的样本代表性不足数据的处理。对现场测试和探索性试验中出现的可疑数据的舍弃，必须要有严格的科学依据而不能简单地用数学方法来舍弃。

试验值舍弃标准　　　　　　　　　　　　　　　　　表 3-1

n	5	6	7	8	9	10	12	14	16	18
d_i/σ	1.65	1.73	1.80	1.86	1.92	1.96	2.03	2.12	2.15	2.20
n	20	22	24	26	30	40	50	100	200	500
d_i/σ	2.24	2.28	2.31	2.35	2.39	2.49	2.58	2.81	3.02	3.20

复习思考题

3-1　测试系统由哪些部分组成？各部分有什么作用？

3-2　测试系统的主要性能指标有哪些？如何评价测试系统的性能？

3-3　什么是静态方程和标定曲线？如何利用它们进行数据转换？

3-4　测试系统的主要静态特性参数有哪些？如何计算它们？

3-5 什么是动态方程和传递函数？如何建立测试系统的动态方程和传递函数？

3-6 系统在阶跃输入、脉冲输入和正弦输入下的动态响应分别是什么样的？如何分析它们？

3-7 系统实现信号不失真传递的条件是什么？如何判断一个系统是否满足这个条件？

3-8 什么是系统的负载效应？如何消除或减小它？

3-9 系统特性参数的测定方法有哪些？各有什么优缺点？

3-10 测量误差有哪些分类？各由什么因素引起？

3-11 单随机变量的数据处理方法有哪些？如何计算均值、方差、标准差等统计量？

第4章　地下工程的量测仪器和数据采集系统

【本章导读】

本章的主题是地下工程测试仪器与数据采集系统，是地下工程测试与监测的重要内容。本章将介绍地下工程常用的测试仪器和数据采集系统，包括其原理、结构、功能、操作方法、注意事项等。本章将按照测试项目的不同，分为以下5个部分：（1）地下结构和岩土体宏观位移的监测仪器；（2）围岩变形与收敛测试仪器；（3）水压力与渗流测试仪器；（4）围岩压力与强度测试仪器；（5）数据采集系统。

通过本章的学习，读者将了解各种测试仪器和数据采集系统的特点和使用方法，以及在实际工程中的应用情况和效果。本章的学习目标是：（1）掌握地下工程测试仪器与数据采集系统的基本概念和分类；（2）理解各种测试仪器和数据采集系统的工作原理和结构特点；（3）熟悉各种测试仪器和数据采集系统的操作方法和注意事项；（4）能够根据工程需要选择合适的测试仪器和数据采集系统，并进行正确的安装、调试、使用和维护；（5）能够分析和评价各种测试仪器和数据采集系统在实际工程中的应用效果和存在的问题。

【重点和难点】

本章的重点是理解各种量测仪器的工作原理和测量方法，掌握数据采集系统的设计和运行原理，以及相关的数据处理和分析技术。本章的难点是掌握量测仪器的校准和误差分析、数据采集系统的网络通信和数据传输、量测仪器和数据采集系统的选择和优化等内容，以及运用相关的仪器和系统解决实际工程问题。

4.1　引言

在地下工程施工监测中，需要监测的物理量主要有位移、应变、压力、应力和温度等。因此用于地下工程监测的仪器主要包括以下4类：

1）用于地下结构和岩土体宏观位移的监测仪器，主要有水准仪、全站仪、收敛计、测斜仪、分层沉降仪等。

2）用于地下结构和围岩变形与收敛的监测仪器，主要有电阻应变仪、钢弦频率接收仪、钢筋计、土压力计、孔隙水压力计、轴力计、混凝土应力计、应变计、锚杆测力计等传感器。

3）用于地下水压力与渗流测试仪器，主要有水位计、渗流计和渗透试验装置等。

4）用于围岩压力与强度测试仪器，主要有岩石单轴压缩试验机、岩石三轴压缩试验机、岩石劈裂试验机、岩石拉伸试验机等。

在实际工作中，可根据监测项目和精度的要求，按照经济、安全、适用和耐久等因素来选择合适的监测仪器。

4.2 地下结构和岩土体宏观位移的监测仪器

地下结构和岩土体宏观位移的变形监测重点是竖向位移监测和水平位移监测。通过竖向位移和水平位移监测，也可以间接得到地下结构的倾斜和挠曲等变形。竖向位移监测是通过重复测定埋设在变形体上的监测点相对于基准点的高差变化量，经过数据处理和变形分析，得到沉降量及变化趋势。竖向位移监测常采用的设备有：电子水准仪、分层沉降仪等。水平位移监测是通过测定监测点在某一方向的位移量，进而计算监测体在该方向上的位移。水平位移监测常采用的设备有：全站仪、测斜仪、多点位移计、收敛计等。

4.2.1 电子水准仪

电子水准仪又称数字水准仪，如图 4-1 所示，它是在自动安平水准仪的基础上发展起来的。电子水准仪采用条码标尺进行读数，各厂家因标尺编码的条码图案不同，故不能互换使用。目前照准标尺和调焦仍需目视进行。世界上第一台数字水准仪是徕卡公司于 1990 年推出的 NA3000 系列，现已发展到第三代产品。

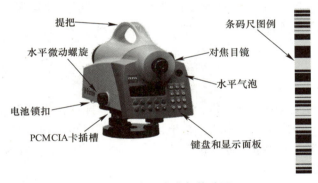

图 4-1 电子水准仪构造图

以 DINI12 电子水准仪为例，说明其工作原理。DINI12 装有一组 CCD 图像传感器，即光敏二极管矩阵电路和智能化微处理器（CPU），配以条码因瓦尺与条码识别系统，实施全自动测量，仪器结构如图 4-2 所示。

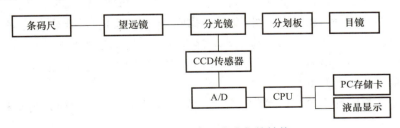

图 4-2 DINI12 电子水准仪的结构

　　望远镜照准目标并启动测量按键后，条码尺上的刻度分划图像在望远镜中成像，通过分光镜分成可见光和红外光两部分：可见光影像成像在十字丝分划板上，供人眼监视；红外光影像成像在CCD阵列光电探测器（传感器）上，转射到CCD的视频信号被光敏二极管所感应，随后转化成电信号，经整形后进入模数转换系统（A/D），从而输出数字信号送入微处理器处理（由其操作软件计算），处理后的数字信号，一路存入PC卡，一路输出到面板的液晶显示器，从而完成整个测量过程。

　　电子水准仪是以自动安平水准仪为基础，在望远镜光路中增加了分光镜和探测器（CCD），并采用条码标尺和图像处理电子系统而构成的光、机、电及信息存储与处理的一体化水准测量系统。采用普通标尺时，又可像一般自动安平水准仪一样使用，不过这时的测量精度低于电子测量的精度。特别是精密电子水准仪，由于没有光学测微器，当成普通自动安平水准仪使用时，其精度更低。

　　它与传统仪器相比有以下特点：

　　1）读数客观。不存在误记问题，没有人为读数误差。

　　2）精度高。视线高和视距读数都是采用大量条码分划图像经处理后取平均值得出来的，因此削弱了标尺分划误差的影响。多数仪器都有进行多次读数取平均值的功能，可以削弱外界条件影响。不熟练的作业人员也能进行高精度测量。

　　3）速度快。由于省去了报数、听记、现场计算的时间以及人为出错的重测数量，测量时间与传统仪器相比可以节省1/3左右。

　　4）效率高。只需调焦和按键就可以自动读数，减轻了劳动强度。视距还能自动记录检核、处理并能输入电子计算机进行后处理，可实现内外业一体化。

4.2.2　全站仪

1. 全站仪概述

　　全站型电子速测仪是由电子测角、电子测距、电子计算和数据存储等单元组成的三维坐标测量系统，是一种能自动显示测量结果、能与外围设备交换信息的多功能测量仪器。由于仪器较完善地实现了测量和处理过程的电子一体化，所以人们通常称之为全站型电子速测仪，简称全站仪。

　　全站仪由以下两大部分组成：

　　1）采集数据设备：主要有电子测角系统、电子测距系统，还有自动补偿设备等。

　　2）微处理器：微处理器是全站仪的核心装置，主要由中央处理器、随机存储器和只读存储器等构成，测量时，微处理器根据键盘或程序的指令控制各分系统的测量工作，进行必要的逻辑和数值运算以及数字存储、处理、管理、传输、显示等。

　　通过上述两大部分有机结合，才真正地体现"全站"功能，既能自动完成数据采集，又能自动处理数据，使整个测量过程工作有序、快速、准确地进行。

　　全站仪作为一种光电测距与电子测角和微处理器综合的外业测量仪器，其主要的精度指标为测角精度和测距精度。

　　测角精度通常以秒为单位，例如，$1''$表示全站仪的角度测量中误差为1秒。按测角精度分类为：

　　1）高精度全站仪，$0.5''$或$1''$；

2）常规精度全站仪，2″；

3）低精度全站仪，5″及以上。

测距精度通常以毫米为单位，表示测量距离的误差。例如，2mm＋2ppm 表示在测量 2km 的距离时，误差可能达到 2mm（固定误差）＋4mm（比例误差，每公里 2mm），总共 6mm。常见分类为：

1）高精度全站仪，1mm＋1ppm 至 2mm＋2ppm；

2）常规精度全站仪，2mm＋2ppm 至 3mm＋3ppm；

3）低精度全站仪，5mm＋5ppm 及以上。

全站仪由电源部分、测角系统、测距系统、中央处理器（CPU）、通信输入/输出接口（I/O）显示屏、键盘、接口等组成，如图 4-3 所示。各部分的作用如下：电源部分有可充电式电池，供给其他各部分电力，包括望远镜十字丝和显示屏的照明；测角部分相当于电子经纬仪，可以测定水平角、垂直角和设置方位角；测距部分相当于光电测距仪，一般用红外光源，测定至目标点（设置反光棱镜或反光片）的斜距，并可归算为平距及高差；中央处理器接受输入指令，分配各种观测作业，进行测量数据的运算，如多测回取平均值、观测值的各种改正、极坐标法或交会法的坐标计算，以及包括运算功能更为完备的各种软件；输入/输出部分包括键盘、显示屏和接口，从键盘可以输入操作指令、数据和设置参数，显示屏可以显示出仪器当前的工作方式、状态、观测数据和运算结果，接口使全站仪能与磁卡磁盘、计算机交互通信，传输数据。

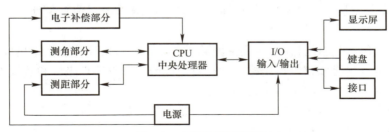

图 4-3　全站仪原理框图

2. 全站仪的结构

全站仪的构造主要分为基座、照准部、手柄三大部分，其中照准部包括望远镜（测距部分包含于此）、显示屏、微动制动旋钮等，如图 4-4 所示为一般全站仪的结构部件。

3. 全站仪功能

全站仪按数据存储方式分为内存型和计算机型两种。内存型全站仪的所有程序都固化在仪器的存储器中，不能添加或改写，也就是说，只能使用全站仪提供的功能，无法扩充。而计算机型全站仪内置操作系统，所有程序均运行于其上，可根据实际需要添加相应程序来扩充其功能，使操作者进一步成为全站仪功能开发的设计者，更好地为工程建设服务。

全站仪的基本功能如下：

1）测角功能：测量水平角、竖直角或天顶距。

2）测距功能：测量平距、斜距或高差。

3）跟踪测量：即跟踪测距和跟踪测角。

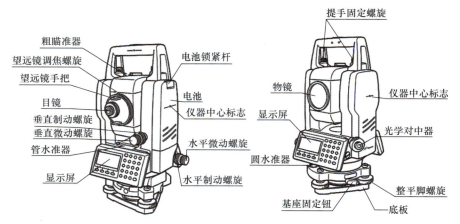

图4-4　全站仪外观及各部件名称

4）连续测量：角度或距离分别连续测量或同时连续测量。

5）坐标测量：在已知点上架设仪器，根据测站点和定向点的坐标或定向方位角，对任一目标点进行观测，获得目标点的三维坐标值。

6）悬高测量：可将反射镜立于悬物的垂点下，观测棱镜，再抬高望远镜瞄准悬物，即可得到悬物到地面的高度。

7）对边测量：可迅速测出棱镜点到测站点的平距、斜距和高差。

8）后方交会测量：仪器测站点坐标可以通过观测两坐标值存储于内存中的已知点求得。

9）距离放样：可将设计距离与实际距离进行差值比较迅速将设计距离放到实地。

10）坐标放样：已知仪器点坐标和后视点坐标或已知仪器点坐标和后视方位角，即可进行三维坐标放样，需要时也可进行坐标变换。

11）预置参数：可预置温度、气压、棱镜常数等参数。

12）测量的记录、通信传输功能。

全站仪除了上述的功能外，有的全站仪还具有免棱镜测量功能，有的全站仪还具有自动跟踪照准功能，被喻为测量机器人。另外，有的厂家还将 GNSS 接收机与全站仪进行集成，生产出了超站仪。

4.2.3　测斜仪

1. 测斜仪原理

测斜仪主要应用于岩土体分层水平位移监测。测斜仪一般由测头，导向滚轮、连接电缆及测读设备等部分组成，如图4-5所示。其工作原理是利用重力摆锤始终保持铅直方向的特性。弹簧铜片上端固定，下端靠着摆线；当测斜仪倾斜时摆线在摆锤的重力作用下保持铅直，压迫簧片下端，使簧片发生弯曲，由粘贴在簧片上的电阻应变片测出簧片的弯曲变形，即可知道测斜仪的倾角，从而推算出测斜管的位移。其测量原理如图4-6所示。

图4-5　测斜仪构造图

当测斜管埋设得足够深时，则可认为管底是位移不动点，管口的水平位移值 Δ_n 为各分段位移增量的总和。即

$$\Delta_n = \sum_{i=1}^{n} L_i \sin(\Delta\theta_i) \tag{4-1}$$

式中，L_i 为各分段测读间距；$\Delta\theta_i$ 为各分段点上测斜管的倾角变化。

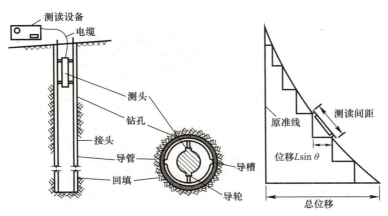

图 4-6　测斜仪工作原理

2. 测斜仪的使用方法

1）测斜仪在使用前需按规定进行严格标定。

2）测斜管用钢材、铝合金和塑料等制作，每节长度 2～4m，管接头有固定式或伸缩式两种，管内壁设有两对互相垂直的纵向导槽。

3）测斜管宜埋设在孔径等于或大于 89mm 的钻孔中，也可直接浇筑在挡土结构内（此前测斜管应与钢筋笼扎牢），通常管底应埋置在预计发生倾斜部位的深度之下。

4）测斜管应竖向埋设，管内导槽位置应与量测位移的方向一致。

5）测斜管顶部高出基准面 150～200mm，顶部和底部用盖子封牢，并在埋入前灌满清水，以防污水、泥浆或砂浆从管接头处漏入。

6）测斜管应在正式测读前 5d 安装完毕，并在 3～5d 内重复测量 3 次以上，判明测斜管已处于稳定状态后方可开始正式测量工作。

7）测量时，将测斜仪与标有刻度（通常每 500mm 一个标记）的电缆线（信号传输线）连接，电缆线的另一端与测读设备连接；然后将测斜仪沿测斜管的导槽放入管中，直滑到管底，每隔一定距离（500mm 或 1000mm）向上拉线读数，测出测斜仪与竖直线之间的倾角变化，即可得出不同深度部位的水平位移。

4.2.4　多点位移计

位移计主要用于测量岩土体或其他结构的相对位移，包括钻孔多点位移计和地表多点位移计。

钻孔多点位移计主要用于岩土体内部位移监测，监测沿埋设多点位移计钻孔方向的轴向位移。钻孔多点位移计的测量原理是：在钻孔岩壁的不同深度位置固定若干个测点，每个测点分别用连接件连接到孔口，在孔口就可以测量随测点移动所发生的移动量；在孔口的岩壁上设立一个稳定的基准板，用足够精度的测量仪器测量基准板到连接件外端的距

离，孔壁某点连接件的两次测量差值就是该时间段内该测点到孔口的深度范围岩体的相对位移值。通过不同深度测点测得的相对位移量的比较，可确定围岩不同深度各点之间的相对位移以及各点相对位移量随岩层深度的变化关系。钻孔多点位移计的结构见图4-7。

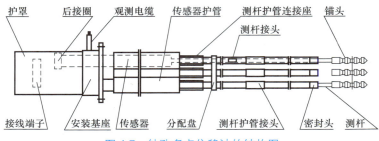

图4-7　钻孔多点位移计的结构图

　　如果孔中最深的测点相对较深，认为该点是在变形影响范围以外的不动点，就能计算出孔内其他各点的绝对位移量。测量连接件位移量的常用方法有直读式和电传感式两种，直读式常用百分表或深度游标卡尺等仪器；电传感测量仪有电感式位移计、振弦式位移计和电阻应变式位移计等。

　　地表多点位移计主要应用于边坡工程和隧道施工地表监测。地表多点位移计按工作原理分为差动电阻式位移计和钢弦式位移计。差动电阻式位移计的工作原理是，当外界提供电源时，输出的电阻变化量与位移变化量成正比，从而通过输出电阻变化量求出位移。钢弦式位移计两端伸长或压缩时，传感器钢弦处于张拉或松弛状态，此时钢弦频率发生变化，受拉时频率增高，受压时频率降低，位移与频率的平方差呈线性关系，测出位移后的钢弦频率，即可计算出位移。

4.2.5　收敛计

　　地下工程开挖后，其开挖面将产生收敛位移。收敛测量是对其内壁两点连线方向上相对位移进行量测，是监测净空收敛的简便方法。

　　收敛测量常用的仪器称为收敛计，它是一种可以迅速测量净空平（断）面内各个方向两点之间相对位移（即收敛）的仪器。收敛计按传递位移采用的部件不同，可分为钢丝式、钢尺式和杆式三种。尽管收敛计类型各异，但它们都由传递位移媒介（钢卷尺或钢丝）、测力装置（保持测量中恒力张力的弹簧）、测读位移设备（百分表或电子显示器）和锚固埋点四部分组成。

　　1）钢丝式收敛计。收敛计的钢丝采用对温度影响不敏感的铟钢制成。用弹簧或双速马达，也有用悬吊重锤对钢丝（尺）施加恒定拉力，采用百分表或数字电压表测读。钢丝式收敛计精度和分辨力都较高，但使用操作不太方便。百分表钢尺收敛计见图4-8。

　　2）钢尺式收敛计。钢尺式收敛计的钢尺用铟钢或不锈钢制成，钢尺长度有10m、15m、20m、30m、50m不等。钢尺上刻有精确间距的孔和刻度，作为测量的粗读数。仪器上装有百分表或电子显示器作为微读数。钢卷尺式收敛计具有结构简单、操作方便、体积小、重量轻等优点。数字显示钢尺收敛计见图4-9。

　　3）杆式收敛计。杆式收敛计由可作相对滑移的内杆和外杆、测读设备、接长杆和测桩等组成。杆式收敛计主要用于断面较小和围岩变形较大情况的测量。

图 4-8　百分表钢尺收敛计　　　　图 4-9　数字显示钢尺收敛计

收敛测量时，将收敛计一端的连接挂钩与测点锚栓上不锈钢环（钩）相连，展开钢尺使挂钩与另一测点的锚栓相连，如图 4-10 所示。张力粗调可把收敛计测力装置上的插销定位于钢尺穿孔中来完成。张力细调则通过测力装置微调至恒定拉力时为止。在弹簧拉力作用下，钢尺固紧，用高精度的百分表或电子显示器可测出细调值。记下钢尺读数，加上（减去）测微读数，即可得到测点位移值。

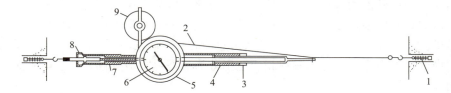

图 4-10　钢尺式收敛计工作原理

1-锚固力点；2-钢尺（每隔 2.5cm 穿一孔）；3-校正拉力指示器；4-压力弹簧；

5-密封外壳；6-百分表；7-拉伸钢丝；8-旋转轴承；9-钢带卷轴

在制定收敛计监测方案时，应注意收敛计一次量测距离的限制问题，带式和丝式收敛计的一次量测距离一般应小于 30m，而杆式收敛计的一次量测距离通常小于 5m，其目的是限制非铅垂方向测量时钢尺挠曲对测量精度的影响。

为提高测量精度，每一工程使用专用的收敛计，并用率定架定期核对其稳定性和确定温度补偿进行校验。更换钢尺时，则应建立新的基准读数。仪表使用前，温度应稳定。

4.2.6　分层沉降仪

分层沉降仪主要用来监测由降水、开挖等引起的周围深层土体的竖向位移变化。分层沉降仪探头中安装有电磁探测装置，根据接收的电磁信号来观测埋设在土体不同深度内的磁环的确切位置，再由其所在位置深度的变化计算出土层不同标高处的竖向位移变化情况。

分层沉降仪由地下监测器件、地面测试仪器及管口水准测量系统三部分构成。第一部分为埋入地下的材料部分，由分层沉降管、底盖和磁环等组成；第二部分为地面测试仪器分层沉降仪，由测头、测量电缆、接收系统和绕线盘等组成；第三部分为管口水准测量系统，由水准仪、标尺、脚架、尺垫、基准点等组成。如图 4-11 所示。

图 4-11　分层沉降仪及配有磁环的沉降管

利用电磁式沉降仪观测分层沉降时，首先应测定孔口的高程，再用电磁式测头自下而上测定每个沉降环的位置（即孔口到沉降环的距离），每个测点应平行测定两次，读数差不得大于 2mm。利用孔口高程和孔口到沉降环的距离可以计算出每个沉降环的高程，从而可以计算出每个沉降环的沉降量，以及每个沉降环之间的相对沉降量。

4.3　围岩变形与收敛测试仪器

4.3.1　电阻应变仪

电阻应变仪，是利用金属的应变-电阻效应制成的电阻应变计，测量电阻变化，间接测量构件的应变。应变仪是将应变电桥的输出信号转换和放大，最后用应变的标度指示出来或输出相应的信号推动显示和记录仪器。电阻应变仪具有灵敏度高、稳定性好、测试简便、精确可靠且能做多点较远距离测量等特点。作为应变片以及拉压力传感器、压强（液压）传感器、位移和加速度传感器等应变式传感器的二次仪表，可进行相应物理量的测试。

电阻应变仪按应变仪的工作频率相应范围分为静态电阻应变仪、动态电阻应变仪和超动态电阻应变仪。

1. 静态电阻应变仪

静态电阻应变仪用来测量不随时间而变化和一次变化后能相对稳定或变化十分缓慢的应变。如图 4-12 所示手动平衡式静态应变仪原理图，它以载波调幅方式工作，采用双桥零读法，即贴在待测构件上的应变片及补偿片接入应变仪组成测量桥，仪器内设有读数桥装置，读数盘的各旋钮即为读数桥的桥臂，它可调节读数的大小，当构件受力后，引起应变片阻值的相应变化，经来自振荡器的载波进行调幅，此时，测量桥将由应变片引起的相对电阻变化转换为一个微弱的电压信号，即输出一个振幅与应变成正比的调幅波再经放大器放大（约放大 6×10^4 倍）和相敏检波器检波解调后送到平衡指示仪，表头将有偏转指示，此时可调节读数桥的桥臂——读数盘旋钮，使表头指示回零，则可读出相应的应变数值。静态电阻应变仪主机每次只能测量一个点，进行多点测量时，需选配一个预调平衡箱。各传感器和箱内电阻一起组桥，并进行预调平衡。顶调和实测时，另配一手动或自动的多点转换开关，依次接通测量。

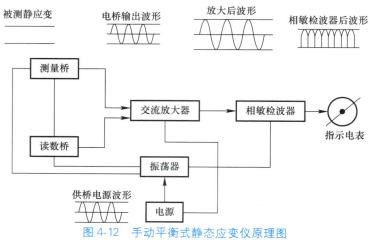

图 4-12　手动平衡式静态应变仪原理图

2. 动态电阻应变仪

动态电阻应变仪可与各种记录器配合测量动态应变，测量的工作频率可达 0～2kHz，可测量周期或非周期的动态应变。如图 4-13 所示是动态电阻应变仪的原理图，采用载波电桥放大器具有深度交直流负反馈。为了从放大器输出的调制信号中检测出应变信号，采用电桥调制以及负载相对应的低阻相敏检波器来鉴别信号的大小和方向。由于低阻相敏检波器能耗功率较大，因此，前置一缓冲级功率放大，经滤波后输出给记录器。稳压电源采用 24V 直流电压。动态应变仪通常有几个通道，每个通道具有电桥、放大器、相敏检波器和滤波器等。用零位法进行测量。具有灵敏度高、频响宽、稳定性好、应变测量输出大的特点，具有低阻抗电流输出、较高阻抗电压输出的优点，便于连接各种光线示波器、磁带记录器和函数记录仪，也可经模数转换器输入计算机。

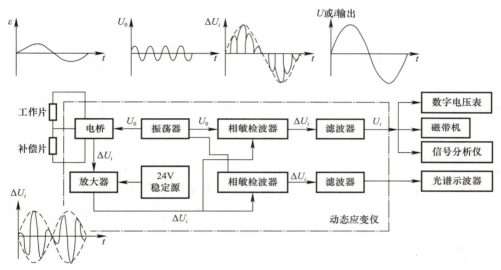

图 4-13 动态电阻应变仪的原理图

此外，还有测量冲击、爆破振动等变化非常剧烈瞬态过程的超动态电阻应变仪，以及以测量静态应变为主也可测量频率较低的动态应变的静动态电阻应变仪。

4.3.2 钢弦频率接收仪

钢弦频率接收仪主要用来读取钢弦式传感器数值。当被测试物体施加的力作用在钢弦上时，钢弦就会产生弹性变形，同时传感元件也会随之发生一定的应变或变形。这时传感元件所感受到的应变或变形信号就会通过连接电路被转化为电信号输出，从而实现对力大小的测量。钢弦压力盒的钢弦振动频率是由频率仪测定的，它主要由放大器、示波管、振荡器和激发电路等组成，若为数字式频率仪，则还有一数字显示装置。频率接收仪原理是由频率仪自动激发装置发出脉冲信号输入到压力盒的电磁线路，激励钢弦产生振动，钢弦的振动在电磁线路内感应产生交变电动势，输入频率仪放大器放大后，加在示波管的 y 轴偏转板上。调节频率仪振荡器的频率作为比较频率加在示波管的 x 轴偏转板上，使之在屏幕上可以看到一幅椭圆图形为止。此时，频率仪上的指示频率即为所需确定的钢弦振动频率。

国产频率仪的主要技术性能指标如下：

频率测量范围：500～5000Hz，测量精度：分辨率为±0.1Hz，灵敏度：接收信号≥300μV，持续时间≥500ms。

数字式频率仪的体积仅相当于袖珍式半导体收音机的体积，常使用4节5号电池，现场使用轻巧方便，常用的型号有丹东厂的SS-2型和南京市江浦县高旺电子仪表厂的GPY-1型袖珍数字式钢弦频率仪。如表4-1所示，列出了GPY-1型袖珍数字式频率仪的主要技术指标。

GPY-1型袖珍数字式频率仪的主要技术指标	表4-1
项目内容	技术指标
工作方式	单线圈、多线圈
频率范围	500～5000Hz
测量精度	±1Hz
工作温度	−20～60℃
工作电压	DC6V
外形尺寸	150mm×75mm×20mm
质量	250g

4.3.3 钢筋计

钢筋计又称钢筋应力计，用于测量钢筋在混凝土内的应力。国内常用的有振弦式（图4-14）和差动电阻式两类。钢筋计与受力主筋一般通过连杆电焊的方式连接，容易产生电焊高温，会对传感器产生不利影响以及带来偏心问题。所以，在实际操作时应保证钢筋计两端的连杆有足够长度的焊接段。有条件时应先将连杆与受力钢筋碰焊对接，再旋上应力计。为了方便现场的施工，还可以采用定位杆，连接螺母装置。首先将连接螺母与受力钢筋碰焊对接，然后旋入定位计，并将该钢筋按其位置绑扎在钢筋笼上。最后在下钢筋笼或浇筑混凝土前，用钢筋计换下定位杆，可以有效地保证钢筋计的安装质量。

图4-14 振弦式钢筋计

4.3.4 土压力计

土压力计又称土压力盒，是一种监测土压力的传感器。根据传感器类型不同，土压力计可分为振弦式、电阻应变片式、差动电阻式、气压式、水压式等。长期监测静态土压力时，一般多采用单模振弦式土压力计，该压力计主要用于路基、基坑、挡土墙、大坝、隧道矿井等应用领域。由于振弦式土压力计灵敏度高、精度高、稳定性好，适于长期观测，在国内工程项目中使用普遍，本节介绍振弦式土压力计。

振弦式土压力计是根据张力弦原理设计的。如图4-15所示，土压力计由感应板、振弦、激振电磁线圈、信号传输电缆等组成。当被测结构物内土应力发生变化时，土压力计感应板同步感受应力的变化，感应板将会产生变形，变形传递给振弦，转变成振弦应力的变化，从而改变振弦的振动频率，电磁线圈激励振弦并测量其振动频率，频率信号经电缆传输至读数装置，即可测出被测结构的压应力值：

$$p = K(f^2 - f_0^2) \qquad (4-2)$$

式中，K 为压力盒灵敏系数，需要通过土压力盒标定曲线求得；f 为外力 P 作用时土压力盒的频率，通过频率计测得；f_0 为土压力盒的初始频率，可由土压力盒标定曲线或者频率计确定。

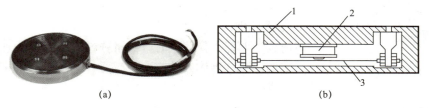

1-感应板；2-线圈；3-钢弦

图 4-15　土压力计

（a）土压力计外观图；（b）土压力计结构图

土压力计（盒）的埋设有两种情况，一种是在混凝土建筑物浇筑施工过程中同时进行埋设；另一种是在混凝土建筑物浇筑完成后再进行埋设。由于土压力计（盒）的埋设专业性较强，需要岩土工程监测人员与施工人员配合完成。

4.3.5　孔隙水压力计

孔隙水压力计，又称渗压计，是用于测量建（构）筑物内部或岩土体的孔隙水压力或渗透压力的传感器。按仪器类型分，孔隙水压力计可以分为差动电阻式、振弦式、压阻式及电阻应变片等。鉴于我国工程项目中多使用振弦式孔隙水压力计，本节以振弦式孔隙水压力计为例，介绍孔隙水压力计的原理及使用。如图 4-16 所示为振弦式孔隙水压力计测头结构。振弦式孔隙水压力仪由透水体（板）承压膜、钢弦、支架、线圈、壳体和传输电缆等构成。当孔隙水压力经透水板传递至仪器内腔作用到承压膜上时，承压膜连带钢弦一同变形，测定钢弦自振频度的变化，即可把液体压力转化为等同的频率信号测量出来。

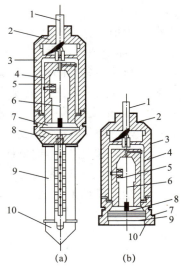

图 4-16　振弦式孔隙水压力计测头结构

（a）钻孔埋入式；（b）填充埋入式

1-屏蔽电缆；2-盖帽；3-壳体；4-支架；
5-线圈；6-钢弦；7-承压膜；
8-底盖；9-透水体；10-锥头

在监测孔隙水压力之前，应首先根据区域情况布设孔隙水压力监测点，每点埋设 1～2 个孔隙水压力监测计，每个不同土质的土层各 1～2 个。孔隙水压力计监测点井位高程首次需与水准基准点联测。计算公式为：

$$P = K(f_0^2 - f_i^2) + B \qquad (4-3)$$

式中，P 为孔隙水压力（kPa）；K 为率定系数（MPa）；f_0 为初始频率（Hz）；f_i 为测量频率（Hz）；B 为修正值（MPa）。

4.3.6　轴力计

振弦式轴力计，又称反力计，是一种振弦式载重传感器，具有分辨力高、抗干扰性能

图4-17　振弦式轴力计

强，对集中载荷反应灵敏、测值可靠和稳定性好等优点，能长期测量基础对上部结构的反力，对钢支撑轴力及静压桩试验时的载荷，并可同步测量埋设点的温度。如图4-17所示。

1. 工作原理

当荷载计上部承受荷载时，测量弹性钢体将受力压缩并产生变形，变形使弹性钢体内的应变计感受压缩变形，此变形传递给振弦转变成振弦应力的变化，从而改变振弦的振动频率。电磁线圈激振振弦并测量其振动频率，频率信号经电缆传输至读数装置，即可测出荷载计所承受的荷载力。同时可同步测量埋设点的温度值。

2. 埋设与安装

1）把轴力计推入焊好的安装架圆形钢筒内并用圆形钢筒上的4个M10螺栓把轴力计牢固地固定在安装架内，使支撑吊装时，不会把轴力计滑落下来即可。

2）测量一下轴力计的初频，是否与出厂时的初频相符合（≤±20Hz），然后把轴力计的电缆妥善地绑在安装架的两翅膀内侧，使钢支撑在吊装过程中不会损伤电缆为标准。

3）钢支撑吊装到位后，即安装架的另一端（空缺的那一端）与围护墙体上的钢板对上，轴力计与墙体钢板间最好再增加一块钢板（250mm×250mm×25mm），防止钢支撑受力后轴力计陷入墙体内，造成测值不准等情况发生。

4）在施加钢支撑预应力前，把轴力计的电缆引至方便正常测量时为止，并进行轴力计的初始频率的测量，必须记录在案。

5）施加钢支撑预应力达设计标准后即可开始正常测量了。

6）变量的确定：一般情况下，本次支撑轴力测量与上次同点号的支撑轴力的变化量，与同点号初始支撑轴力值之差为本次变化量。并填写成果汇总表及绘制支撑轴力变化曲线图。

4.3.7　混凝土应力计

混凝土应力计埋设在混凝土结构物内，直接测量混凝土内部压应力，并可同时兼顾测量埋设点的温度，如图4-18所示。

混凝土应力计由感应板组件和差动电阻式传感部件组成。感应板组件和面板焊接而成，两板之间有0.3mm的空腔，其中灌满传压的特种溶液。传感器部件与差动电阻式应变计的内部结构相同。压应力计形状扁平，受压板直径185mm，仪器厚度12mm，直径与厚度比为15：1，这种形状的压应力计感受非应力应变的影响较小。其外壳刚度大，又套有橡胶套，使传感器部件中的钢丝电阻值只随感应板的

图4-18　混凝土应力计

变形而变化，确保其压应力能准确地变换为电阻的变化量而不受干扰。应力计安装时，应特别注意应力计的受压面板与混凝土完全接触，用应力计测量水平应力时，其受压面板垂直放

置，用支架固定在测定位置，再把 8cm 以上的粗骨料除后将混凝土振捣密实；测量垂直或倾斜方向应力时应在混凝土硬化后埋设。目前，国内一般常采用差动电阻式和钢弦式两类。

4.3.8 应变计

应变计是用于监测结构承受荷载、温度变化而产生变形的监测传感器。与应力计所不同的是，应变计中传感器的刚度要远远小于监测对象的刚度。与传统的电阻应变计相比，振弦式应变计的突出优点是其输出的是频率信号，电缆最大长度可达 1.5km，可以长距离传输而不会受电缆电阻、接触电阻或电缆受潮引起的衰变影响，而且其精度、灵敏度高、长期稳定性好。根据应变计的布置方式，可分为表面应变计和埋入式应变计。

表面应变计主要用于钢结构表面，也可用于混凝土结构表面的应变测量。其外观形状如图 4-19（a）所示。表面应变计由两块安装钢块、微振线圈和电缆组件及应变杆组成，其微振线圈可以从应变杆卸下，这样就使得传感器的安装、维护更为方便，并且可以调节测量范围。安装时使用一个定位托架，用电弧焊将两端的安装钢块焊接在待测结构

图 4-19 振弦式应变计
（a）表面应变计；（b）埋入式应变计

的表面即可。表面应变计的特点在于安装快捷，可在测试开始前进行安装，避免前期施工造成的损坏，传感器成活率高。

埋入式应变计可在混凝土结构浇筑时直接埋入混凝土内部，用于地下工程的长期应变测量，如图 4-19（b）所示。埋入式应变计的两端有两个不锈钢圆盘，圆盘之间用柔性的铝合金波纹管连接，中间放置一根张拉好的振弦，将应变计埋入混凝土内，混凝土的变形即应变使两端圆盘相对移动，这样就改变了其张力，用电磁线圈激振振弦，通过监测振弦的频率即可求得混凝土的变形。埋入式应变计因完全埋入混凝土内部，不受外界施工的影响，稳定性、耐久性好，使用寿命长。

应变计的计算公式为：

$$\varepsilon = K(f_i^2 - f_0^2) \tag{4-4}$$

式中，ε 为混凝土应变量（10^{-6}）；K 为应变计的标定系数（$10^{-6}/\text{Hz}^2$）；f_0^2 为应变计输出频率基准值的平方值（Hz^2）；f_i^2 为应变计输出频率实时测量值的平方值（Hz^2）。

4.3.9 锚索测力计

锚索测力计是用于测量地下工程中的荷载或集中力的传感器，如图 4-20 所示。在地下工程中为了观测锚杆加固效果和荷载的形成与变化，采用锚索测力计进行测量。根据锚索测力计采用传感器的不同可分为差动电阻式、振弦式和电阻应变片式测力计。

图 4-20 振弦式锚索测力计

锚索测力计的安装要求比较严格，要求锚垫板、上下承载板、锚索测力计、锚固板、千斤顶等均应与锚索孔同轴。如图 4-21、图 4-22 所示。安装中若锚垫板强（厚）度足够时可取消上、下承载

板。将锚索测力计直接置于锚垫板和锚固板之间。因锚索测力计比较重，为了安装方便，安装时可加工一个带支撑块的下承载板（图4-22），支撑块的内径比锚索测力计外径大2～3mm。先将加工好的下承载板同心焊在锚垫板上，将锚索测力计卡进支撑块中即可保证同轴。如锚索孔与锚垫板有夹角，则一定要加角度与夹角相等的梯形（或三角形）的下承载板（图4-23）修正夹角，将锚索测力计校正到与锚索孔同轴。另外，锚索在穿越锚固板前一定要将孔内自由段的锚索理顺，依次穿过锚固板，不得交叉。

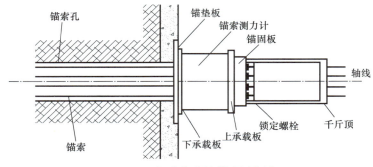

图 4-21   标准安装的锚索测力计

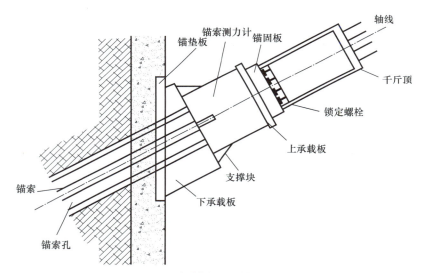

图 4-22   倾斜安装的锚索测力计

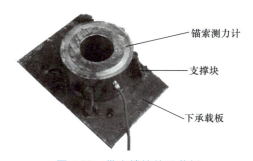

图 4-23   带支撑块的承载板

锚索测力计的初读数应取安装就位后张拉前3次以上测值的平均值。计算公式为：

$$F = K(f_i^2 - f_0^2) + b(T_i - T_0) \quad (4-5)$$

式中，F 为被测物体的载荷（kN）；K 为锚索测力计的灵敏系数（kN/Hz^2），厂家给出；f_i 为锚索测力计实时测量值（Hz）；f_0 为锚索测力计的初始值；b 为温度的修正系数（kN/℃）；T_i 为锚索测力计的实时温度值（℃）；T_0 为锚索测力计的初始温度值（℃）。

4.4　水压力与渗流测试仪器

4.4.1　水位计

水位计是观测地下水位变化的仪器，它可用来监测由降水、开挖以及其他地下工程施工作业所引起的地下水位的变化。水位计是由地表接收仪器即钢尺水位计和地下埋入部分即水位管组成，如图 4-24 所示。

1）测头部分。其外壳由有色金属车制而成，内部安装了水阻接触点，当触点接触水面时接收系统发出信号。

2）水位管。由 PVC 工程塑料制成，包括主管和连接管及封盖。主管内径45mm，外径 53mm。主管上打有四排7mm 的孔，连接管内径 53mm，外径63mm。连接管套于两节主管的接头处，

图 4-24　水位计和水位管

起着连接、固定作用，埋设时应在主管外包上土工布，起到滤层的作用。

测量时，拧松绕线盘后面的止紧螺栓，让绕线盘自由转动后，按下电源按钮（电源指示灯亮），把测头放入水位管内，手拿钢尺电缆，让测头缓慢地向下移动，当测头的触点接触到水面时，接收系统的声响器便会发出连续不断的蜂鸣声，此时读写出钢尺电缆在管口处的深度尺寸，即为地下水位离管口的距离。若是在噪声比较大的环境中测量时，蜂鸣声听不见，可改用峰值指示，只要把仪器面板上的选择开关拨至电压挡即可，测量方法同上，此时的测量精度与声响器测得的精度相同。在测读时必须注意两点：

（1）当测头的触点接触到水面时，声响器会发出声音，或电压表立即会有指示，此时应缓慢地收放钢尺电缆，以便仔细地找到发声，或指示瞬间的确切位置后读出该点距孔口的深度尺寸为佳。

（2）读数的准确性，及时判定蜂鸣声或指示的起始位置，测量的精度与操作者的熟练程度有关，故应反复练习与操作。

4.4.2　渗流计

渗流计是一种用于测量土壤或岩石中水分运动速率的仪器。它通常用于研究渗透过程，包括土壤渗透性的测定和地下水流的研究。渗流计可用于评估土壤的渗透性，即土壤对水分的渗透能力，也可以用于研究地下水流动的特性，如流速、流向和流量。在一些工程项目中，如地下工程渗漏问题的研究，渗流计也可以发挥关键作用。

渗流计的渗透速率（Q）可以通过多种公式来计算，其中一个常用的公式是达西定律：

$$Q = KA\frac{\Delta h}{L}　　　　　　(4-6)$$

式中，Q 为渗透速率；K 为渗透系数，表示介质的渗透性；A 为渗流表面的截面积；Δh

为水头差；L 为水流的路径长度。

4.4.3　渗透试验装置

渗透试验装置的基本原理是模拟土壤或其他多孔介质中水分运动的过程，以评估渗透性和水分传导特性。通过施加水头差并测量水的流动，可以计算渗透系数等重要参数。通过水源（通常是一个水箱或水容器），在渗透介质上方建立一个水头差。这个水头差会推动水穿过介质。水头差引起水分穿过渗透介质，模拟实际土壤中的渗透过程。渗透介质可以是土壤样本，通常是一个圆柱形的土柱。使用水压计、水银柱或其他合适的装置来测量施加在土壤样本上的水头差。这是确保试验条件准确的关键步骤。收集通过渗透介质流出的水，通常使用流量计或容器测量。流出水量的测量可以随时间进行，形成流出水量与时间的关系曲线。记录相关的数据，如水头差、时间和流量。这些数据将用于后续的计算和分析。试验仪器如图 4-25 所示。

图 4-25　渗透试验装置

渗透试验的操作过程：

1）样本准备：准备一个代表性的土壤样本，通常是一个圆柱形的土柱，确保其密实度和水分状态符合试验要求。

2）安装土柱：将土柱置于渗透介质中，确保渗透介质完全包裹土柱。

3）施加水头差：通过调整水源的高度或使用泵，建立水头差，使水开始渗透土柱。

4）测量水头差：使用适当的仪器，如水压计，测量施加在土柱上的水头差。

5）流量测量：收集流出的水，并使用流量计或容器测量流出水量。

6）记录数据：记录试验过程中的关键数据，如时间、水头差和流出水量。

7）数据分析：利用所得数据进行计算和分析，通常使用渗透系数的计算公式来评估土壤的渗透性。

渗透系数的计算公式是使用达西定律的渗透公式，见式（4-6），通过测量这些参数，可以计算出土壤的渗透系数，从而了解土壤对水分运动的响应。

4.5　围岩压力与强度测试仪器

4.5.1　岩石单轴压缩试验机

岩石单轴压缩试验机是一种用于测定岩石在单轴加载下的力学性质的设备，如图 4-26 所示。该试验机能够提供岩石的抗压强度、弹性模量等重要参数，对岩石工程、地质调查以及土木工程设计等方面具有重要的应用价值。

1. 工作原理

1）样本准备：从实际工程或地质样本中获取岩石样本，并确保其尺寸符合试验要求。

2）样本安装：将岩石样本放置在试验机的夹具中，确保样本在试验过程中能够受到均匀的加载。

3）设定试验参数：设定试验参数，如加载速率、试验方式（恒速加载、恒位移等）等。

4）开始试验：启动试验机，根据设定的参数开始加载岩石样本。试验机通过负荷传感器和位移控制系统实时监测和记录负荷和位移。

5）数据采集：试验机通过数据采集系统记录关键数据，如应力-应变曲线、抗压强度等。

6）试验完成：当达到设定的终止条件时，试验机停止加载，试验完成。此时，可以通过采集的数据进行进一步的分析。

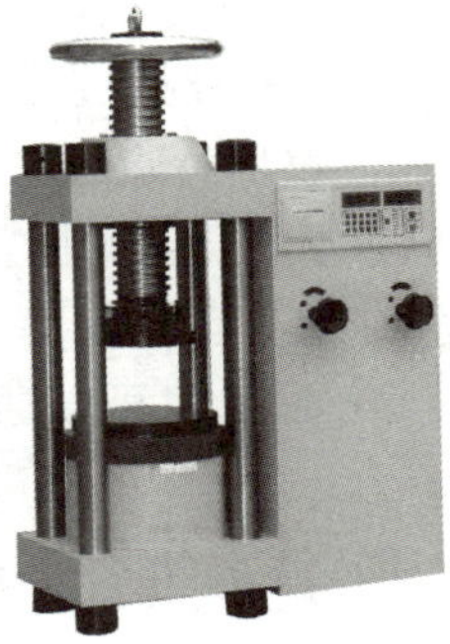

图 4-26　岩石单轴压缩试验机

2. 仪器特点

1）岩石单轴压缩试验机配备有负荷传感器，用于测量施加在岩石样本上的压缩力。

2）试验机通常配备了位移控制系统，用于控制加载速率或位移，并记录试验过程中的变化。

3）有专门设计的夹具用于保持和稳定岩石样本，确保它在试验中不会发生意外移动。

4）能够实时采集和记录试验过程中的负荷、位移和时间等数据。

5）配备有安全装置，确保在试验中发生问题时能够停止操作，以防止设备或样本受到损害。

3. 应用领域

岩石单轴压缩试验机广泛应用于以下领域：评估岩石的强度和变形性质，用于地基设计和隧道工程等；用于分析和设计岩土体的结构工程，如坝、堤坝和岩石挡墙；评估地下岩石的强度，预测岩石在开采中的行为；用于试验室研究，深入了解不同类型岩石的力学性质。

4.5.2　岩石三轴压缩试验机

岩石三轴压缩试验机是用于评估岩石在三轴状态下的抗压强度、变形和破裂特性的试验设备，如图 4-27 所示。这种试验机可以提供更真实的应力状态，模拟岩石在地下深层中的受力情况。

图 4-27　岩石三轴压缩试验机

1. 工作原理

1）样本准备：获取一定尺寸的岩石样本，确保其符合试验要求，并根据试验目的进行必要的处理。

2）样本安装：将岩石样本放置在试验机的夹具中，确保夹持是稳固的，以便在试验中获得准确的结果。

3）设定试验参数：设定试验参数，如轴向压力、水平应力、试验方式等。

4）开始试验：启动试验机，根据设定的参数开始加载岩石样本。试验机通过多轴荷载系统和位移控制系统实时监测和记录负荷和位移。

5）数据采集：试验机通过数据采集系统记录关键数据，如应力-应变曲线、抗压强度等。

6）试验完成：当达到设定的终止条件时，试验机停止加载，试验完成。此时，可以通过采集的数据进行进一步的分析。

2. 仪器特点

1）岩石三轴压缩试验机能够模拟岩石在地下深层中的真实应力状态，提供更真实的试验结果。

2）试验机可以通过控制各轴上的应力路径，模拟不同的地下条件，例如水平和垂直的应力。

3）通常配备有多轴荷载系统，能够在不同方向上施加应力，并测量岩石样本的响应。

4）设计有特殊的夹具，以确保岩石样本在试验中受到均匀的加载，并防止样品的意外移动。

5）能够实时采集和记录试验过程中的负荷、应变、位移和时间等数据。

6）配备有安全装置，确保在试验中发生问题时能够停止操作，以防止设备或样本受到损害。

3. 应用领域

岩石三轴压缩试验机主要应用于以下领域：用于设计和评估岩土体的结构工程，如坝、堤坝和岩石挡墙；用于预测地下岩石的行为，了解岩石在油气开采和矿业中的稳定性；用于深入了解岩石在地壳深部的力学性质，为地质学研究提供数据支持。

4.5.3 岩石劈裂试验机

岩石劈裂试验机是一种用于测定岩石的裂缝抗拉强度或劈裂抗压强度的试验设备，如图 4-28 所示。这种试验通常用于评估岩石的抗裂缝性能，对于矿业、岩土工程和地质研究等领域具有重要的应用价值。

图 4-28　岩石劈裂试验机

1. 工作原理

1）样本准备：获取一定尺寸的岩石样本，通常是长方体或圆柱体，并确保样本的裂缝方向符合试验要求。

2）样本安装：将岩石样本放置在试验机夹具中，确保夹持是稳固的，以便在试验中获得准确的结果。

3）设定试验参数：设定试验参数，如裂缝加载方式（水平或垂直）、试验方式（恒速加载、恒位移等）等。

4）开始试验：启动试验机，根据设定的参数开始加载岩石样本。试验机通过力学系统实时监测和记录负荷和位移。

5）数据采集：试验机通过数据采集系统记录关键数据，如裂缝负荷-位移曲线、劈裂抗拉强度等。

6）试验完成：当达到设定的终止条件时，试验机停止加载，试验完成。此时，可以通过采集的数据进行进一步的分析。

2. 仪器特点

1) 设备配备有专用夹具，以确保岩石样本能够在试验中受到均匀的裂缝加载，以模拟真实的地下裂缝情况。

2) 试验机通常包括施加力的机械系统，能够在岩石样本上产生水平或垂直的裂缝加载。

3) 可以通过调整试验机的设置，使其能够施加水平劈裂力或垂直劈裂力，以模拟不同方向上的劈裂情况。

4) 能够实时采集和记录试验过程中的负荷、位移、时间等数据。

5) 配备有安全装置，确保在试验中发生问题时能够停止操作，以防止设备或样本受到损害。

3. 应用领域

岩石劈裂试验机主要应用于以下领域：评估岩石裂缝的抗拉强度，预测岩石在采矿过程中的破裂性能；用于设计和评估岩土体的结构工程，特别是在存在裂缝的地质条件下；用于深入了解岩石裂缝的力学性质，为地质学研究提供数据支持。

4.5.4　岩石拉伸试验机

岩石拉伸试验机是一种用于测定岩石在拉伸加载下的力学性质的设备，如图 4-29 所示。拉伸试验可以提供有关岩石的抗拉强度、弹性模量和变形性能等重要参数。

1. 工作原理

1) 样本准备：获取一定尺寸的岩石样本，通常是长方体或圆柱体，以确保样本的几何形状和尺寸符合试验要求。

2) 样本安装：将岩石样本放置在试验机夹具中，确保夹持是稳固的，以便在试验中获得准确的结果。

3) 设定试验参数：设定试验参数，如拉伸速率、试验方式（恒速加载、恒位移等）等。

4) 开始试验：启动试验机，根据设定的参数开始加载岩石样本。试验机通过力学系统实时监测和记录负荷和位移。

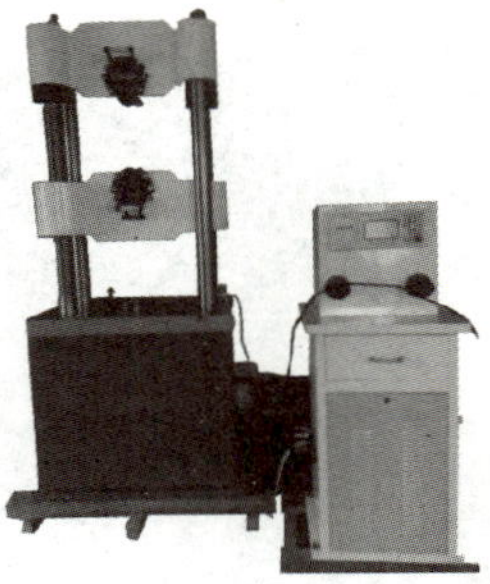

图 4-29　岩石拉伸试验机

5) 数据采集：试验机通过数据采集系统记录关键数据，如应力-应变曲线、抗拉强度等。

6) 试验完成：当达到设定的终止条件时，试验机停止加载，试验完成。此时，可以通过采集的数据进行进一步的分析。

2. 仪器特点

1) 设备配备有专用夹具，以确保岩石样本能够在试验中受到均匀的拉伸加载。

2) 试验机通常包括一个用于施加拉伸力的机械系统，能够在岩石样本上产生水平的拉伸加载。

3) 可以通过调整试验机的设置，使其能够施加水平拉伸力，以模拟不同方向上的岩石拉伸。

4) 能够实时采集和记录试验过程中的负荷、位移、时间等数据。

5) 配备有安全装置，确保在试验中发生问题时能够停止操作，以防止设备或样本受到损害。

3. 应用领域

岩石拉伸试验机主要应用于以下领域：用于评估岩土体的结构工程性质，如坝、堤坝和岩石挡墙；用于深入了解岩石在地壳深部的力学性质，为地质学研究提供数据支持；用于试验室研究，深入了解不同类型岩石的拉伸性能。

4.6　数据采集系统

4.6.1　智能型振弦式传感器采集系统

1. 系统介绍

采集单元是专为振弦式传感器数据采集而设计，内置防雷模块和直流滤波器及多通道数据采集模块，它具有 16 个或 32 个振弦传感器（含温度）测量通道，数据可以方便和安全地存储在采集器的内存中。目前按接入的传感器数量可分 16 点（JTM-MV20A/16）和 32 点（JTM-MV20A/32）两种，按供电电源可分为 220V 交流电供电（JTM-MV20A/16/J），太阳能电池供电（JTM-MV20A/16/T），蓄电池供电（JTM-MV20A/16/D）共三种。在现场用手提计算机对采集箱可进行初始设置，也可采用多种通信方式对接入的数字化传感器进行监测和相关数据的传输。支持 RS485 总线的现场采集，也可以通过 RS485 转光纤传输或 RS485 转 GPRS 无线传输实现远距离数据传输，支持 Windows 操作系统，使用及维护方便。采集箱内部配置见图 4-30。

图 4-30　采集箱内部配置

2. 采集单元连线

1）现场网络的连接

单个采集箱使用时，只需要确保采集模块的 A1、B1 端与通信模块处的 A、B 相连，一般在出厂前已经连接，不需要额外操作。如果是多采集箱连接，需要将各采集箱内采集模块的 A1、B1 端通过双绞线进行连接，A1 与 A1 连接，B1 与 B1 连接，如果第一个采集箱与最后一个采集箱之间的传输距离超过 300m，为保证通信质量，建议在最后一个采集箱的 A1、B1 端之间加终端电阻，一般为 120Ω。

2）GPRS 无线通信方式

确保采集模块的 A1、B1 端与 GPRS 通信模块（或 ZigBee GPRS 通信模块）处的 A、B 相连，一般在出厂前已经连接，如已连接，不需要额外操作。

3）光纤网络通信

确保采集模块的 A1、B1 端与光端机处的 A、B 相连，一般在出厂前已经连接，如已连接，不需要额外操作。在控制端，需要再放置一个光端机来建立连接，才能连接到计算机主机上。

3. 采集箱的连接

1）传感器的接入

采集模块每个通道有 4 个接入点，见图 4-31 中的①处，一般情况下振弦式传感器的测量电缆为四芯，其颜色分别为红、黑、绿、白。红、黑为频率输出，绿、白为温度输出。不带温度的振弦式传感器的测量电缆为两芯，其颜色分别为红、黑、绿、白空接，不采集温度数据。保证传感器测量电缆的屏蔽层线并联后接入采集箱左侧后接地点上，然后采集箱必须良好地接地。如图 4-32 所示为通信模块，将②与图 4-31 中②相连，实现数据的传输。

2）供电电源线接入

交流电 220V 火线接 L 端子，交流电 220V 零线接 N 端子，边上的接大地线，见图 4-33。

图 4-31　振弦式采集模块　　　图 4-32　通信模块　　　图 4-33　交流电 220V 电源线接入点

系统在组装调试后，即可实现对振弦式传感器进行自动化数据采集和远程监测工作。

4.6.2　智能型电阻应变片式传感器采集系统

智能型电阻应变片式传感器采集系统采用 24 位高精度 AD 转换芯片、32 位高性能浮点处理器、全金属外壳设计，适用于长期监测系统，可实现对电阻应变片式的各种传感器进行自动采集测量。本采集器模块通道为 8 个，传感器接线方式分为三种：全桥、半桥、1/4 桥。在现场用手提计算机对采集箱（图 4-34）可进行初始设置，也可采用多种通信方式对接入的传感器进行监测和相关数据的传输。支持 RS485 总线的现场采集，也可以通过 RS485 转光纤传输或 RS485

图 4-34　采集箱内部配置

转 GPRS 无线传输实现远距离数据传输，支持 Windows 操作系统使用及维护。

采集模块的接口如图 4-35 所示。

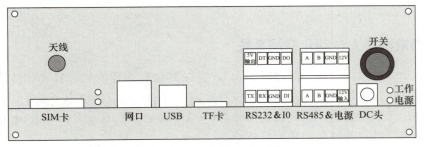

图 4-35　采集模块接口图

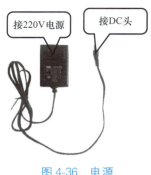

接220V电源　接DC头

图 4-36　电源

输入电压范围 DC6～36V 电源，本产品出厂后标配 220V 电源适配器，12V2A 电源如图 4-36 所示。

标配一台光电隔离 USB 转换器（有线传输用），一个无线模块（无线传输用）如图 4-37、图 4-38 所示。用户如果采用有线传输那么需要用光电隔离 USB 转换器将采集模块和计算机连接起来即可（采集模块和转换器均已标明 A、B 信号端），如果用户采用无线传输只需将无线模块和采集模块连接即可。

如图 4-39 所示采集模块在接入传感器时有三种接法，分别是全桥、半桥、1/4 桥。

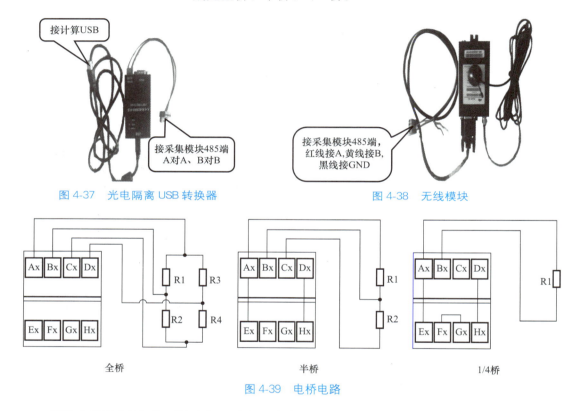

接计算USB

接采集模块485端
A对A、B对B

图 4-37　光电隔离 USB 转换器

接采集模块485端，
红线接A，黄线接B，
黑线接GND

图 4-38　无线模块

全桥　　　　半桥　　　　1/4桥

图 4-39　电桥电路

系统在组装调试后，即可实现对电阻应变片式传感器进行自动化数据采集和远程监测工作。

4.6.3　测量机器人自动化监测系统

马达驱动全站仪，又称"测量机器人"，它以其独有的智能化、自动化性能让测量者轻松自如地进行建筑物外部变形的三维位移观测。自动全站仪能够电子整平、自动正倒镜观测、自动记录观测数据，而其独有的 ATR（Automatic Target Recognition 自动目标识别）模式，使全站仪能够自动识别目标。

ATR 部件被安装在全站仪的望远镜上，红外光束通过光学部件被同轴地投影在望远镜上，从物镜发射出去，反射回来的光束，形成光点由内置 CCD 相机接收，其位置以 CCD 相机中心作为参考点来精确地确定，假如 CCD 相机中心与望远镜光轴的调整是正确的，则可从 CCD 相机上光点的位置直接计算并输出以 ATR 方式测得的水平角度和垂直角度。

　　ATR 自动识别并照准目标主要有 3 个过程：目标搜索过程、目标照准过程和测量过程。

　　在人工粗略照准棱镜后，启动 ATR，首先进行目标搜索过程。在视场内如未发现棱镜，望远镜在马达的驱动下按螺旋式或矩形方式连续搜索目标，ATR 一旦探测到棱镜，望远镜马上停止搜索，即刻进入目标照准过程。

　　ATR 的 CCD 相机接收到经棱镜反射回来的照准光点，如果该光点偏离棱镜中心，CCD 相机则计算出该偏离量，并按该偏离量驱动望远镜直接移向棱镜中心。当望远镜十字丝中心偏离棱镜中心在预定限差之内后，望远镜停止运动，ATR 测量十字丝中心和棱镜中心间的水平和垂直剩余偏差，并对水平角和竖直角进行改正。

　　当使用 ATR 方式进行测量时，由于其望远镜不需要对目标调焦或人工照准，因此，不但加快了测量速度，并且测量精度与观测员的水平无关，测量结果更加稳定可靠。

　　测量机器人的外观如图 4-40 所示。该仪器测角精度为 $\pm 0.5''$，测距精度为 0.6mm＋1ppm。由压电陶瓷驱动技术，不需要任何齿轮，仪器损耗小，更经久耐用，电能转化为机械能，不产生磁场，也不会被磁场干扰，在测量以及瞄准过程中镜头不会抖动，保证测量的精度。在望远镜中安装有同轴自动目标识别装置 ATR，能自动瞄准普通棱镜进行测量。该仪器采用电子气泡精确整平仪器，具有图形和数字显示垂直轴的纵、横向倾斜量，具有纵、横轴自动补偿器，提高了仪器整平精度。仪器内置的存储器可装载应用软件，并独立运行于仪器内，数据存储在存储卡上，外业不需要笔记本计算机即可控制仪器和存储数据。

　　自动监测系统主要由测量机器人、基点参考点、目标点组成，如图 4-41 所示是基于一台测量机器人的有合作目标（照准棱镜）的变形监测系统，可实现全天候的无人值守。

图 4-40　高精度测量机器人

图 4-41　测量机器人自动化监测系统

　　监测前首先依据目标点及参考点的分布情况，合理安置测量机器人。要求具有良好的通视条件，一般应选择在稳定处，使所有目标点与全站仪的距离均在设置的观测范围内，且避免同一方向上有两个监测点，给全站仪的目标识别带来困难。为了仪器的防护、保温等需要，并保证通视良好，应专门设计、建造监测站房。

　　参考点（三维坐标已知）应位于变形区以外，选择适当的稳定的基准点，用以在监测变形点之前检测基点位置的变化，以保证监测结果的有效性。点上放置正对基站的单棱镜。参考点要求覆盖整个变形区域。参考系除了为极坐标系统提供方位外，更重要的是为系统数据处理时的距离及高差差分计算提供基准。

根据需要，在变形体上选择若干变形监测点，这些监测点均匀分布在变形体上，到基点的距离应大致相等，且互不阻挡。每个监测点上安置有对准监测站的反射单棱镜。

测量机器人自动化监测系统配合云端服务器能够实现数据采集、处理、分析、查询和管理一体化，以及监测成果可视化的功能。从监测数据的安全性、数据存储和访问的高效性、系统维护便捷性、用户使用的多样性等方面出发，提供了统一规范的互操作平台、远程云端的数据管理和处理、标准化的服务接口、实时快捷的数据分析，实现各子系统功能模块的互连互通、监测报表的全自动生成、异常情况的多样化报警。

复习思考题

4-1　什么是全站仪？全站仪的测量原理和功能是什么？

4-2　什么是测斜仪？测斜仪的测量原理和分类是什么？

4-3　什么是收敛计？收敛计的测量原理和类型是什么？

4-4　什么是电阻应变仪？电阻应变仪的测量原理和特点是什么？

4-5　什么是钢弦频率接收仪？钢弦频率接收仪的测量原理和优点是什么？

4-6　什么是水位计？水位计的测量原理和分类是什么？

4-7　什么是渗流计？渗流计的测量原理和安装方法是什么？

4-8　什么是数据采集系统？数据采集系统有哪些类型？其相应的特点是什么？

第 5 章　地下工程监测项目及控制基准

【本章导读】

本章主要介绍了地下工程监测项目及其控制标准，包括监测项目的确定、监测点的布置、监测频率的设定、监测结果的判别等。本章按照不同类型的地下工程，分为基坑及支护结构、钻爆法隧道、盾构法隧道、明挖法隧道四个部分，分别介绍了各类地下工程所需进行的主要监测项目及其控制标准。通过本章的学习，读者将了解各类地下工程的主要风险和变化规律，掌握一定的监测方法和技术，以及如何根据监测数据进行有效的评价和判断。

【重点和难点】

本章的重点是基坑及支护结构、钻爆法隧道、盾构法隧道、明挖法隧道的主要监测项目及控制标准，这些是地下工程监测的核心内容，也是实际工程中最常遇到的问题。读者应重点掌握这些监测项目的作用、方法、频率、结果判别等方面的知识，以及控制标准的确定依据和应用范围。

本章的难点是监测结果的判别和分析，这是地下工程监测的关键环节，也是检验监测质量和效果的重要手段。读者应注意区分监测数据的有效性和可靠性，运用统计分析和对比分析等方法，判断监测结果是否符合设计预期或规范要求，是否存在异常或风险，是否需要采取调整或处理措施。

5.1　引言

地下工程是指在地表以下进行的各种建筑物和构筑物的工程，包括隧道、基坑、地铁、地下仓库、地下车库、地下水利工程等。地下工程具有规模大、结构复杂、施工难度高、风险多等特点，对其进行有效的测试与监测是保证工程质量和安全的重要手段。测试与监测是指通过各种仪器和方法，对地下工程的结构性能、围岩变形、水文条件、环境影响等进行观测、分析和评价的过程，旨在及时发现和预防工程中可能出现的问题和危险，为施工决策和管理提供科学依据。

本章主要介绍了地下工程监测项目及其控制标准，包括监测项目的确定、监测点的布置、监测频率的设定、监测结果的判别等。本章按照不同类型的地下工程，分为基坑及支护结构、钻爆法隧道、盾构法隧道、明挖法隧道四个部分，分别介绍了各类地下工程所需进行的主要监测项目及其控制标准。通过本章的学习，读者将了解各类地下工程的主要风险和变化规律，掌握一定的监测方法和技术，以及如何根据监测数据进行有效的评价和判断。

本章的编写依据主要有以下三个方面：

（1）国家和行业相关的规范和标准，如《建筑基坑工程技术规范》YB 9258—1997、《建筑基坑工程监测技术标准》GB 50497—2019、《盾构法隧道施工及验收规范》GB 50446—2017、《铁路隧道工程施工质量验收标准》TB 10417—2018、《盾构隧道工程设计标准》GB/T 51438—2021 等；

（2）国内外相关的文献和研究成果，如《地下工程施工智能化监测及灾害预警技术应用综述》《浅析地下工程监测与检测的重要性》《地下水位监测的重要意义》等；

（3）作者多年从事地下工程测试与监测方面的实践经验和教学经验。

5.2 监测项目的确定

监测项目是指在地下工程监测中需要观测和分析的物理量或指标，如位移、应力、应变、裂缝、水压、水位等。监测项目的确定是地下工程监测设计的重要内容，直接影响监测的目的、效果和成本。监测项目的确定应根据以下五个方面的因素进行：

1）监测目的和要求。不同类型和阶段的地下工程监测可能有不同的目的和要求，如安全评价、设计校核、施工指导、长期运行等，应根据具体的目的和要求选择能反映工程性能和状态的监测项目。

2）地下工程的类型、规模和结构。不同类型、规模和结构的地下工程可能存在不同的风险和问题，应根据工程特点选择能反映工程受力和变形规律的监测项目。

3）地质条件和水文条件。地质条件和水文条件是影响地下工程稳定性和安全性的主要因素，应根据地质调查和水文调查的结果选择能反映围岩特性和水文影响的监测项目。

4）监测技术和设备。监测技术和设备是实施地下工程监测的主要手段，应根据现有或可采用的监测技术和设备的性能、精度、可靠性、适用性等选择合适的监测项目。

5）经验和参考。在确定监测项目时，还应参考国家和行业相关的规范、标准，以及国内外相关的文献等，借鉴类似工程或案例的经验教训，综合考虑各种因素，合理确定监测项目。

一般情况下，地下工程监测项目应包括以下四类：

1）围岩变形监测。围岩变形是反映地下工程稳定性和安全性的主要指标，也是评价设计合理性和施工质量的重要依据。围岩变形监测主要包括围岩位移、收敛、沉降等项目，常用的监测方法有多点位移计、收敛计、水准仪、钻孔测斜仪等。

2）围岩应力应变监测。围岩应力应变是反映地下工程受力状态和围岩破坏机制的重要指标，也是分析围岩变形规律和控制标准的基础数据。围岩应力应变监测主要包括围岩应力、应变、裂缝等项目，常用的监测方法有应力计、应变计、裂缝计等。

3）支护结构变形与应力监测。支护结构变形与应力是反映地下工程支护效果和支护结构工作状况的重要指标，也是评价支护设计合理性和支护结构安全性能的重要依据。支护结构变形与应力监测主要包括支护结构位移、变形、应力、轴力等项目，常用的监测方法有位移计、变形计、应力计、轴力计等。

4）地下水压力与水位监测。地下水压力与水位是反映地下工程水文条件和水文影响的重要指标，也是分析地下水流动规律和防治地下水灾害的重要数据。地下水压力与水位监测主要包括孔隙水压力、渗流压力、地下水位等项目，常用的监测方法有渗压计、量水堰、水位计等。

5.3　监测点的布置

监测点是指在地下工程监测中直接或间接设置在监测对象上并能反映其变化特征的观测点，如位移计、应力计、水位计等。监测点的布置是地下工程监测设计的重要内容，直接影响监测的覆盖范围、数据质量和成本效益。监测点的布置应根据以下五个方面的因素进行：

1）监测目标和要求。不同类型和阶段的地下工程监测可能有不同的目标和要求，如检验设计合理性、评价施工质量、指导施工调整、预防事故发生等，应根据具体的目标和要求选择能反映监测对象变化特征的监测点。

2）监测项目和方法。不同的监测项目和方法可能有不同的适用范围和精度要求，应根据所选用的监测项目和方法选择合适的监测点位置、数量和分布。

3）监测对象和环境。不同的监测对象和环境可能有不同的变化规律和敏感性，应根据实际的监测对象和环境选择能反映其变化规律和敏感性的监测点。

4）监测技术和设备。不同的监测技术和设备可能有不同的性能、精度、可靠性、适用性等，应根据所采用的监测技术和设备选择能保证其正常工作和数据传输的监测点。

5）经验和参考。在布置监测点时，还应参考国家和行业相关的规范、标准，以及国内外相关的文献等，借鉴类似工程或案例的经验教训，综合考虑各种因素，合理布置监测点。

一般情况下，地下工程监测点布置应遵循以下四个原则：

1）全面性原则。监测点应能全面覆盖基坑及周边环境，反映各类风险因素和影响范围。

2）代表性原则。监测点应能代表基坑及周边环境的典型情况，反映其平均或最不利状态。

3）敏感性原则。监测点应能敏感地反映基坑及周边环境的变化趋势，及时发现异常或危险信号。

4）经济性原则。监测点应尽量减少数量，降低成本，但不影响监测效果。

具体而言，地下工程监测点主要包括以下四类：

1）围岩变形监测点。围岩变形监测点主要用于观察围岩位移、收敛、沉降等变化情况，评价围岩稳定性和安全性。围岩变形监测点的布置应符合以下要求：

（1）围岩位移观测点宜布置在基坑侧壁上部、中部和下部，以及基坑底部，观测点间距宜为5～10m，观测点数量应视基坑深度和围岩条件确定；

（2）围岩收敛观测点宜布置在基坑侧壁的中部或下部，观测点间距宜为10～20m，观测点数量应视基坑宽度和围岩条件确定；

（3）围岩沉降观测点宜布置在基坑周边地表，观测点间距宜为10～20m，并宜延伸至基坑以外20m，观测点数量应视基坑规模和周边环境确定。

2) 围岩应力应变监测点。围岩应力应变监测点主要用于观察围岩应力、应变、裂缝等变化情况，分析围岩受力状态和破坏机制。围岩应力应变监测点的布置应符合以下要求：

（1）围岩应力观测点宜布置在基坑侧壁的上部、中部和下部，以及基坑底部，观测点间距宜为 5～10m，观测点数量应视基坑深度和围岩条件确定；

（2）围岩应变观测点宜布置在基坑侧壁的上部、中部和下部，以及基坑底部，观测点间距宜为 5～10m，观测点数量应视基坑深度和围岩条件确定；

（3）围岩裂缝观测点宜布置在基坑侧壁的裂缝发育区域或预计发育区域，观测点间距宜为 2～5m，观测点数量应视裂缝分布和发展情况确定。

3) 支护结构变形与应力监测点。支护结构变形与应力监测点主要用于观察支护结构位移、变形、应力、轴力等变化情况，评价支护结构效果和安全性。支护结构变形与应力监测点的布置应符合以下要求：

（1）支护结构位移观测点宜布置在支护结构的上部、中部和下部，以及支撑或拉锚的连接处，观测点间距宜为 5～10m，观测点数量应视支护结构类型和高度确定；

（2）支护结构变形观测点宜布置在支护结构的上部、中部和下部，以及支撑或拉锚的连接处，观测点间距宜为 5～10m，观测点数量应视支护结构类型和高度确定；

（3）支护结构应力或轴力观测点宜布置在支护结构的关键位置或受力较大的位置，如支撑或拉锚的两端、拐角处、开口处等，观测点间距宜为 5～10m，观测点数量应视支护结构类型和受力情况确定。

4) 地下水压力与水位监测点。地下水压力与水位监测点主要用于观察地下水压力、水位等变化情况，分析地下水流动规律和影响范围。地下水压力与水位监测点的布置应符合以下要求：

（1）基坑内地下水位监测点的布置应根据降水方式和效果确定；当采用深井降水时，水位监测点宜布置在基坑中央和两相邻降水井的中间部位；当采用轻型井点、喷射井点降水时，水位监测点宜布置在基坑中央和周边拐角处，监测点数量应视具体情况确定；

（2）基坑外地下水位监测点应沿基坑、被保护对象的周边或两者之间布置，监测点间距宜为 20～50m；相邻建（构）筑物、重要的管线或管线密集处应布置水位监测点；当有止水帷幕时，宜布置在止水帷幕的外侧约 2m 处；

（3）水位观测管的管底埋置深度应在最低设计水位或最低允许地下水位之下 3～5m。承压水水位监测管的管底、管顶应分别在所测的承压含水层中；

（4）回灌井点观测井应设置在回灌井点与被保护对象之间。

5.4　监测频率的设定

监测频率是指一定时间内对监测点实施观测的次数，它直接影响监测数据的数量和质量，以及监测成本和效益。监测频率的设定应根据监测数据的变化规律和敏感性确定，并遵循全面性、代表性、敏感性和经济性等原则，采用合理的方法，并给出常用监测频率的范围和建议。

1) 监测数据的变化规律和敏感性。监测数据的变化规律是指监测对象在不同时间、不同条件下的变化特征，如变化幅度、变化速率、变化方向等。监测数据的敏感性是指监测对象对外界影响因素的反应程度，如对施工进度、降水方式、地震活动等的响应强度和响应时间等。监测数据的变化规律和敏感性决定了监测频率的高低和变化。一般而言，当监测对象处于变化剧烈或敏感阶段时，应提高监测频率；当监测对象处于变化平缓或稳定阶段时，可降低监测频率。

2）监测频率设定的方法。监测频率设定可采用以下方法：

（1）经验法。经验法是根据类似工程或当地工程经验确定监测频率的方法。经验法简便易行，但缺乏科学依据，适用于工程条件简单、风险较低或缺乏其他方法依据时使用。

（2）分析法。分析法是根据工程设计方案、施工方案、地质条件等因素对基坑及周边环境可能发生的变化进行分析，并结合相关技术标准确定监测频率的方法。分析法科学合理，但需要较多资料和计算，适用于工程条件复杂、风险较高或有足够资料支持时使用。

（3）动态调整法。动态调整法是根据实际观测数据进行分析判断，并根据分析结果调整后续观测次数和间隔时间的方法。动态调整法灵活有效，但需要及时处理和反馈数据，适用于工程条件不确定、变化不规律或有自动化监测系统支持时使用。

3）常用监测频率的范围和建议。监测项目的监测频率参考值如表 5-1 所示。

监测项目的监测频率参考值　　　　　　表 5-1

监测项目	监测频率的范围	监测频率的建议
基坑周边建(构)筑物沉降	每月 1 次～每周 1 次	每半月 1 次
基坑周边地表沉降	每月 1 次～每周 1 次	每半月 1 次
基坑周边管线沉降	每月 1 次～每周 1 次	每半月 1 次
基坑周边水位	每月 1 次～每天 1 次	每周 1 次
基坑内水位	每月 1 次～每天 1 次	每周 1 次
基坑内水压力	每月 1 次～每天 1 次	每周 1 次
基坑侧壁水平位移	每月 1 次～每天 2 次	每周 2 次
基坑侧壁竖向位移	每月 1 次～每天 2 次	每周 2 次
支护结构应力或应变	每月 1 次～每天 2 次	每周 2 次
支护结构垂直度或倾斜度	每月 1 次～每天 2 次	每周 2 次

5.5　监测结果的判别

监测结果的判别是指对监测数据分析后得到的监测成果进行评价和判断，以确定监测对象是否处于安全和稳定的状态，是否需要采取措施或调整设计。监测结果的判别应遵循以下原则：

1）客观性原则。监测结果的判别应客观地反映监测对象的实际情况，不得随意忽视或夸大数据分析的结论，不得对监测成果进行任何偏颇或歪曲的评价。

2）系统性原则。监测结果的判别应系统地考虑监测对象与周边环境、施工条件、自然因素等多方面的影响，不得孤立地或片面地进行。

3）适用性原则。监测结果的判别应采用适合本工程特点和实际需要的标准和方法进行，不得盲目地或机械地套用。

4）综合性原则。监测结果的判别应综合运用经验判断、理论计算、模拟分析等多种手段和方法进行，不得单一地或简单地进行。

具体而言，监测结果的判别主要包括以下三个步骤：

1）制定判别标准。判别标准是指对监测对象的变形、受力、水位等参数设定的允许或限制范围，以及对超出范围时采取的措施或建议。判别标准应符合以下要求：

（1）判别标准应根据国家和行业相关的规范、标准，以及国内外相关的文献等制定；

（2）判别标准应根据工程实际情况和经验数据进行调整和修正；

（3）判别标准应明确指出参数的计算方法、计算周期、计算公式等；

（4）判别标准应明确指出超出范围时的预警级别、预警信号、预警措施等。

2）进行判别分析。判别分析是指将监测数据分析后得到的监测成果与制定的判别标准进行对比和分析，以确定监测对象是否超出允许或限制范围，是否存在异常或危险信号。判别分析应符合以下要求：

（1）判别分析应在数据分析后及时进行，以及时发现问题并采取措施；

（2）判别分析应采用适当的数学模型和计算方法进行；

（3）判别分析应采用电子计算机软件进行，并应对软件的正确性和可靠性进行验证；

（4）判别分析应给出监测对象是否超出范围、是否存在异常或危险信号、是否需要采取措施或调整设计等结论，并进行说明和解释。

3）提出建议或措施。建议或措施是指根据判别分析后得到的结论，提出改善监测对象状态或保证工程安全和稳定的意见或方案。建议或措施应符合以下要求：

（1）建议或措施应根据判别分析的结论和预警级别进行制定；

（2）建议或措施应具有可行性、有效性和经济性；

（3）建议或措施应明确指出执行的时间、地点、方式、责任等；

（4）建议或措施应及时向相关的人员或部门进行沟通和协调。

5.6 基坑及支护结构监测项目及控制标准

建筑基坑是为进行建（构）筑物基础、地下建（构）筑物施工所开挖形成的地面以下空间。基坑周边环境是指在建筑基坑施工及使用阶段，基坑周围可能受基坑影响或可能影响基坑的既有建（构）筑物、设施、管线、道路、岩土体及水系等的统称。建筑基坑工程监测是指在建筑基坑施工及使用阶段，对建筑基坑及周边环境实施的检查、量测和监视工作。支护结构是指对基坑侧壁进行临时支挡、加固的一种结构体系，包括维护墙体和支撑（或拉锚）体系。

基坑及支护结构是为了保证基坑开挖和地下结构的施工安全以及保护基坑周边环境而采取的工程措施，其类型、特点和风险因素不同，需要采用不同的监测项目和控制标准。

1. 基坑及支护结构的主要类型、特点和风险

根据基坑开挖深度、场地条件、周边环境、场地水文地质条件、项目工期要求等因素，基坑及支护结构可分为以下四种主要类型：

1）放坡开挖：基坑周围具有放坡可能的场地，且场地地质条件较好，地下水位较深时，应优先考虑放坡开挖。放坡开挖的特点是施工简便，成本低，但占用场地较大，对周

边环境影响较小。放坡开挖的风险主要是边坡稳定性和滑动性，需要按边坡稳定的要求确定合理的坡率，并设置平台、排水沟等措施。

2）支挡式支护结构：板桩、柱列桩、地下连续墙等支护体属于此类。支护体插入土中一定深度（一般插入至较坚硬土层），上部呈悬壁或设置锚撑体系，形成一梁式受力构件。支挡式支护结构的特点是应用广泛，适用性强，易于控制支护结构的变形，尤其适用于开挖深度较大的深基坑，并能适应各种复杂的地质条件。支挡式支护结构的风险主要是支护体变形过大或破坏，导致基坑失稳或周边环境受损。

3）重力式支护结构：水泥土搅拌桩挡墙、高压旋喷桩挡墙、土钉墙等类似重力式挡土墙。重力式支护结构截面尺寸较大，依靠实体墙身的重力起挡土作用。重力式支护结构的特点是无锚拉或内支撑系统，土方开挖施工方便，但占用场地较多，对周边环境影响较大。重力式支护结构的风险主要是墙身倾覆或滑移，导致基坑失稳或周边环境受损。

4）组合式支护结构：在上述两种支挡式和重力式支护结构的基础上，可采用几种支护结构相结合的形式，如排桩-复合土钉，或上部放坡接着采用复合土钉墙、下部采用排桩-内支撑等复合形式，称为组合式支护结构。组合式支护结构的特点是能够充分利用各种支护结构的优点，适应不同的场地条件和工程要求，但施工工艺较复杂，成本较高。组合式支护结构的风险主要是各种支护结构之间的协调性和可靠性，需要进行综合分析和设计。

2. 基坑及支护结构的主要监测项目

基坑监测项目应根据基坑侧壁安全等级确定，参考《建筑基坑工程监测技术标准》GB 50497—2019可分为基坑支护体系的监测项目和周边环境的监测项目，在指定方案时，监测项目可根据基坑工程设计支护形式、施工阶段和周边环境保护等级分类等因素确定。基坑工程现场监测的对象包括：支护结构；地下水状况；基坑底部及周边土体；周边建筑；周边管线及设施；周边重要的道路；其他应监测的对象。具体监测项目包括：

1）地表沉降：监测基坑周边地表的竖向位移，反映基坑开挖对周边环境的影响程度，预防邻近建（构）筑物、设施、管线、道路等的损坏。

2）支护体系水平位移：监测基坑围护墙或基坑边坡顶部的水平位移，反映支护体系的变形特征和稳定性，预防支护体系失效或周边环境受损。

3）支撑轴力：监测基坑内支撑体系的轴向受力情况，反映支撑体系的受力特征和安全性，预防支撑体系失效或变形过大。

4）土压力：监测基坑侧壁土体对围护墙或支撑体系的压力，反映土体的变形特征和稳定性，预防土体失稳或围护墙破坏。

5）孔隙水压力：监测基坑侧壁土体中的水压力，反映土体的渗流特征和稳定性，预防土体液化或围护墙破坏。

6）地下水位：监测基坑内外地下水位的高度和变化趋势，反映地下水对基坑开挖和周边环境的影响程度，预防基坑涌水或周边环境沉降。

7）其他监测项目：根据具体情况，还可采用其他监测项目，如爆破振动、噪声、空气质量、地下连续墙质量、锚杆拉力等。

3. 基坑及支护结构的主要控制标准

基坑及支护结构的控制标准是指对基坑及支护结构在施工过程中允许发生的最大变形

量、最小安全系数、最大预警值等参数设定的限制范围，以及对超出范围时采取的措施或建议。基坑及支护结构的控制标准应根据国家和行业相关规范以及工程实际情况确定，一般包括以下三类：

1）允许变形量：指基坑及支护结构在施工过程中允许发生的最大变形量。允许变形量应根据基坑及支护结构的类型、深度、周边环境等因素综合确定。如表5-2所示给出了不同类型、深度和周边环境要求下的允许变形量范围。

基坑及支护结构的允许变形量参考值　　表5-2

基坑及支护结构类型	开挖深度(m)	周边环境要求	允许变形量范围(mm)
放坡开挖	≤10	一般	50～100
放坡开挖	≤10	严格	30～50
放坡开挖	>10	一般	100～150
放坡开挖	>10	严格	50～100
支挡式支护结构	≤10	一般	20～40
支挡式支护结构	≤10	严格	10～20
支挡式支护结构	>10	一般	40～60
支挡式支护结构	>10	严格	20～40
重力式支护结构	≤10	一般	30～50
重力式支护结构	≤10	严格	20～30
重力式支护结构	>10	一般	50～80
重力式支护结构	>10	严格	30～50
组合式支护结构	≤10	一般	参照各种支护结构的允许变形量
组合式支护结构	≤10	严格	参照各种支护结构的允许变形量
组合式支护结构	>10	一般	参照各种支护结构的允许变形量
组合式支护结构	>10	严格	参照各种支护结构的允许变形量

2）安全系数：指基坑及支护结构在施工过程中保持稳定所需的最小受力比值。安全系数应根据基坑及支护结构的受力特征和稳定机理确定。如表5-3所示给出了不同类型、深度和周边环境要求下的安全系数范围。

基坑及支护结构的安全系数参考值　　表5-3

基坑及支护结构类型	开挖深度(m)	周边环境要求	安全系数范围
放坡开挖	≤10	一般	1.2～1.4
放坡开挖	≤10	严格	1.4～1.6
放坡开挖	>10	一般	1.4～1.6
放坡开挖	>10	严格	1.6～1.8
支挡式支护结构	≤10	一般	1.3～1.5
支挡式支护结构	≤10	严格	1.5～1.7
支挡式支护结构	>10	一般	1.5～1.7
支挡式支护结构	>10	严格	1.7～2.0

续表

基坑及支护结构类型	开挖深度(m)	周边环境要求	安全系数范围
重力式支护结构	≤10	一般	1.3～1.5
重力式支护结构	≤10	严格	1.5～1.7
重力式支护结构	>10	一般	1.5～1.7
重力式支护结构	>10	严格	1.7～2.0
组合式支护结构	≤10	一般	参照各种支护结构的安全系数
组合式支护结构	≤10	严格	参照各种支护结构的安全系数
组合式支护结构	>10	一般	参照各种支护结构的安全系数
组合式支护结构	>10	严格	参照各种支护结构的安全系数

3）预警值：指基坑及支护结构在施工过程中，针对不同监测项目所设立的警戒值。最大预警值的确定应根据工程实际情况和国家或行业相关标准，综合考虑监测对象的结构特性、受力状态、变形敏感性、周边环境影响等因素。可参考《建筑基坑工程监测技术标准》GB 50497—2019 给出的基坑及支护结构、周边环境的监测预警值。如表5-4所示给出了不同监测项目的最大预警参考值。

基坑及支护结构的监测项目最大预警值　　　　　　　　　　表 5-4

监测项目	最大预警值
围护墙(边坡)顶部水平位移	30mm
深层水平位移	50mm
地面最大沉降	20mm
立柱竖向位移	40mm
基坑周边地表竖向位移	20mm
坑底隆起(回弹)	30mm
土压力	80%设计土压力
孔隙水压力	80%设计孔隙水压力
支撑内力	70%设计支撑内力
围护墙内力	70%设计围护墙内力
立柱内力	70%设计立柱内力
锚索内力	70%设计锚索内力

5.7 钻爆法隧道监测项目及控制标准

1. 钻爆法隧道的主要类型、特点和风险

钻爆法是一种常用的隧道开挖方法，它通过在围岩中钻孔、装药、爆破，将围岩破碎成小块，然后用装渣机械将其运出隧道。钻爆法可以适应各种地质条件，具有施工速度快、成本低、设备简单等优点。

钻爆法隧道根据其穿越的地层是否含有瓦斯，可以分为瓦斯隧道和非瓦斯隧道。瓦斯隧道是指在隧道勘察或施工过程中，隧道内存在瓦斯的隧道。瓦斯隧道又可以分为煤系地层瓦斯隧道和非煤系地层瓦斯隧道。煤系地层瓦斯隧道是指直接穿越煤系地层的隧道，非煤系地层瓦斯隧道是指虽然没有直接穿越煤系地层，但下伏或邻近地层中的瓦斯具备运移至本隧道的条件而使隧道内存在瓦斯的隧道。

钻爆法隧道的主要风险包括：

1）爆破作业引起的围岩变形、裂缝、冒顶、垮塌等，影响隧道结构的稳定性和安全性。

2）爆破作业产生的振动、冲击波、飞石、粉尘等，危害人员和设备的安全和健康。

3）爆破作业引发的火灾、爆炸等事故，尤其是在含有可燃性或易爆性气体的环境中。

4）爆破作业对周围环境造成的噪声、污染等影响。

2. 钻爆法隧道的主要监测项目

钻爆法隧道的监控量测是指在施工过程中对围岩变形、应力应变、裂缝、稳定性、爆破振动等参数进行实时或定期观测和分析，以评价围岩和结构的安全状态，并及时采取相应的措施。

钻爆法隧道的主要监控量测项目包括：

1）围岩位移：指围岩在受力作用下发生的相对位置变化，包括水平位移、垂直位移和沉降等。围岩位移反映了围岩变形的大小和方向，是评价围岩稳定性和结构受力情况的重要指标。

2）围岩应力应变：指围岩在受力作用下发生的内部变化，包括应力和应变两个方面。应力是指单位面积上受到的力，应变是指单位长度上发生的形变。围岩应力应变反映了围岩受力状态和弹塑性变形的程度，是评价围岩强度和破坏的重要指标。

3）围岩裂缝：指围岩中由于受力或爆破等原因产生的裂隙，包括原生裂缝和新生裂缝两种。围岩裂缝反映了围岩的完整性和连续性，是评价围岩破坏程度和渗流特性的重要指标。

4）围岩稳定性：指围岩在受力或爆破等影响下能否保持其原有的形态和结构，不发生破坏或失稳的能力。围岩稳定性是综合考虑围岩位移、应力应变、裂缝等多个因素的结果，是评价隧道结构安全性的重要指标。

5）爆破振动：指爆破作业产生的机械波在围岩和结构中传播的现象，包括振动速度、振动频率、振动持续时间等参数。爆破振动反映了爆破作业对围岩和结构的冲击效应，是评价爆破安全性和环境影响的重要指标。

3. 钻爆法隧道的主要控制标准

钻爆法隧道的主要控制标准是指在施工过程中对隧道结构和围岩体的变形、应力、稳定性等进行判断和评价的依据，包括允许变形量、安全系数、预警值等参数。钻爆法隧道的控制标准应根据国家或行业相关标准以及工程实际情况确定，一般包括以下三类：

1）允许变形量：指隧道结构和围岩体在荷载作用下能够承受的最大变形量，超过该值可能导致结构破坏或失效。允许变形量的确定应根据工程经验或试验数据，综合考虑隧道结构的类型、材料、尺寸、受力状态等因素。根据不同的围岩级别和开挖方法，钻爆法隧道的允许变形量有一定的范围，一般可参考表5-5所述。

2）安全系数：指隧道结构和围岩体在荷载作用下的安全储备，反映了结构和围岩体的稳定性和可靠性。安全系数的确定应根据工程经验或理论分析，综合考虑隧道结构的重要性、荷载的不确定性、变形的敏感性等因素。根据不同的围岩级别和开挖方法，钻爆法隧道的安全系数有一定的范围，一般可参考表 5-6 所示。

钻爆法隧道的允许变形量参考值　　　　表 5-5

围岩级别	开挖方法	允许变形量
Ⅱ级	全断面法	拱顶下沉≤10mm,净空收敛≤10mm
Ⅲ级	台阶法	拱顶下沉≤15mm,净空收敛≤15mm
Ⅳ级	台阶法	拱顶下沉≤20mm,净空收敛≤20mm
Ⅴ级	三台阶七步流水法	拱顶下沉≤25mm,净空收敛≤25mm
Ⅵ级	双侧壁导坑法	拱顶下沉≤30mm,净空收敛≤30mm

钻爆法隧道的安全系数参考值　　　　表 5-6

围岩级别	开挖方法	安全系数
Ⅱ级	全断面法	结构安全系数≥1.5,围岩稳定系数≥1.3
Ⅲ级	台阶法	结构安全系数≥1.4,围岩稳定系数≥1.2
Ⅳ级	台阶法	结构安全系数≥1.3,围岩稳定系数≥1.1
Ⅴ级	三台阶七步流水法	结构安全系数≥1.2,围岩稳定系数≥1.0
Ⅵ级	双侧壁导坑法	结构安全系数≥1.1,围岩稳定系数≥0.9

3）预警值：指在监测工程中，针对钻爆法隧道监测项目所设定的警戒值，当监测数据达到或超过预警值时，表明隧道结构和围岩体可能存在安全隐患或超出设计要求，需要立即报警，并采取相应的措施，以防止事故发生。钻爆法隧道的预警值应根据不同的围岩级别和开挖方法确定，一般采用国家或行业相关标准的建议值。如表 5-7 所示给出了一些常见的监测项目及其预警值。

钻爆法隧道的预警值参考值　　　　表 5-7

监测项目	预警值
拱顶下沉	80%允许变形量
净空收敛	80%允许变形量
支护结构变形	80%允许变形量
支护结构应力应变	80%设计支护内力
围岩应力应变	80%设计围岩稳定系数

5.8　盾构法隧道监测项目及控制标准

1. 盾构法隧道的主要类型、特点和风险

盾构法是一种非开挖的隧道施工方法，它使用盾构机在地下切削土体，同时拼装预制混凝土管片作为隧道衬砌。盾构法可以适应各种地质条件，具有施工速度快、影响范围小、质量可控等优点。

盾构法隧道根据其盾构机的类型和结构，可以分为以下 4 种主要类型：

1）土压平衡盾构：适用于软土层或含水层，利用开挖面前方的土体压力与后方的推进压力保持平衡，防止开挖面失稳或冒顶。土压平衡盾构又分为单圆盾、双圆盾和矩形盾等。

2）泥水平衡盾构：适用于砂性土层或含水层，利用开挖面前方的泥水压力与后方的推进压力保持平衡，防止开挖面失稳或冒顶。泥水平衡盾构又分为单圆盾、双圆盾和矩形盾等。

3）岩石盾构：适用于岩石层或硬土层，利用刀盘切削岩石或硬土，并通过螺旋输送机将碎屑排出。岩石盾构又分为全断面切削型和部分断面切削型等。

4）混合式盾构：适用于复杂地质条件，能够根据不同的地层特性调整切削方式和压力平衡方式。混合式盾构又分为泥水-岩石混合式、土压-岩石混合式和泥水-土压混合式等。

盾构法隧道的主要风险包括：

1）盾尾间隙过大或密封失效，导致地层沉降、涌水、冒浆等现象，影响隧道结构和周边环境的安全。

2）盾壳姿态控制不当，导致隧道偏离设计轮廓或产生过大变形，影响隧道结构的质量和功能。

3）推进参数设置不合理，导致开挖面失稳、爆管、卡壳等现象，影响隧道结构的完整性和安全性。

4）管片安装不规范，导致管片错位、缝隙过大、裂缝产生等现象，影响隧道结构的密实性和耐久性。

5）穿越重要建筑物或管线时未采取有效的预防措施，导致建筑物或管线变形、损坏或中断等现象，影响社会公共设施的正常运行。

2. 盾构法隧道的主要监测项目

参考《盾构法隧道施工及验收规范》GB 50446—2017，盾构法隧道施工监测范围应包括周边环境、隧道结构和岩土体。盾构法隧道的监测是指在施工过程中对隧道结构和周边环境的变化进行实时或定期观测和分析，以评价隧道结构的安全性和功能性，并及时采取相应的措施。监测方案应根据设计要求，并结合施工环境、工程地质和水文地质条件、掘进速度等制定。

盾构法隧道的主要监测项目包括：

1）盾构机掘进参数，如推进力、转速、土压或泥水压力、姿态等，用于控制开挖面的稳定性和盾构机的运行状态。

2）隧道衬砌浇筑参数，如混凝土温度、湿度、浇筑速度等，用于保证衬砌结构的质量和强度。

3）隧道结构变形，如竖向位移、水平位移、净空收敛等，用于评估隧道结构的安全性和稳定性。

4）周围岩土体变形，如地层沉降或隆起、地层损失率等，用于评估盾构施工对周边环境的影响和风险。

5）周边环境变形，如邻近建（构）筑物、地下管线、地面道路等的沉降、倾斜、裂缝等，用于保护周边环境的安全和完整。

3. 盾构法隧道的主要控制标准

根据上述监测项目，盾构法隧道的主要控制标准及建议值如表5-8所示。

盾构法隧道的控制标准参考值　　　　　　　　表 5-8

监测项目	控制标准	建议值
盾构机掘进参数	根据地质条件、设计要求和施工经验确定	推进力：设计范围内 转速：适应土层性质和开挖量 土压或泥水压力：与开挖面上水压力相平衡 姿态：允许误差内
隧道衬砌浇筑参数	符合现行国家标准《城市轨道交通工程混凝土结构耐久性技术规程》T/CECS 1398—2023 的规定	混凝土温度：5～35℃ 湿度：80%以上 浇筑速度：与管片拼装速度相协调
隧道结构变形	符合现行国家标准《城市轨道交通工程监测技术规范》GB 50911—2013 的规定	竖向位移：<管片直径的 1/1000 水平位移：<管片直径的 1/500 净空收敛：<管片直径的 1/1000
周围岩土体变形	根据地质条件、设计要求和施工经验确定	地层沉降或隆起：<管片直径的 1/1000 地层损失率：<3%
周边环境变形	根据周边环境的重要程度和敏感性确定	邻近建（构）筑物沉降或倾斜：<允许变形值 地下管线沉降或拉伸：<允许变形值 地面道路沉降或裂缝：<允许变形值

5.9　明挖法隧道监测项目及控制标准

1. 明挖法隧道的主要类型、特点和风险

明挖法是指一种先将地面挖开，在露天情况下修筑衬砌，然后再覆盖回填的地下工程施工方法，多用于浅埋隧道。明挖法是软土地下工程施工中最基本、最常用的施工方法。明挖法的优点是施工技术简单、快速、经济及主体结构受力条件较好等，在没有地面交通和环境等条件限制时，应是首选方法。但其缺点也是明显的，如阻断交通时间较长，噪声与震动等。明挖法按照对边坡维护方式的不同，可分为放坡明挖法、悬臂支护明挖法和围护结构加支撑明挖法。放坡明挖法适用于埋置特浅、边坡土体稳定性较好，且地表没有过多的限制条件的隧道工程。悬臂支护明挖法适用于埋置较浅、边坡土体稳定性较差，且地表有一定的限制性要求的隧道工程。围护结构加支撑明挖法适用于埋置不太浅、边坡土体稳定性较差、外侧土压力较大且地表有一定限制性要求的隧道工程。明挖法隧道的主要风险有基坑塌方、支护结构失效、地下水涌入、周围建筑物受损、环境污染等。

2. 明挖法隧道的主要监测项目

为了保证明挖法隧道的安全施工和运营，需要对其进行全面的监测，包括以下四个方面：

1）围岩和支护的变形、应力量测，用于掌握围岩和支护的动态信息并及时反馈，指导施工作业，为修改设计提供依据，确认或修正设计参数。

2）工程地质与水文地质状况的观察和记录，用于了解岩土层的性质、结构、裂隙、含水量等，为施工方案选择和风险防控提供依据。

3）地下水位的监测，用于控制基坑内外的水位差，防止基底软化、隆起、涌水等，保证基坑稳定性。

4）基坑周边建筑物的沉降和变形监测，用于评估基坑开挖对周边环境的影响，及时采取补救措施，保护周边建筑物安全。

3. 明挖法隧道的主要控制标准

根据上述监测项目，明挖法隧道的主要控制标准及建议值如表5-9所示。

明挖法隧道的控制标准参考值

表5-9

监测项目	监测内容	监测方法	监测频率	控制标准	建议
围岩和支护的变形、应力量测	围岩的水平位移、竖向沉降、收敛量，支护结构的水平位移、竖向沉降、应力或应变等	收敛仪、位移计、应变计、应力计等仪器，安装在围岩和支护结构上，定点定向测量变形或应力等参数	根据工程进度和风险等级确定，一般为每天一次或每周一次	根据周边环境合理确定基坑安全等级及变形控制标准，明挖放坡段安全等级为三级，支护结构重要性系数为0.9，其余段围护结构安全等级均为一级，支护结构的重要性系数为1.1。基坑深度≤20m，基坑周围无重要保护建筑物的基坑变形控制等级为二级，地面最大沉降量为30mm，最大水平位移量为20mm；基坑周围有重要保护建筑物的基坑变形控制等级为一级，地面最大沉降量为20mm，最大水平位移量为15mm	与设计预计值进行对比分析，并及时反馈调整。如发现超过预警值或限值时，应立即停止施工，并采取相应的处理措施
工程地质与水文地质状况的观察和记录	地层名称、厚度、颜色、密实度、含水量、裂缝、夹层等特征，以及地质剖面图和平面图	人工观察和记录，对每一层土方开挖后的地层进行描述，并绘制地质剖面图和平面图	每一层土方开挖后立即进行观察和记录	与设计预期值进行对比分析，并及时反馈调整。如发现与设计不符或存在不良地质条件时，应立即停止施工，并采取相应的处理措施	对于不良地质条件如软弱层、粉砂层、流砂层等，应采取相应的加固措施如注浆、土钉、锚杆等
地下水位的监测	基坑内外的地下水位和渗漏水量，以及基坑侧壁的涌水、涌砂或流砂现象	地下水位观测井和渗漏水量计，安装在基坑内外适当位置，定点定时测量水位和渗漏水量。人工观察和记录基坑侧壁的涌水、涌砂或流砂现象	根据降水方法和效果确定，一般为每天一次或每周一次。任何一层土方开挖前，应先检查观测井水位是否控制在设计要求安全水位以下	基坑内外水位差应小于0.5m，基坑内部不应有明水作业，渗漏水量不应超过$1L/m^2 \cdot h$。如发现涌水、涌砂或流砂现象，则应立即停止开挖，并采取紧急处理措施	与设计安全水位进行对比分析，并及时反馈调整。如发现超过预警值或限值时，应立即停止施工，并采取相应的处理措施
基坑周边建筑物的沉降和变形监测	建筑物的沉降量、倾斜角、裂缝宽度等参数，以及地面的沉降量、裂缝宽度等参数	沉降观测点和倾斜观测点，安装在建筑物的基础、墙体、屋顶等部位，定点定向测量沉降量和倾斜角。裂缝计，安装在建筑物的裂缝处，定点定向测量裂缝宽度。地面沉降观测点和裂缝计，安装在基坑周边地面上，定点定向测量地面沉降量和裂缝宽度	根据施工进度和监测结果确定，一般为每天一次或每周一次	根据周边建筑物的类型、距离、结构等因素确定，一般情况下，建筑物的最大允许沉降量为10～30mm，最大允许倾斜角为1/1000～1/500，最大允许裂缝宽度为0.2～0.5mm。地面的最大允许沉降量为30mm，最大允许裂缝宽度为0.5mm	与设计预警值或限值进行对比分析，并及时反馈调整。如发现超过预警值或限值时，应立即停止施工，并采取相应的处理措施

复习思考题

5-1 地下工程监测的目的有哪些？请举例说明。

5-2 地下工程监测项目的确定应考虑哪些因素？请列举常用的监测项目。

5-3 监测点的布置应遵循哪些原则？请画出一个基坑围护结构水平位移监测点布置示意图，并说明其位置、数量和分布。

5-4 监测频率的设定应根据哪些因素确定？请给出一个钻爆法隧道收敛量监测频率设定的例子，并说明其依据。

5-5 监测结果判别应采用哪些方法？请给出一个盾构法隧道管片沉降量判别的例子，并说明其步骤和结果。

5-6 基坑及支护结构变形控制标准应根据哪些因素确定？请给出一个基坑深度为15m，周围有重要保护建筑物的基坑变形控制标准，并说明其安全等级和变形控制等级。

5-7 钻爆法隧道开挖过程中应进行哪些监测项目？请给出一个钻爆法隧道围岩级别为Ⅲ级时，围岩收敛量控制标准，并说明其安全系数。

5-8 盾构法隧道施工过程中应进行哪些监测项目？请给出一个盾构法隧道管片沉降量控制标准，并说明其允许变形量。

5-9 明挖法隧道施工过程中应进行哪些监测项目？请给出一个明挖法隧道结构渗漏水量控制标准，并说明其允许渗漏水量。

第 6 章　地下工程监测项目的实施方法

【本章导读】

本章主要介绍了地下工程监测项目的实施方法，包括常规项目监测技术和新监测技术的实施。常规项目监测技术主要涉及支护结构和岩土体的位移、轴力、水位、裂缝、应力、收敛、下沉、土压力、孔隙水压力、爆破振动等方面的监测，通过各种传感器、仪器和系统，对地下工程的安全性和稳定性进行实时或定期的检测和评估。新监测技术主要涉及光纤光栅传感技术、无线传感技术、微型传感技术、数字近景摄影测量技术、超声波监测技术、三维激光扫描监测系统等，通过利用新型的传感器、仪器和系统，对地下工程的变形、渗流、强度、裂缝、收敛等方面进行高精度、高效率、高可靠性的监测和分析。本章旨在帮助读者了解各种监测技术的实施步骤、注意事项和效果评价，以及新监测技术的原理、特点和应用范围。

【重点和难点】

本章的重点是理解常规项目监测技术的实施方法，掌握新监测技术的实施方法，以及相关的数据分析和评价技术。本章的难点是掌握常规项目监测技术的误差分析、新监测技术的校准和优化、监测技术的选择和组合等内容，以及运用相关的技术解决实际工程问题。本章还涉及了一些较为复杂的理论和公式，需要读者有一定的数学和物理基础。

6.1　常规项目监测技术的实施

常规项目监测技术的实施方法，包括支护结构位移监测、支撑轴力监测、地下水位监测、地下管线位移监测、裂缝监测、隧道位移监测、隧道内力监测、土压力监测、孔隙水压力监测和爆破振动监测等，是地下工程监测的基本技术，也是地下工程安全评估和风险控制的重要依据。本节将分别介绍常规项目监测技术的原理、方法、设备和数据处理等内容，以帮助读者掌握这些技术的实施方法，了解其优缺点和适用范围，选择合适的监测技术进行地下工程的常规安全评估和风险控制。

6.1.1　支护结构竖向位移监测

1. 精密水准测量

精密水准测量方法是建（构）筑物竖向位移监测的有效手段。精密水准测量一般指国家一、二等水准测量，在竖向位移监测实践中常采用国家二等水准测量。竖向位移监测所使用的仪器有精密光学水准仪配铟钢尺或精密电子水准仪配条码尺。利用精密水准测量进行竖向位移监测时，由于存在建筑结构及施工场地复杂、施工干扰大等情况，会出现前后视距不相等、观测时间拖延等不利因素，因此现场监测时应注意：

1）测定监测点的水准路线应敷设成两个工作基点之间的附合路线；

2）监测路线、测站位置、监测人员及监测仪器应尽量固定；

3）监测前应对工作基点、监测点及监测路线进行检查和清理。

对采用精密水准测量进行竖向位移监测，国家相关测量规范都提出了具体的技术要求，具体实施时，应结合具体的监测工程，选择相应的规范作为作业标准，如表 6-1、表 6-2、表 6-3 所示摘录了《建筑变形测量规范》JGJ 8—2016 对竖向位移监测的主要技术要求。

水准测量作业方式　　　　　　表 6-1

观测等级	基准点、基点联测及首期观测	其他各期观测	观测顺序
一等	往返测	往返测或单程双测站	奇数站：后前前后
			偶数站：前后后前
二等	往返测	单程观测	奇数站：后前前后
			偶数站：前后后前

电子水准仪观测方式　　　　　　表 6-2

观测等级	视线长度（m）	前后视距差（m）	视距累积差（m）	视线高（m）	重复测量次数
一等	≥4 且≤30	≤1.0	≤3.0	≥0.65	≥3
二等	≥3 且≤50	≤1.5	≤5.0	≥0.55	≥2

数字水准仪观测限差　　　　　　表 6-3

观测等级	两次读数所测高差之差限差（mm）	往返较差及附合或环线闭合差限差（mm）	单程双测站所测高差较差限差（mm）	检测已测测段高差之差限差（mm）
一等	0.5	$0.3\sqrt{n}$	$0.2\sqrt{n}$	$0.45\sqrt{n}$
二等	0.7	$1.0\sqrt{n}$	$0.7\sqrt{n}$	$1.5\sqrt{n}$

注：表中 n 为测站数。

2. 精密三角高程测量

施工现场通常比较复杂，场地制约和施工干扰等影响较大，当采用精密水准测量方法比较困难时，可使用高精度全站仪，采用测距三角高程测量方法进行竖向位移监测。

1）单向观测

单向观测法是将仪器安置在一个已知高程点（一般为工作基点）上，观测工作基点到沉降监测点的斜距 S、垂直角 α、仪器高 i 和觇标高 v，计算两点之间的高差。顾及大气折光系数 K 和垂线偏差的影响，单向观测计算高差的公式为：

$$h = S \cdot \sin\alpha + \frac{1-K}{2R} \cdot S^2 + i - v + (u_1 - u_m) \tag{6-1}$$

式中，R 为地球半径，u_1 为测站在观测方向上的垂线偏差；u_m 为观测方向上各点的平均垂线偏差。

因垂线偏差对高差的影响随距离的增大而增大，但在平原地区边长较短时，垂线偏差的影响极小，且在各期位移量的计算中得到抵消，通常可忽略不计。因此式（6-1）可简化为：

$$h = S \cdot \sin\alpha + \frac{1-K}{2R} \cdot S^2 + i - v \tag{6-2}$$

高差中误差为

$$m_h^2 = \sin^2\alpha \cdot m_s^2 + S^2 \cdot \cos^2\alpha \cdot \frac{m_\alpha^2}{\rho} + m_i^2 + m_v^2 + \frac{S^4}{4R^2} \cdot m_k^2 \tag{6-3}$$

由式（6-3）可以看出，影响三角高程测量精度的因素有测距误差 m_s、垂直角观测误差 m_α、仪器高测量误差 m_i、目标高测量误差 m_v、大气折光误差 m_k，提高三角高程测量单向观测法精度的方法有：

（1）采用高精度全站仪测距，可大大减弱测距误差的影响；

（2）垂直角观测误差对高程中误差的影响较大，且与距离成正比的关系，观测时应采用高精度的测角仪器，并采取有关措施来提高观测精度；

（3）监测基准点采用强制对中设备，仪器高的测量误差相对较小；

（4）监测项目不同，监测点的标志有多种，应根据具体情况采用适当的方法减小目标高的测量误差；

（5）大气折光误差随地区、气候、季节、地面覆盖物、视线超出地面的高度等不同而发生变化，其影响与距离的平方成正比，其取值误差是影响三角高程精度的主要部分，但对小区域短边三角高程测量影响程度较小。

2）自由设站三角高程测量

自由设站三角高程测量是将仪器安置于已知高程测点 a 和待定点 b 之间，通过测定设站点到 a、b 两点的距离 s_a 和 s_b，垂直角 α_a 和 α_b，目标 a、b 的高度 v_a 和 v_b，计算 a、b 两点之间的高差，如图 6-1 所示。

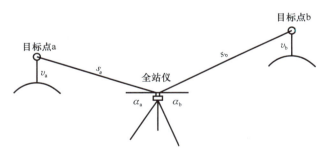

图 6-1　全站仪自由设站三角高程测量示意图

当距离较短，不考虑垂线偏差的影响时，计算公式为：

$$h_{ab} = (s_b \cdot \sin\alpha_b - s_a \cdot \sin\alpha_a) + \frac{s_b^2 - s_a^2}{2R} - \left(\frac{s_b^2}{2R} \cdot K_b - \frac{s_a^2}{2R} \cdot K_a\right) - (v_b - v_\varepsilon) \tag{6-4}$$

若设 $s_a \approx s_b = s$，$\Delta K = K_a - K_b$，且垂直角、测距、目标高误差近似相等，则有：

$$h_{ab} = s \cdot (\sin\alpha_b - \sin\alpha_a) + \frac{s^2}{2R}\Delta K + v_a - v_b \tag{6-5}$$

大气折光对高差的影响不是 K 值取值误差的本身，而是体现在 K 值的差值 ΔK 上，虽然 ΔK 对三角高程精度的影响仍与距离的平方成正比，但由于视线大大缩短，在小区域选择良好的观测条件和观测时段可以极大地减小 ΔK，ΔK 对高差的影响甚至可忽略不计。这种方法对测站点的位置选择有较高的要求，在测量上也称这种方法为全站仪中间法。

6.1.2 支护结构水平位移监测

监测体在水平面上发生的移动称为水平位移，水平位移监测是通过测定监测点在某一方向的位移量，进而计算监测体位移的。

1. 基准线法

基准线法是以通过或平行于轴线的铅垂面为基准面，并和水平面相交形成基准线，通过测定监测点与基准线偏离值的变化量进而计算水平位移的一种方法。水平位移一般来说是很小的，因此对水平位移观测精度要求很高。为此，当采用基准线法进行水平位移观测时，应符合下列要求：

1）应在建（构）筑物的轴线（或平行于轴线）方向埋设基准点；

2）监测点尽可能在基准线上，在困难条件下观测点偏离基准线也不应大于 20mm。

利用全站仪视准轴形成的基准线，通过测定监测点与基准线之间偏离值的变化量进行水平位移监测。偏离值的观测通常采用测小角法或活动觇牌法。当水平位移监测精度要求不太高时（如基坑围护结构顶水平位移监测），可在监测点预埋设不锈钢直尺，重复观测基准线在直尺上的读数，进而计算基坑围护结构顶的水平位移。

如图 6-2 所示，小角法是利用精密全站仪精确地测出基准线方向与测站点到监测点的视线方向之间所夹的小角，从而计算监测点相对于基准线的偏离值 α_i，AB 是基准线，i 是观测点，i' 是 i 点在基准线上的投影，Δ_i 是偏离值，利用精密测角仪器精确测量小角 a_i，并测量 A 到 i' 的距离 s_i，便可计算出偏离值：

$$\Delta_i = \frac{\alpha_i}{\rho} \cdot s_i \tag{6-6}$$

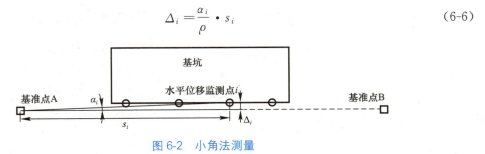

图 6-2 小角法测量

对式（6-6）线性化，并写成中误差形式有：

$$m_{\Delta_i}^2 = \left(\frac{S}{\rho} m_{\alpha_i}\right)^2 + \left(\frac{\alpha}{\rho} m_{s_i}\right)^2 \tag{6-7}$$

式中，第一项为测角误差影响，第二项为测距误差影响。测距误差在重复观测的影响可忽略不计。因此，小角法测量的误差主要是由测角误差引起的，即

$$m_{\Delta_i} = \frac{m_{\alpha_i}}{\rho} s_i \tag{6-8}$$

目前，高精度全站仪多采用摩擦制动技术，设有制动螺旋，微动螺旋无限位。为了保障小角测量精度，在观测时应使用微动螺旋进行目标照准和角度测量，以减弱仪器带动误差影响。

2. 全站仪极坐标法

如图 6-3 和图 6-4 所示，水平位移监测点分为基准点、工作基点和变形监测点，基准点一般设立于距基坑 100m 之外的稳定区域，鉴于基准点是位移监测的起算点，因此要注意保持基准点之间的图形结构，以保证足够的精度。工作基点设于基坑附近相对稳定的位置，以点位稳固，方便由基准点向工作基点引测，并便于使用其测量各监测点为原则，根据现场实际情况选定。

图 6-3　强制对中基准点、工作基点

全站仪极坐标法通常需要人工观测，劳动强度高，速度慢，精度高低直接受观测条件影响。如应用测量机器人技术，可实现变形监测自动化，从而提高该项监测的精度和效率。设监测点在第 k 次观测周期所得相应坐标为 X_k、Y_k，该点的原始坐标为 X_0、Y_0，则该点的水平位移 δ 为：

$$\delta_x = X_k - X_0$$
$$\delta_y = Y_k - Y_0 \qquad (6\text{-}9)$$

6.1.3　支护结构深层土体位移监测

支护结构的水平位移常用测斜仪进行监测。其主要用于明挖基坑围护结构水平位移的监测，在基坑周围钻孔，并在孔内安装测斜管。

1. 测斜孔的布设原则

1）测斜孔一般布置在基坑平面上挠曲计算值最大的部位，如悬臂式围护结构的长边中心以及设置水平支撑结构的两道支撑之间；

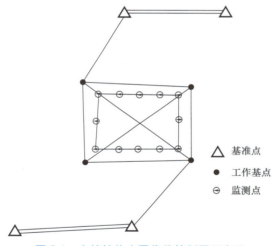

图 6-4　支护结构水平位移控制网示意图

基准点
工作基点
监测点

2）当基坑周围有重点保护的监测对象如建筑物、地下管线时，监测孔应布置在离其最近的围护结构上；

3）当基坑挖深加大或基坑开挖时其围护结构较早的部位宜设置监测点，根据监测结果可对后续区段的施工进行指导；

4）测斜管中有一对槽口应自上而下始终垂直于基坑的边线，以测得围护结构挠曲的最大值；

5）因测斜仪的探头在管内每隔 0.5m 进行读数，故应精确计算测斜管的接口位置，避免将其设在探头滑轮停留处。

2. 测斜管的安装与埋设（图 6-5）

为了真实地反映围护结构的挠曲状况，测斜管应尽量埋设在构成围护的桩体或墙体之中。

图 6-5 测斜管的安装与埋设

当围护结构施做至测点的设计桩位或连续墙的槽段时，将测斜管绑扎在其钢筋笼上，同时送入槽（孔）内。由于受到泥浆的浮力作用，测斜管的绑扎定位必须牢固可靠，以免在浇筑混凝土时发生上浮或侧向移动影响测试数据的准确性。当结构较深、测斜管较长时，还要注意避免测斜管自身的轴向旋转，以保证监测数据能真正反映在基坑边缘垂直平面内的挠曲。在进行测斜管管段连接时，必须将上、下管段的滑槽相互对准，使测斜仪的探头在管内平滑运行，为了防止泥浆从缝隙中渗入管内，接头处应涂抹柔性密封材料或密封条进行密封处理。

当测斜管未能在围护结构施工时及时埋设在桩（墙）体内或测量钢板围护挠曲变形时，则可采用钻孔法进行埋设，当围护结构混凝土达到一定强度后，在紧靠所需监测的桩（墙体）后的土层中用小型钻机钻孔，孔深大于或等于所测围护结构的深度，孔径比所选的测斜管大 5～10cm。在土质较差地层钻孔时应用泥浆护壁。在钻孔的同时，将测斜管用专用接头连接好，并对接缝处进行密封处理。然后在管内充满清水。钻孔结束后立刻将其沉入孔内，并在测斜管与钻孔的空隙内填入细砂或水泥和膨润土拌和的灰浆，其配合比取决于土层的物理力学性能和地质状况，刚埋设完的前几天内，孔内充填物会固结下沉，因此要及时补充，保持其高出孔口，管口一般高出地表 20cm 左右，在其周围设有保护井和警示牌。根据土层中设置测斜管所监测得到的围护结构挠曲值在时间上具有滞后性，其数值一般小于实际挠曲值。

对于采用打入预制排桩作为围护结构的地下工程可采取在预制阶段时就将测斜管放入钢筋笼内，在排桩运至现场后按所需位置打入地层，采取这一方案需要对桩端进行加固处理，以避免锤击时损伤测斜管，此方法仅适用于开挖深度较浅、排桩长度短的地下工程。随着沉桩锤数的增大，即使是经过端头加固的桩体也难免在桩端受到损坏，并导致测斜管的破坏。

3. 测斜的方法与步骤

监测开始前，测斜仪应按规定进行严格标定，以后根据使用情况每隔 3～6 个月标定一次，测斜管应在工程开挖前 15～30d 埋设完毕，在开挖前的 3～5d 内重复监测 2～3 次，待判明测斜管已处于稳定状态后，将其作为初始值，开始正式测试工作。每次监测时将探头导轮对准与所测位移方向一致的槽口，缓缓放至管底，待探头与管内温度基本一致、显示仪读数稳定后开始监测，一般以管口作为起算点，按探头电缆上的刻度匀速提升，每隔 500mm 或 1000mm 的距离进行读数，并做记录，待探头提升至管口并旋转 180° 后，再按上述方法测量一次，以消除测斜仪自身引起的误差。

4．测斜资料的整理

1）计算原理

通常使用的活动式测斜仪采用带导轮的测斜探头，再将测斜管分成 n 个测段，每个测段的长度为 L，一般为 500～1000mm。在某一深度位置上所测得的是两对导轮之间的倾角，通过计算可得到这一区段的变形。计算公式为：

$$\Delta u_i = L_i \sin\theta_i \tag{6-10}$$

某一深度的水平变形值可通过区段的变形 Δu_i 的累计得出，即：

$$\delta_i = \Sigma \Delta u_i = \Sigma L_i \sin\theta_i \tag{6-11}$$

设初次监测的变形计算结果为 δ_i，则在进行第 j 次监测时所得的某一深度上相对前一次监测时的位移值 Δx_i 为：

$$\Delta x_i = \delta_i^{(j)} - \delta_i^{(j-1)} \tag{6-12}$$

相对初次监测时的总位移值为：

$$\Sigma \Delta x_i = \delta_i^{(j)} - \delta_i^{(0)} \tag{6-13}$$

2）Δu_i 的计算

部分仪器直接测读到的并不是 Δu_i 值，而是其他物理量，如应变 ε。因为每一次测斜，总要进行二次测量，即探头旋转 180° 后再测一次。所以能够得到 ε^+ 和 ε^- 两个值，取其平均值。

另外，对同一根测斜管而言，监测时 L_i 总为定值，即 500～1000mm，所以，只要将 ε_i 乘上一个仪器的常数 α，就可得到某一区段的变形值 Δu_i，其值可能为正也可能为负，其正负方向视 δ_i 的计算方法而定。

3）δ_i 的计算

δ_i 是某一深度上测斜管的累计变形值，其累计时应从测斜管的基准点开始。对于无支撑的自立式围护结构，一般入土深度较大，若测斜管埋设到底，则可将管底作为基准点，由下而上累计计算某一深度的变形值 δ_i，直至管顶。

对于单支撑或多支撑的围护结构，在进行支撑施做或未达到设计强度前的开挖时，围护结构的变形类似于自立式围护，仍可将管底作为基准点，当顶层支撑施做后，管顶变形受到限制，而原先作为基准点的管底随开挖深度的加大将发生变形，因而应将基准点转至管顶，由上向下累计某一深度的变形值，直至开挖结束。无论基准点设在管顶或管底，计算累计变形值，以向基坑侧变形为正，反之为负。

6.1.4　支撑轴力监测

支撑轴力监测的目的在于及时掌握基坑施工过程中，支撑内力（如弯矩、轴力）的变化情况。当内力超出设计最大值时，应及时采取有效措施，以避免支撑因内力超过极限强度破坏而引起局部支护系统的失稳乃至整个支护系统的失效。

1．监测方法

根据支撑杆件所采用的材料不同，所采用的监测传感器和方法也有所不同，对于目前钢筋混凝土支撑杆件，主要采用钢筋计监测钢筋的应力或采用混凝土应变计监测混凝土的应变，然后通过钢筋与混凝土共同工作、变形协调条件来反算支撑的轴力。对于钢支撑杆件，目前普遍采用轴力计监测支撑轴力（图6-6）。

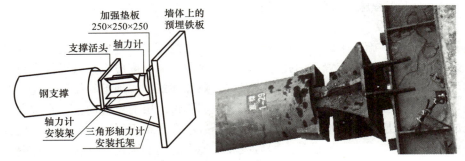

图6-6　轴力计安装及监测

2. 传感器布置形式

对于钢筋混凝土支撑体系，轴力监测传感器的埋设断面一般选择在轴力比较大的杆件上，或在整个支撑系统中起关键作用的杆件上。如果支撑形式是对称的结构则可布置在基坑开挖较早且支撑受力较早的一半结构上，以减少传感器的数量，进而降低监测费用。除此之外，选择监测断面也要兼顾埋设和监测工作的便利性，减少对基坑施工的影响。当监测断面选定后，监测传感器应布置在该断面的四个角上或四条边上，以便必要时可计算轴力的偏心距，且在求取平均值时更可靠，但需要考虑个别传感器埋设失败或遭施工破坏等意外情况。如果同一工程中的监测断面较多，每次监测工作时间有限时，也可在一个监测断面内上下对称、左右对称或在对角线方向布置两个监测传感器。对于钢结构支撑体系，监测断面一般布置在支撑的端头，以方便施工和监测。

3. 轴力计算公式

采用轴力计直接监测支撑轴力。轴力计算公式为：

$$N = K_i \sqrt{f_i{}^2 - f_0{}^2} \tag{6-14}$$

式中，N 为支撑杆件的监测轴力；K_i 为振弦式轴力计的标定系数；f_0 为轴力计埋设后的初始自振频率；f_i 为轴力计的监测自振频率。

6.1.5　地下水位监测

地下水位监测是水利、采矿、能源及地下工程中进行安全监测的主要项目之一。目前，国内地下水位监测主要通过埋设专门的观测井，采取人工或者利用水位传感器进行观测。

1. 影响地下水位变化的因素

1）自然气候条件的变化，如降雨量大小和持续时间，季节变化；

2）江、河、湖、泊中水位的涨落；

3）人工降水，如井点管的深度、真空度等；

4）地下工程开挖引起地下水流失；

5）围护结构的抗渗漏能力。

2. 监测地下水位的作用

1）检验降水方案实施的效果，如降水速率和降水深度；

2）控制地下工程施工降水对周围地下水的影响；

3）防止地下工程施工中的水土流失。

3. 水位孔的布设

检验降水措施实施效果的水位孔应布置在降水区内。采用轻型井点时可布置在总管的两侧，采用深井降水时应布置在两孔深井之间，水位孔的深度应在最低设计水位以下。保护周围环境的水位孔应围绕围护结构和被保护对象如建筑物、地下管线等或在两者之间进行布置，其深度应在允许最低地下水位以下或根据不透水层的位置而定，水位孔一般用小型钻机成孔，孔径应略大于水位管的直径，孔径过小会导致下管困难，孔径过大会使观测产生一定的滞后效应。成孔至设计高程后应放入裹有滤网的水位管，管壁与孔壁之间用净砂回填至离地表 0.5m 处，再用黏土进行封填，以防止地表水流入。

4. 水位管的构造

水位管选用直径 50mm 左右的钢管或硬质塑料管，管底加盖密封，防止泥砂进入。下部留出长度为 0.5～1.0m 的沉淀段，其上不钻孔，用来沉积滤水段带入的少量泥砂。中部管壁周围钻出 6～8 列直径为 6mm 左右的滤水孔，纵向孔距 50～100mm。相邻两列的孔交错排列，呈梅花状布置。管壁外部包扎过滤层，过滤层可选用马尾、土工织物或网纱。上部再留出 0.5～1m 作为管口段，不打孔以保证封口质量。

5. 监测注意事项

1）由于地下水位的变化除受地下工程施工影响，还受自然气候等诸多因素的影响。为了排除非工程因素的干扰，可在工程施工影响范围之外再布置 1～2 个水位孔，以便进行对比分析。

2）在监测一段时间后，应对水位孔逐个进行抽水或灌水试验，检查其恢复至原水位所需的时间，以判断其工作的可靠性。

3）当地层渗透系数大于 1×10^{-6} m/s 时水位孔的监测效果良好，当地层的渗透系数介于 $10^{-8} \sim 10^{-6}$ m/s 时，水位孔的监测效果具有滞后现象。当地层的渗透系数小于 10^{-8} m/s 时，监测的数据仅能作为参考。

4）水位管的管口应高出地表，并加盖保护，以防止雨水和杂物进入管内，同时监测的水位管处应有醒目的标志，防止损坏监测孔。

6.1.6　地下管线位移监测

地下管线是城市的生命线。一旦遭到破坏将会给城市居民生产、生活带来严重的影响，甚至造成严重的经济损失和社会事件。由于地下工程施工不可避免地要对地层岩土体产生扰动，因而埋设在地层中的地下管线将随岩土体变形并产生垂直位移和水平位移。地下管线变形监测的目的在于掌握地下管线的变形量和变化速率，及时调整施工方案，采取有效措施加以保护。

地下管线的监测主要有直接监测和间接监测两种形式。

直接监测（图 6-7）是通过埋设一些装置直接测读管线的变形，风险等级较高或对工程危害较大、刚性较大的地下管线一般应布设直接监测点进行监测。

间接监测（图 6-8）是指通过观测管线周边土体的变化，间接分析管线的变形，常设在与管线轴线相对应的地表或管周土体中。柔性管线或刚度与周围土体差异不大的管线，与周围土体能够共同变形，可以采用间接监测的方法。

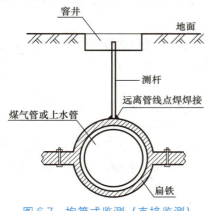

图 6-7　抱箍式监测（直接监测）

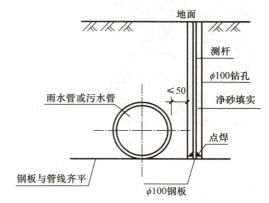

图 6-8　模拟式监测（间接监测）

6.1.7　裂缝监测

裂缝监测是测定建筑物上裂缝变化情况的工作。建筑物裂缝的产生往往与施工材料、施工工艺、差异沉降等因素有关，在裂缝观测时，一般同期进行沉降监测，以便于综合分析，找出裂缝的成因，并及时采取相应措施。建筑物裂缝监测主要测定建筑物上裂缝分布位置、裂缝的走向、长度、宽度、深度及其变化情况。当发现建筑物裂缝时，首先对裂缝进行编号，然后布设裂缝监测标志，每条裂缝至少应布设两组监测标志，其中一组在裂缝最宽处，另一组在裂缝末端。每组监测标志均成对布设于裂缝的两侧。裂缝监测仪器主要为表面式裂缝计（图 6-9），还可以采用千分尺（游标卡尺）、裂缝监测仪、激光扫描仪、

图 6-9　表面式裂缝计

超声波测深仪等进行测量。每次监测时分别观测裂缝的位置、走向、宽度、长度和深度等，并附上照片资料。

裂缝监测的周期按照裂缝变化速度来确定，开始时 1 周至半个月测 1 次，以后 1 月测 1 次。如果裂缝加大，则增加监测次数。裂缝宽度测量精度不低于 0.1mm，裂缝长度和深度的测量精度不低于 1mm。

6.1.8　钢筋应力监测

采用钢筋计监测钢筋的应力，然后通过钢筋与混凝土共同工作、变形协调条件反算支护结构的轴力和弯矩。对于明挖基坑，围护结构在支护体系中属于受弯构件，由于受土压力和集中荷载支撑反力的共同作用，围护结构可近似看作连续梁，在无支撑围护结构中则可近似看作悬臂梁，作为梁构件，其抗弯能力的大小决定了围护体系的稳定和安全，而对围护结构的弯矩进行监测则可随时掌握结构在施工过程中的最大弯矩是否超过设计值，以便必要时能及时采取措施。对于钢筋混凝土围护结构，如地下连续墙、灌注桩等可通过钢

筋计的应力计算来监测其内部弯矩的变化，而对于搅拌桩、钢板桩一类的围护结构，则可通过监测其挠曲来计算弯矩的变化。对于暗挖隧道工程，通过测量初期支护钢拱架或二次衬砌钢筋的应力，可计算其所受轴力和弯矩值，并可检验衬砌结构的安全性和合理性。

1. 钢筋计安装（图6-10）

1）钢筋计应焊接在同一直径的受力钢筋上并宜保持在同一轴线上，焊接时尽可能使其处于不受力状态，特别不应处于受弯状态；

2）钢筋计的焊接可采用对焊、坡口焊或熔槽焊；对直径大于28mm的钢筋，不宜采用对焊焊接；

图6-10　钢筋计安装

3）焊接过程中，仪器测出的温度应低于60℃，为防止应力计温度过高，可采用间歇焊接法，也可在钢筋计部位包上湿棉纱浇水冷却，但不得在焊缝处浇水，以免焊层变脆硬。

2. 钢筋应力计算

1）振弦式

$$\sigma_i = K_1\sqrt{f_i^2 - f_0^2} \tag{6-15}$$

2）应变式

$$\sigma_i = K_2\sqrt{\varepsilon_i^2 - \varepsilon_0^2} \tag{6-16}$$

式中，σ_i为第i次钢筋计的监测应力；K_1为振弦式钢筋计的标定系数；K_2为应变式钢筋计的标定系数；f_0为钢筋计埋设后的初始自振频率；f_i为钢筋计的监测自振频率；ε_0为钢筋计埋设后的初始应变值；ε_i为钢筋计的监测应变值。

6.1.9　隧道净空收敛监测

隧道开挖后，改变了围岩的初始应力状态，围岩应力重分布引起洞壁应力释放，使围岩产生变形，这种隧道内部不同程度地向内净空尺寸的变化就是净空相对位移，也称为净空收敛。净空相对位移监测（收敛监测）所需进行的工作比较简单，以收敛位移监测值为判断围岩和支护结构（或管片）稳定性的方法比较直观和明确。目前，隧道净空收敛监测可采用接触和非接触两种方法，其中接触监测主要采用收敛计进行，非接触监测则主要采用全站仪或红外激光测距仪进行。

如图6-11所示，采用净空变化测定计（收敛计）进行净空收敛监测相对简单，通过监测布设于隧道周边上的两个监测点之间的距离、求出与上次量测值之间的变化量即为此处两监测点方向的净空变化值。读数时应进行三次，然后取其平均值。

收敛计主要通过调节螺旋和压力弹簧（或重锤）拉紧钢尺（或钢丝），并在每次拉力恒定状态下测读两监测点之间的距离变化来反映隧道的净空收敛情况。根据连接材料和连接方式的不同，收敛计有带式、丝式和杆式三类，其基本组成相同，主要由钢卷尺（不锈钢带、铟钢丝或铟钢带）、拉力控制系统（保持钢卷尺或钢丝在测量时恒力）、位移量测系统及固定的测点等部件组成。目前常用的是百分表读数收敛计和数显式收敛计两种。

国内外收敛计种类较多，可分为：单向重锤式收敛计、万向弹簧式收敛计、万向应力环式收敛计及巴赛特收敛系统。单向重锤式收敛计测试方向单一，测试精度一般，由重锤施加张拉力；万向弹簧式收敛计测试方向任意，测试精度一般，由弹簧施加张拉力；万向应力环式收敛计测试方向任意，测试精度高，由量力环精确控制张拉力；巴赛特收敛系统监测锚固在隧道衬砌上的参考点的位移，远程计算机记录参考点空间位移引起的铰接臂的倾斜值，以图形图表的形式展示位移数据。该系统可以安装在隧道侧壁，不会影响隧道内部空间的使用，如图 6-12 所示。

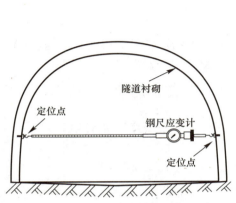

图 6-11　隧道净空收敛监测　　　图 6-12　巴赛特系统参考点布置和仪器安装

每个收敛监测点应安装牢固，并采取保护措施，防止因监测点松动而造成监测数据不准确。开挖后尽快埋设测点，测量初始值，宜 12h 内完成。测点或者测试断面应尽可能靠近开挖面。收敛计读数应在指针稳定指示规定的张力值时读取，准确无误，读数时视线垂直测表，以避免视差。每次监测反复读数三次，读完第一次后，拧松调节螺母并进行调节，拉紧钢尺（或钢丝）至恒定拉力后重复读数，三次读数差不应超过精度范围，取其平均值为本次监测值。

净空相对位移计算公式：

$$U_n = R_n - R_0 \qquad (6-17)$$

式中，U_n 为第 n 次量测时净空相对位移值，R_n 为第 n 次量测时的观测值，R_0 为初始观测值。

当测线较长，温度变化时，应进行温度修正，其计算公式为：

$$U_n = R_n - R_0 - \alpha L(t_n - t_0) \qquad (6-18)$$

式中，t_n 为第 n 次量测时温度，t_0 为初始量测时温度，L 为量测基线长（mm），α 为钢尺线膨胀系数，一般取值 $\alpha = 12 \times 10^{-6}/℃$。

用全站仪进行隧道净空收敛监测方法包括自由设站和固定设站两种。监测点可采用反射片作为测点靶标，以取代价格昂贵的圆棱镜，反射片正面由均匀分布的微型棱镜和透明塑料薄膜构成，反面涂有压缩不干胶，它可以牢固地粘附在构件表面上。反射片粘贴在隧道测点处的预埋件上，在开挖面附近的反射片，应采取一定的措施对其进行保护，以免施工时反射片表面被覆盖或污染、碰歪或碰掉。通过固定的后视基准点，对比不同时刻监测点的三维坐标，计算该监测点的三维位移变化量（相对于某一初始状态）。该方法能够获取监测点全面的三维位移数据，有利于数据处理和提高自动化程度。

6.1.10 隧道拱顶下沉监测

地下隧道拱顶内壁的绝对下沉量为拱顶下沉值。隧道拱顶下沉监测是反映地下工程结构安全和稳定的重要数据，拱顶位移具有较强代表性，为周边位移提供参考，是围岩与支护结构力学形态的最直接、最明显的反应。对浅埋隧道，拱顶下沉可由地面钻孔，使用挠度计等量测拱顶相对于地面不动点的位移值；对深埋隧道，可使用拱顶应变计来观测。

1. 收敛计量测

拱顶下沉量可以根据净空收敛观测值利用计算的方法得到，如图 6-13 所示，基于 A、B、C 的两次实测值，利用三角形换算得到拱顶下沉值 $\Delta h = h_1 - h_2$。

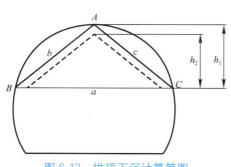

图 6-13　拱顶下沉计算简图

$$h_1 = \frac{2}{a}\sqrt{S(S-a)(S-b)(S-c)}$$

$$h_2 = \frac{2}{a}\sqrt{S'(S'-a')(S'-b')(S'-c')}$$

$$S = \frac{1}{2}(a+b+c)$$

$$S' = \frac{1}{2}(a'+b'+c')$$

式中，a、b、c 为前次量测的 BC 线、AB 线、AC 线的实测值，a'、b'、c' 为再次量测的实测值。

2. 全站仪量测

隧道拱顶下沉监测传统监测方法是采用水准仪配合挂尺的形式进行测量。此方法中监测点高度、挂尺垂直度等现场因素直接影响观测的精度和效率。随着高精度全站仪的广泛应用，采用全站仪自由设站三角高程测量方式进行测量已经成为较为常用的观测方式。如图 6-14 至图 6-17 所示为较为常见的隧道断面监测点布设形式。

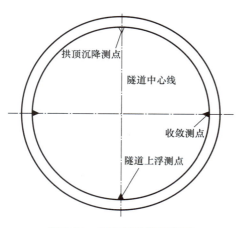

图 6-14　盾构隧道监测断面

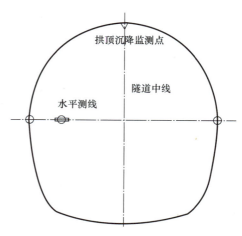

图 6-15　台阶法监测断面

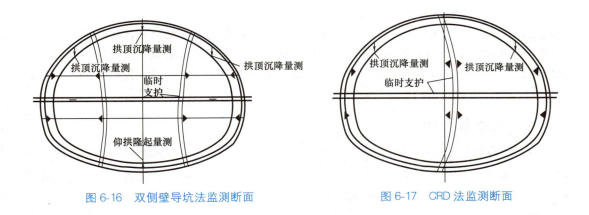

图 6-16 双侧壁导坑法监测断面　　　　图 6-17 CRD 法监测断面

6.1.11　土压力监测

地下结构承受的压力是直接作用在支护体系上的荷载，是支护结构的设计依据。此外，地下工程的施工如基坑开挖、隧道开挖、盾构掘进和打桩等都会引起周围地层水、土压力的变化和地层变形。目前，计算地下水、土压力的方法很多，但各种方法都有其特定的条件，加上地质条件和施工方法的多变性，要精确计算作用于支护结构上的水、土压力以及地下工程施工所引起的地层变形是十分困难的。所以，对于重要的地下工程，在较完善的理论计算基础上，通过对施工期间水、土压力和变形进行监测，对于确保地下工程的经济、合理与安全至关重要。

1. 土压力的监测

通过对地层土压力监测，一方面可分析支护结构在各种施工工况下的受力状况，以便及时采取相应的措施，确保施工安全。另一方面也可寻求地下工程施工引起的不同开挖工况下地层压力的变化规律，为验证结构设计、理论计算提供依据。

2. 压力盒的埋设

在平面上，压力盒应紧贴监测对象布置，如挡土结构的表面、被保护建筑的基础、地下工程支护的接触面。若有其他监测项目（如测斜、支护内力等）时应布置在与之相近的部位，以便进行综合分析和对比。在立面上，应考虑计算土压力的模式。监测挡土结构接触面土压力时，可选择在支撑处和围檩的中点以及水平位移最大处。暗挖隧道支护初期，压力盒受压面应朝围岩方向布设。

当监测围岩施加给喷射混凝土层的径向压力时，先用水泥砂浆或石膏将压力盒固定在岩面上，再谨慎施作喷射混凝土层。不要使喷射混凝土与压力盒之间存在间隙，压力膜应与所测土压力的方向对应。采用钻孔法监测土压力时，应向孔内回填细砂堆至孔口。由于回填砂需要一定的固结时间，因而，采用钻孔法监测土压力时，前期监测的数据偏小，只有当回填材料充分固结后才能较为准确地反映实际土压力，所以，采用钻孔法时需要提前30d进行埋设。另外，考虑到钻孔位置与桩（墙）本身存在一定的距离，因而测读到的数据与桩（墙）实际所受到的土压力有一定的近似性。一般认为，测读到的主动土压力值偏大，被动土压力值偏小，因此在成果资料整理时应予以注意。

当监测基底反力或地下室侧墙的回填土压力时可用埋置法进行。在结构物基底埋置压力盒时，可先将其埋设在预制的混凝土块内，整平地表，然后放置预制混凝土块，并将预制块浇筑在基底内。在结构物侧面安装土压力盒时，应在混凝土浇筑到预定高程处，将压点固定到测量位置上，压力膜必须与结构外表面平齐。采用埋置法施工时，应尽量减少对原生体的扰动。压力盒周围回填土的性状要与附近土体一致，以免引起地层应力的重分布。

6.1.12 孔隙水压力监测

地下工程如隧道开挖引起的地表沉降、明挖基坑的变形、地层注浆加固引起的隆起等都与岩土体中孔水压力的变化有关。饱和土受荷载后首先产生的是孔隙水压力的变化或迁移，随后才是颗粒的固结变形。孔隙水压力的变化是土体运动的前兆。通过监测孔隙水压力在施工过程中的变化状况，可为控制隧道掘进速度、注浆压力和固结沉降等提供可靠的依据，从而达到为施工服务的目的。同时结合土压力监测，可以进行土体的有效应力分析，作为土体稳定计算的依据。

孔隙水压力计应在施工前埋设。孔隙水压力计应进行稳定性、密封性检验和压力标定，并应确定压力传感器的初始值，检验记录、标定资料应齐全；埋设前，传感器透水石应在清水中浸泡饱和，并排除透水石中的气泡；传感器的导线长度应大于设计深度，导线中间不宜有接头，引出地面后应放在集线箱内并编号；当孔内埋设多个孔隙水压力计，监测不同含水层的渗透压力时，应做好相邻孔隙水压力计的隔水措施；埋设后，应记录探头编号、位置并测读初始读数。

常用的差阻式仪器和振弦式仪器的计算公式如下：

采用差阻式孔隙水压力计时，孔隙水压力值计算公式：

$$P = f\Delta Z + b\Delta t \tag{6-19}$$

式中，P 为孔隙水压力（kPa），f 为渗压计标定系数（kPa/0.01%），b 为渗压计的温度修正系数（kPa/℃），ΔZ 为电阻比相对于基准值的变化量，Δt 为温度相对于基准值的变化量（℃）。

采用振弦式孔隙水压力计时，仪器的量测采用频率模数 F 来度量，其定义为：

$$F = f\frac{2}{1000} \tag{6-20}$$

式中，f 为振弦式仪器中钢丝的自振频率（Hz）。

孔隙水压力值计算公式：

$$P = k(F - F_0) + b(T - T_0) \tag{6-21}$$

式中，P 为孔隙水压力（kPa），k 为渗压计的标定系数（kPa/kHz²），F 为实时测量的渗压计输出值，即频率模数（kHz²），F_0 为渗压计的基准值（kHz²），T 为本次量测时的温度（℃），T_0 为初始量测时的温度（℃）。

6.1.13 爆破振动监测

1. 爆破振动监测目的

钻爆法是山岭隧道和硬岩地层中地下工程最常用的施工方法，在距离地表只有数米或数十米埋深的地下作业，爆破所产生的地震波对地表各种不同的建筑结构将产生不同程度的振动影响，甚至引起结构破坏。为了确保建筑物的安全，在爆破施工期间需要对爆破振动进行监测，其目的如下：

1）通过现场的爆破振动监测，了解爆破振动的速度（加速度）分布与变化规律，判断爆破振动对结构和周边建筑物的振动影响；

2）通过振动速度监测，及时调整爆破参数，为优化爆破设计提供技术依据。

2. 传感器要求和安装

爆破产生的振动频率要高于自然地震的振动频率，远离爆源其值逐渐减小，一般情况下爆破振动频率范围在 30～300Hz。国内市场可供选择的振动速度传感器频率量程一般在 1～500Hz，基本能满足现场爆破振动监测的需要。另外，在监测爆源附近和坚硬岩体中的爆破振动时，应选择更高频率范围的传感器，其频率范围在 1000Hz 以上，若传感器的频率范围不能满足要求，可改为加速度传感器，将加速度波形积分可得到速度波形。一般加速度传感器频率范围很大，可达 10kHz 以上，可满足高频率振动监测的要求。

通常爆破施工引起的地表振动振幅值不大，频率较低，监测时只需将传感器直接置于地表，在其周围用石膏粘贴即可。而监测地下工程结构内部的强烈爆破振动时，可在内部侧壁上用钻孔将钢钎嵌入岩体，并将传感器固定在钢钎上。对于一般地段，可直接将传感器安装在岩体表面，不推荐安装在钢钎上，以免使振动波形失真。目前一些传感器带有安装磁座，在现场安装比较方便。此时，可埋入或胶结一块小铁板，将传感器磁座直接吸附和固定在铁板上。

3. 爆破振动监测要求

爆破振动记录仪目前多为数字式，具有质量轻、便于携带且功能齐全的特点。在选择爆破振动自动记录仪时，应按照下列要求选取。

1）有可靠的自触发装置。现场爆破振动自动记录仪一般放置在传感器附近，可省去较长的电缆线。因此自记仪的触发方式一般选择自动内触发，若内触发有误将导致监测失败；

2）记录仪应具有负延时记录功能。若触发启动记录并存储时，如果没有负延时设置，则有可能丢失振动波头的记录信号，而波头信号往往比较重要。一般负延时记录应达到 0.25s 左右；

3）一台记录仪至少应有三个通道，通常为监测某点三个方向的振动分量，需要三个传感器接入同一台记录仪，它可保证三个方向同步进行记录，便于求合速度；

4）具有较大的内存，能够满足现场多次和大量的监测。

4. 爆破振动监测报告内容

爆破振动监测报告应包括如下内容：

1）监测工程的概况。包括时间、地点、环境温度、湿度、风向、风力、监测单位、监测人员；

2）爆破网络参数，总装药量、分段数、分段炮孔数和药量、爆区范围、起爆方式；

3）监测场地状况，测点方位、离爆源距离、测点地形和地质条件以及周围环境；

4）传感器安装情况。传感器的安装方法、安装方向、传感器型号、传感器灵敏度，线性度、编号；

5）记录仪器情况，记录仪名称、型号、编号、触发方式、量程选择、采样频率，通道数及编号；

　　6）记录波形输出，振动波形应有时间标尺，标出最大振幅值和其所处时刻；

　　7）振动衰减规律的回归分析。根据经验公式 $v=k\left(\dfrac{Q^{\frac{1}{3}}}{R}\right)^{\alpha}$，求出 k、α 值；

　　8）描述爆破前后监测仪和建筑物有无损坏；

　　9）附上仪器传感器标定证书。

　　5. 爆破振动效应的安全判据分析

　　描述爆破振动效应的参数较多，如振动速度、加速度、位移、频率等。用哪种参数作为评价爆破振动效应的判据，目前尚无统一标准。我国工程界普通认同以爆破引起的振动速度为判据，但国外评价标准已发展到采用多参数作为判据，如瑞典的评判标准综合考虑了振速、频率、位移、加速度等多项指标。美国矿业局、德国和芬兰则将振速和频率两个指标作为主要判据。以振速和频率两项作为判据是必要的，幅值和频率是描述振动效应的最基本物理量。从振动反应分析，不同地基和结构具有不同的固有频率，考虑到共振效应，振动判据应包括频率参数。在实际工作中常遇到此类问题，如某采石场爆破开采时，曾多次接到距离爆源 $1\sim2$km 远处住户反映振动较大的问题，而距离爆源 500m 以内的住户却尚未感觉到房屋受到了强烈振动。经过分析可认为振动频率随距离而降低，远处低频的振动波因接近房屋固有频率，因此房屋产生共振反应，振动较大。

　　6. 爆破振动速度衰减公式的分析

　　目前，普遍采用萨道夫斯基公式来近似计算爆破引起的振动速度 v，即：

$$v=k\left(\frac{Q^{\frac{1}{3}}}{R}\right)^{\alpha} \tag{6-22}$$

式中，Q 为单段起爆的装药量（kg），R 为测点与爆破点之间的距离（m），k 为爆破场地系数，α 为回归系数。

　　k、α 值与爆区地形，地质条件和爆破条件等有关，但 k 值更取决于爆破条件的变化，α 值主要取决于地形、地质条件的变化，爆破临空条件好，夹制作用小，k 值就小，反之 k 值就大。地形平坦，岩体完整且坚硬，α 值趋小；反之破碎，软弱岩体且地形起伏时，α 值趋大。

　　k 值的范围大部分在 $50\sim1000$，α 值为 $1.3\sim3.0$。实际监测时，建议将近距离振动衰减规律和远距离衰减规律分开考虑，当比例距离 $R'=R/Q^{\frac{1}{3}}\leqslant10$ 时即可认为是近距离振动，而当 $R'=R/Q^{\frac{1}{3}}>10$ 时即认为是远距离振动。近距离振动 k 值较大，可达 500 以上，而 α 值较大，可取 $2.0\sim3.0$；远距离爆破振动的衰减指数 $k=130\sim500$，$\alpha=1.3\sim2.0$。

6.2　新监测技术的实施

6.2.1　光纤光栅传感技术

　　光纤是光导纤维的简称，是以光波为载体，以光导纤维为传输媒质的一种通信方式，由于光纤具有数据容量大、传输快、耐久性好、价格低廉等优点，广泛应用于通信领域。

光纤由光纤纤芯、光纤涂覆层和增强纤维保护套组成，基本结构如图 6-18 所示。其中，光纤纤芯的材料为石英（SiO_2），涂覆层的主要成分是环氧树脂、硅橡胶等高分子材料。光纤纤芯的直径为 125um，涂覆层的外径为 250um。纤芯和包层的组成成分不同，其原因是在光纤制造过程中添加了微量元素，如硼（B）或锗（Ge），改变了纤芯和包层折射率特性，使光在光纤中发生全反射，提升了对传导光的光束缚性能。其中，石英玻璃芯的折射率为 1.5，包层的折射率稍小，大约为 1.48，空气的折射率为 1.0。光纤的分类方法包括：按传输模式分为单模光纤和多模光纤，按纤芯折射率分布分为阶跃型光纤和梯度型光纤，按偏振态分为保偏光纤和非保偏光纤，按制造材料分为石英光纤、塑料光纤、液芯光纤、晶体光纤、特种光纤等。

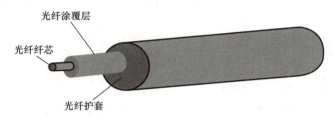

图 6-18　光纤基本结构示意图

1. FBG 传感器的优点

FBG 传感器包括 FBG 应变和温度传感器，具有以下显著的优点：

1）抗电磁干扰、电绝缘、耐腐蚀。

2）灵敏度高、精度高。

3）质量小、体积小、可挠曲。

4）测量对象广泛。

5）对被测介质影响小，有利于在地下结构、桥梁结构等复杂工程结构中应用。

6）便于复用、成网，有利于与现有光通信设备组成遥测网和光纤传感网络。

7）成本低。光纤光栅传感器的成本大大低于现有同类传感器。

2. FBG 传感器的传感理论

光纤工作的基本原理是基于光的全反射原理，即由于纤芯折射率（n_1）大于包层折射率（n_2），且满足数值孔径：

$$NA = n_0 \sin\varphi_0 = (n_1^2 - n_2^2)^{0.5} \tag{6-23}$$

式中，n_0 为空气折射率，φ_0 为相应于临界角的入射角，NA 为数值孔径。

根据菲涅耳（Fresnel）折射定律可知，当入射角 φ 大于 φ_0 时，入射光将不发生折射，全部沿着纤芯全反射向前传播。因此，光纤能把以光的形式出现的电磁波利用全反射的原理约束在其界面内，引导光波沿着光纤轴线的方向传播。

FBG 是最普遍的一种光纤光栅，内部结构如图 6-19 所示，通过改变光纤芯区折射率，产生周期性调制而形成，其折射率变化范围通常在 $10^{-5} \sim 10^{-3}$。将光纤置于周期性空间变化的紫外光源下，使光纤芯的折射率产生周期性变化。利用两束相干紫外光形成的空间干涉条纹来照射光纤，在光纤芯部形成了永久的周期性折射率调制。由于周期的折射率扰动仅会对很窄的光纤光栅反射光谱产生影响，当宽带光波在光栅中传输时，入射光反射相应的波长，其余的透射光则不受影响，起到了光波选择的作用。布拉格（Bragg）对调谐波长反射现象进行了解释，将这种光栅称为布拉格光栅，反射条件称为布拉格条件。FBG 的中心波长与有效折射率的数学关系是研究光栅传感器的基础，依据麦克斯韦方程组，结合光纤耦合模理论，利用光纤光栅传输模式的正交关系，得到 FBG 纤芯的中心波长 λ_B 的基本表达式为：

$$\lambda_B = 2n_{eff}\Lambda \tag{6-24}$$

式中，n_{eff} 为光纤纤芯的有效折射率，Λ 为光纤周期，可通过改变两相干紫外光束的相对角度而进行调整，制作不同反射波长的 FBG。

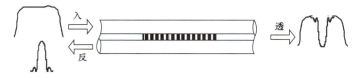

图 6-19　FBG 内部结构

纤芯的中心波长 λ_B 与光栅周期 Λ、纤芯的有效折射率 n_{eff} 有关，当外界的被测信号引起光纤光栅温度、应力及磁场改变时，都会导致反射光中心波长的变化，即光纤光栅反射光的中心波长的变化反映了外界被测信号的变化情况。

1）应变

FBG 传感器的中心波长 λ_B 的漂移 $\Delta\lambda_B$ 和纵向应变的关系为：

$$\frac{\Delta\lambda_B}{\lambda_B} = (1 - P_e)\Delta\varepsilon \tag{6-25}$$

式中，P_e 为光纤的弹光系数。

对于硅光纤中写入的光纤光栅的测量灵敏度，试验测得波长为 800nm 的光纤光栅应变灵敏度系数为 0.64pm/$\mu\varepsilon$；对于 1550nm 的光纤光栅，应变灵敏度系数为 1.209pm/$\mu\varepsilon$。

2）温度

设温度变化为 ΔT，对应的光纤光栅中心波长变化为 $\Delta\lambda_B$：

$$\frac{\Delta\lambda_B}{\lambda_B} = (\alpha_f + \zeta)\Delta T \tag{6-26}$$

式中，α_f 为光纤的热膨胀系数，ζ 为光纤的折射率温度系数。

3. FBG 传感器的解调仪原理

光纤光栅传感器是通过紫外曝光、相位掩模等方法使光纤纤芯的折射率发生轴向周期性调制而形成的衍射光栅，是一种无源滤波器件。光纤光栅传感器系统一般由三部分组成，即信号转换、信号传输、信号接收与处理，其中信号转换是将被测参数转换成为便于传输的光信号；信号传输是利用光导纤维的特性将转换光信号进行传输；信号接收与处理是将来自光导纤维的信号送入测量电路，由测量电路进行处理并输出。通过光纤传输的光波强度、频率、相位、偏振态等变化，测得波长的变化，从而得到被测结构的温度、应力等物理参数。激光器发出光信号，光信号在传感区域经调制后进入耦合器。耦合器使待测参数与进入调制区的光相互作用，导致光的光学性质（如光的强度、波长、频率、相位、偏正态等）发生变化，此时的光称为调制信号光。信号光经过光纤送入光探测器，经解调后，获得被测参数。若把光探测器放在传感光纤的末端，则被称为透射式光纤光栅传感器。

　　FBG 传感器解调仪的原理结构如图 6-20 所示，宽谱光源如超辐射发光二极管（super luminescent diode，SLED）或放大自发发射光源（amplified spontaneous emission，ASE）。将宽谱光源通过环行器入射到 FBG 中，由于 FBG 对波长具有选择作用，符合条件的光被反射，再通过环行器送入波长测量系统（解调装置），得到 FBG 反射波长的变化。当 FBG 做探头测量外界的温度、压力或应力时，由于光栅自身栅距发生变化，引起反射波长变化，解调装置通过检测光波长的变化得到外界温度、压力或应力。

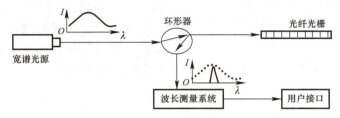

图 6-20　FBG 传感器解调仪的原理结构

4. 适合于地下工程监测的 FBG 传感器

　　地下工程结构健康监测是地下结构施工前预埋传感器或利用现场的无损传感技术，获取结构内部信息，分析通过包括结构响应在内的结构系统特性，达到检测结构损伤或性能退化的目的。地下结构健康监测系统主要包括：传感器系统、数据采集和传输系统、数据处理和控制系统、数据管理系统、结构健康评估系统、检查和维护系统。采用该系统，可实时采集反应结构服役状况的相关数据，采用一定的损伤识别算法判断损伤的位置与程度，及时有效地评估地下结构的安全性，预测结构性能变化对突发事件进行预警。FBG 传感器广泛应用于结构健康监测领域，适合于地下工程监测的 FBG 传感器包括：FBG 应变传感器，FBG 温度传感器，FBG 位移传感器，FBG 测斜仪等，具体参见图 6-21～图 6-26。

　　1）FBG 应变传感器

　　FBG 应变传感器主要用于隧道工程衬砌、地下支护锚杆、结构桩等应力应变监测，既可以直接埋入结构中也可以通过辅助件制成夹持式 FBG 传感器，结构应变和温度变化能够引起 FBG 应变传感器波长变化（图 6-21a）。

　　2）FBG 温度传感器

　　FBG 温度传感器主要用于结构温度监测和温度补偿，传感器采用双层钢管封装技术，不仅可以有效地提高传感器的温度灵敏度，使传感器能自由地感应结构对象的温度变化，而且消除了外界应变影响，使传感器免受外界应力的干扰（图 6-21b）。

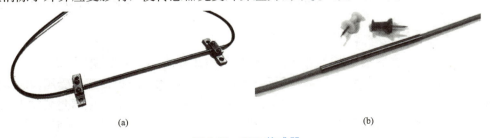

(a)　　　　　　　　　　　　　　　　　　　(b)

图 6-21　FBG 传感器

（a）FBG 应变传感器；（b）FBG 温度传感器

3）FBG 位移传感器

FBG 位移传感器用于测量地下结构间的相对位移，实时监测结构裂缝的张开与闭合，适用于隧道管片接缝、水坝坝体位移、土壤沉降、岩石、山体、边坡监测等。安装时将传感器和探头分别固定在移动物体和参考物体上，通过光纤光栅传感器波长变化得到结构位

移参量，可方便地与其他光纤光栅传感器一起组成全光监测网（图 6-22）。

图 6-22　FBG 位移传感器

4）FBG 测斜仪

FBG 测斜仪是一种通过测定钻孔倾斜角求得水平向位移的原位监测仪器，用于边坡土体内部水平位移监测，由于每个被测段仪器中轴线与摆锤垂直线间存在倾角，倾角的变化导致传感器光纤光栅波长信号变化（图 6-23）。

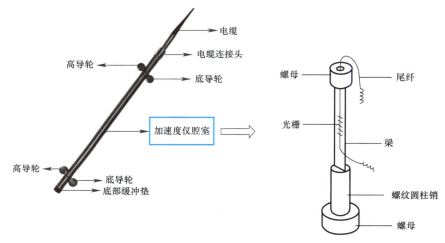

图 6-23　FBG 测斜仪

5）FBG 静力水准仪

FBG 静力水准系统又称连通管水准仪，至少由两个观测点组成，每个观测点安装一套 FBG 静力水准仪。静力水准仪的贮液容器用通液管连通，贮液容器内注入液体，当液体液面完全静止后系统中所有连通容器内的液面应在一个大地水准面上，此时每一容器的液位由 FBG 传感器测出，所有各测点的垂直位移均是相对于其中的一点（又叫基准点）变化，该点的垂直位移是相对恒定的，以便能精确计算出静力水准仪系统各测点的沉降变化量（图 6-24）。

6）FBG 土压力传感器

FBG 土压力传感器用于挡土墙或抗滑桩后的填土压力监测，需要利用波纹管、悬臂梁、薄壁圆筒和弹性膜片等弹性结构进行增敏，土压力作用于压力传感器受压面时，传感器中模型的上下表面会受到挤压，侧向会向外膨胀变形。采用压力传感器封装技术，压力传感器向外拉伸变形引起 FBG 光栅部分的变形，从而将压力转化为光栅的变形（图 6-25）。

7）FBG 加速度传感器

FBG 加速度传感器为波长调制型光纤传感器，主要有悬臂梁式、圆形膜片式、柔性

铰链式以及其他特殊结构。通过质量块带动光纤光栅使之产生轴向应变，引起波长发生变化，通过 FBG 波长变化来获得监测结构的加速度（图 6-26）。

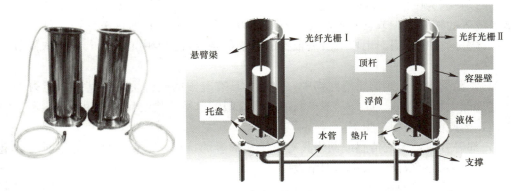

图 6-24　FBG 静力水准仪

图 6-25　FBG 土压力传感器

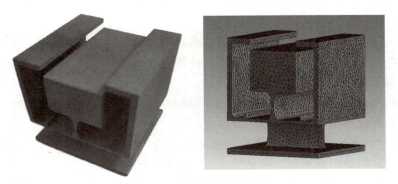

图 6-26　FBG 加速度传感器

6.2.2　无线传感技术

1. 无线传感器网络的优点

无线传感器网络（Wireless Sensor Network，WSN）是由部署在监测区域内大量的廉价微型传感器节点组成，通过无线通信方式形成的一个多跳的自组织网络系统，其目的是协作地感知、采集和处理网络覆盖区域中被感知对象的信息，并发送给观察者。传感器、感知对象和观察者构成了无线传感器网络的三个要素。无线传感器网络具有如下特点：

1）以数据为中心：无线传感器网络中节点数目巨大，而且由于网络拓扑的动态特性和节点放置的随机性，节点并不需要也不可能以全局唯一的 IP 地址来标识，只需使用局部可以区分的标号标识。用户对所需数据的收集，是以数据为中心进行，并不依靠节点的标号。

2）资源受限：无线传感器网络中，节点只具有有限的硬件资源。其计算能力和对数据的处理能力相当受限。此外，节点只能携带有限的电池能量，且在应用过程中不方便更换电池，因此能量也相当受限。

3）部署方式：无线传感或网络具有可快速部署的特点。节点一旦被抛撒即以自组织方式构成网络，无需任何预设的网络设施。

4）动态性与维护：传感器网络的拓扑结构可能因为下列因素而改变，①环境因素或电能耗尽造成的传感器节点故障或失效；②环境条件变化可能造成无线通信链路带宽变化，甚至时断时通；③传感器网络的传感器、感知对象和观察者这三要素都可能具有移动性；④新节点的加入。这就要求传感器网络系统要能够适应这种变化，具有网络自动配置和自动维护功能，实现系统的自动组网与动态重构。

5）多跳路由：网络中节点的电池能源非常有限，因此其通信覆盖范围一般只有几十米，即每个节点都只能与其邻居节点进行通信。若要与通信覆盖范围外的节点通信，则需要通过中间节点进行多跳路由。

6）应用相关性：传感器网络用来感知客观物理世界，获取物理世界的信息量。客观世界的物理量多种多样，不可穷尽。不同的传感器网络应用关心不同的物理量，因此对传感器的应用系统也有多种多样的要求。不同的应用背景对传感器内容的要求不同，其硬件平台、软件系统和网络协议必然会有很大差别。只有针对每一个具体应用来设计传感器网络系统才能做出最高效的应用系统。这也是传感器网络设计不同于传统网络的显著特征。

影响无线传感器网络实际应用的因素很多，而且也与应用场景有关，需要在未来的研究中克服这些因素，使网络可以应用到更多的领域。无线传感器网络在实际应用过程中，主要存在着以下需要突破的制约因素。

1）成本：传感器网络节点的成本是制约其大规模广泛应用的重要因素，需根据具体应用的要求均衡成本、数据精度及能量供应时间。

2）能耗：大部分的应用领域需要网络采用一次性独立供电系统，因此要求网络工作能耗低，延长网络的生命周期，这是扩大应用的重要因素。

3）微型化：在某些领域中，要求节点的体积微型化，对目标本身不产生任何影响，或者不被发现以完成特殊的任务。

4）定位性能：目标定位的精确度和硬件资源、网络规模、周围环境、锚点个数等因素有关，目标定位技术是目前研究的热点之一。

5）移动性：在某些特定应用中，节点或网关需要移动，导致在网络快速自组上存在困难，该因素也是影响其应用的主要问题之一。

6）硬件安全：在某些特殊环境应用中，例如海洋、化学污染区、水流中、动物身上等，对节点的硬件要求很高，需防止受外界的破坏、腐蚀等。

2. 无线传感器网络的架构

无线传感器网络的传感器节点应具备体积小、能耗低、无线传输、传感和数据处理等功能，节点设计的好坏直接影响到整个网络的质量。它一般由传感器模块（传感器、A/D转换器）、处理器模块（微处理器、存储器）、无线通信模块（无线收发器）和能量供应模块（电池）等组成。根据 ISO/IECJTC1WG7（国际标准化组织国际电工委员会联合第一工作组无线传感器工作研究组）制定的无线传感器网络 ISO/IEC29182 系列标准，传感器网络的参考体系架构如图 6-27 所示。该无线传感器网络的通用架构可以用于传感器网络设计者、软件开发商、系统集成商和服务提供商，以满足客户的要求，包括任何适用的互操作性要求。该参考架构分为三层，即感知层、网络层、应用层。

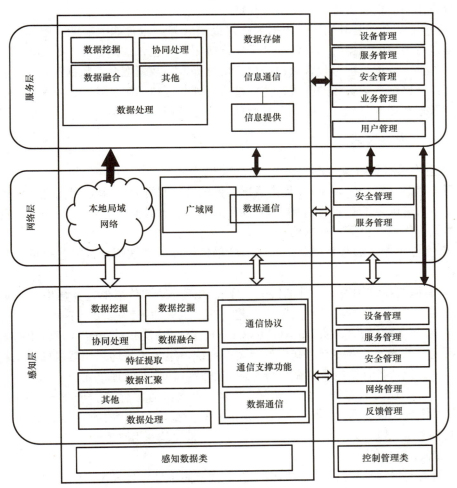

图 6-27　网络架构

1）感知层不仅要完成数据采集、处理和汇聚等功能，同时完成传感节点、路由节点和传感器网络网关的通信和控制管理功能，按照功能类别来划分，包含如下功能。感知数据类：包括数据采集、数据存储、数据处理和数据通信，数据处理将采集数据经过多种处理方式提取出有用的感知数据。数据处理功能可细分为协同处理、特征提取、数据融合、数据汇聚等。数据通信包括传感节点、路由节点和传感器网络网关等各类设备之间的通信功能，包括通信协议和通信支撑功能。通信协议包括物理层信号收发、接入调度、路由技术、拓扑控制、应用服务。通信支撑功能包括时间同步和节点定位等。控制管理类：包括设备管理、安全管理、网络管理、服务管理，反馈控制实现对设备的控制，该项为可选。

2）网络层完成感知数据到应用服务系统的传输，不需要对感知数据处理，包含如下功能。感知数据类：数据通信体现网络层的核心功能，目标是保证数据无损、高效地传输。它包含该层的通信协议和通信支撑功能。控制管理类：主要是指现有网络对物联网网关等设备接入和设备认证、设备离开等的管理，包括设备管理和安全管理，这项功能实现需要配合应用层的设备管理和安全管理功能。

3）应用层的功能是利用感知数据为用户提供服务，包含如下功能。感知数据类：对感知数据进行最后的数据处理，使其满足用户应用，可包含数据存储、数据处理、信息通信、信息提供。数据处理可包含数据挖掘、信息提取、数据融合、数据汇聚等。控制管理类：对用户及网络各类资源的配置、使用进行管理。可包括服务管理、安全管理、设备管理、用户管理和业务管理。其中，用户管理和业务管理为可选项。

6.2.3　微型传感技术

1. 微型传感器的结构形式

微型传感器（Micro-sensor）是指敏感元件的特征尺寸从几微米到几毫米的这类传感器的总称，通过微电子技术将传感元件集成在芯片上，具有体积小、功耗低、响应速度快、成本低等优点，包括三种结构形式：

1）微型传感器，通常它是单一功能的简单传感器，其敏感元件工艺一般与集成电路工艺兼容。

2）具有微机械结构敏感元件的机电一体化的微型结构传感器，如微电容加速度传感器，微谐振梁式压力传感器等，其制造工艺具有微机械加工特点。

3）具有数字接口、自检、EPROM（CPU）、数字补偿和总线兼容等功能的微型结构传感器系统。系统各部件的制造和部件组装成系统，组装工艺均采用微机械加工技术，形成了微系统，包括各种微电子、微机械、微光学及各种数据处理单元。

例如：一个压力成像微系统，含有 1024 个微型压力传感器。传感器之间的距离为 $250\mu m$，每个压力膜片尺寸为 $50\mu m\times 50\mu m$，整个膜片尺寸仅为 $10mm\times 10mm$，信号处理单元提供信号放大、零点校正，所有这些部件均采用 CMOS 工艺集成在同一芯片上。

微传感器的出现和广泛应用是微电子制造技术向半导体技术扩展的结果，这些技术包括光刻、薄膜镀层、化学和离子加工等，使传感器结构得以微型化，从而能在同一表面上制作大量的传感器。基于硅的微传感器不仅可以使整体尺寸更小，而且能够大幅度降低生产成本。硅微结构的加工工艺是在微电子制造工艺基础上吸收融合其他加工工艺技术逐渐发展起来的，它是实现各种微机械结构的手段，在 MEMS 中占有极为重要的地位。硅微结构的加工工艺主要有体硅工艺和表面硅工艺。体硅工艺一般是通过基底材料的去除（通常是硅晶片）来形成坑、沟槽等所需的三维立体微结构。表面硅工艺主要靠在基底上逐层添加材料来构造微结构。无论是体硅工艺还是表面硅工艺在涉及图形转移时必须使用光刻，工艺周期长，工艺过程复杂，工艺成本高。

2. 微型传感技术的优点

微型传感器系统即微机电系统（Microelectro Mechanical Systems）是一种尺寸非常小的传感器。微型传感器主要包括微压力传感器、微温度传感器、微湿度传感器、微流量传感器等。

1）微型化：MEMS 器件体积小、精度高、重量轻、耗能低、惯性小、响应时间短。其体积可达亚微米以下，尺寸精度达纳米级，重量至纳克。

2）以硅为主要材料，机械电气性能优良，硅材料的强度、硬度和杨氏模量与铁相当，密度似铝，热传导率接近钳和钨。

3）能耗低、灵敏度和工件效率高：很多的微机械装置所消耗的能量远小于传统机械的十分之一，但却能以十倍以上的速度来完成同样的工作。

4）批量生产：用硅微加工工艺在一片硅片可以同时制造成上百上千个微机械部件或完整的 MEMS 器件，可以大幅降低生产成本。

5）集成化：可以把不同功能、不同敏感和制动方向的多个传感器或执行器集成于一体，形成微传感器阵列，甚至可以把器件集成在一起以形成更为复杂的微系统微传感器、执行器和 IC 集成在一起可以制造出高可靠性和高稳定性的 MEMS 器件。

6）多学科交叉以微电子及机械加工技术为依托，范围涉及微电子学、机械学、力学、自动控制学、材料学等多种工程技术和学科。

3. MEMS 压力传感器

如图 6-28 所示，MEMS 压力传感器主要应用于汽车工业、航空航天、生物医疗、工业机器人、船舶系统、工业检测等领域的压力测量、压力监控、压力控制。MEMS 压力传感器根据其运作原理、检测方式的不同，主要分为电容式、谐振式、压阻式，具体参见图 6-29。

1）MEMS 电容式压力传感器

MEMS 电容式压力传感器是通过测量元器件电容值实现压力测量的传感器，其温度稳定性好、灵敏度高、动态响应好、结构相对简单，能够在温差大、辐射强、磁场大的环境下工作，但其负载能力差、抗干扰能力低，不能在腐蚀性气体液体环境中工作，且易受杂散电容和寄生电容的影响，线性度较差。

2）MEMS 谐振式压力传感器

MEMS 谐振式压力传感器是将压力信号转换为不同振荡频率的信号输出的传感器，常见材料有金属、石英和硅等，而 MEMS 谐振式压力传感器一般由硅制成，其结构有弹性膜片、丝弦、圆筒、梁等。由于传感器振动元件的振动是周期性的，其输出信号也具有周期性，频率信号易于处理，并具有良好的抗干扰能力，其稳定性好、灵敏度高、精准度高、灵活易集成，使用寿命也相对较长，通常用于对测量精度要求较高或检测环境较为恶劣的行业。但 MEMS 谐振式压力传感器也有缺点，其结构和制作工艺复杂、制造成本高、难度大，难以大范围量产，民用市场也拓展困难。且需要专门的信号检测方式，传统的检测方法有测周期法、多周期同步法和测频率法，其适用的测量对象各不相同。

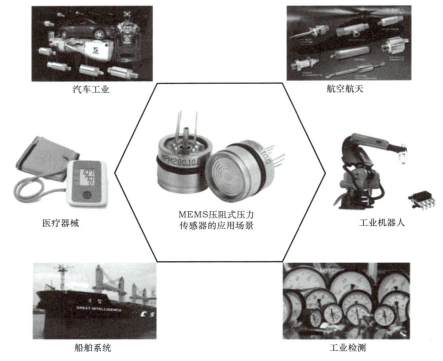

图 6-28   MEMS 压力传感器的应用

(a)   (b)   (c)

图 6-29   MEMS 压力传感器的分类

（a）MEMS 电容式；（b）MEMS 谐振式；（c）MEMS 压阻式

3）MEMS 压阻式压力传感器

MEMS 压阻式压力传感器通过改变生长在应变薄膜上的压敏电阻阻值实现压力的测量。与 MEMS 谐振式和电容式压力传感器相比，MEMS 压阻式压力传感器灵敏度高、成本廉价、集成性高、工艺成熟、动态特性好，但是由于硅压阻系数易受温度影响，压阻式压力传感器温度特性较差，且长期稳定性一般，使用寿命相对较短。

4. MEMS 加速度传感器

加速度计在现实生活和工业生产中有十分广泛的应用，对应不同的需求，产生了各种各样的加速度计。按照检测加速度的方式可以分为，压阻式加速度计、压电式加速度计、基于隧道效应的加速度计、电容式加速度计、热敏式加速度计、电感式加速度计、光学加速度计等。按照动态范围来分类可以分为，低 g 加速度计（低动态范围）和高 g 加速度计（大动态范围）。

1）谐振式 MEMS 加速度计

谐振式 MEMS 加速度计通过一个杠杆结构将加速度输入的惯性力转移到一个谐振梁上，质量块在惯性力的作用下会拉动或者挤压杠杆结构，导致谐振梁发生形变，通过检测谐振梁谐振频率的变化反推出加速度的大小。

2）压阻式 MEMS 加速度计

早期的 MEMS 传感器是基于压阻效应设计的，例如 MEMS 压力传感器。压阻效应是指，当材料在受到压力作用时，内部的电阻值会发生变化。设计人员通过对 MEMS 加速度计悬臂梁进行掺杂，当有加速度输入时，悬臂梁发生形变，从而其电阻值变化，然后将电阻接入惠斯通电桥，得到变化的电压信号，从而可以检测出输入的加速度大小。

3）隧道电流式 MEMS 加速度计

隧道电流式 MEMS 加速度计是基于隧道电流效应，该效应主要被应用于隧道电流式显微镜，能够实现高分辨的显微成像。当有加速度输入时，隧道效应将 MEMS 加速度计的质量块位移转化为隧道电流的变化，最后通过检测电流变化反推出输入的加速度大小。由于隧道效应可以感知原子级别的位移大小，所以隧道电流式 MEMS 加速度计有超高的灵敏度，一般用于高精度重力梯度检测。

4）热对流式 MEMS 加速度计

一般在撞击和剧烈震动的情况下，MEMS 加速度计会由于加速度输入较大，导致器件产生的应力形变超出了材料的极限，从而损坏加速度计的结构。为了应对一些极端检测环境，例如爆炸检测，利用液体或者气泡去代替 MEMSI22-271 加速度计中的质量块结构，利用热对流现象设计热对流式 MEMS 加速度计，在腔体中有一个热源，器件的两端各有一个温度传感器。腔体通过陶瓷盖子密封，这样可以和外部环境的气体隔绝，同时创造一个等温边界。当没有加速度输入时，腔体中的温度呈现一个对称分布状态。当有横向加速度输入时，惯性力使得温度分布不对称，从而在两端的温度传感器之间产生了一个信号差值。

5）光学 MEMS 加速度计

传统的 MEMS 加速度计受到测量方式本身的限制，在测量精度等指标上很难提高，存在着分辨率不够高的缺陷，不能满足高精度惯性导航要求。近年来，基于光学检测和 MEMS 工艺的光学 MEMS（MOEMS，Micro optoelectro mechanical system）加速度计逐渐成为研究热点，成熟的 MEMS 加工技术为光学 MEMS 加速度计的研发提供了工艺标准，光学的检测方法使其突破了传统方法的原理限制，具有更高的灵敏度和分辨率，并能够抗电磁干扰，这些优点使得 MOEMS 加速度计具有良好的发展前景。现有技术方案是在同一基底上加工出可动光栅和固定光栅，并通过双面刻蚀制作出连接可动光栅的质量块和悬臂梁结构。可动光栅和固定光栅形成衍射相位光栅，当有垂直于质量块表面的加速度输入时，该光栅反射的各级衍射光强会发生变化。通过对光强的探测，可以实现对加速度大小的测量。

6）MEMS 陀螺仪

MEMS 陀螺定向测斜仪由 MEMS 陀螺仪和石英挠性加速度计组成，分别感测地球自转角速度和地球重力加速度矢量沿载体坐标系的分量，加速度计模拟量信号经模数转换、陀螺仪数字量信号经串口通信之后送入导航解算计算机，然后根据相应的数学模型解算出井斜角和方位角等参数，然后经姿态更新算法解算出测斜仪的实时位移姿态信息，用于大坝、深基坑挖掘、铁路路基防护和矿井等地下、边坡位移监测。

6.2.4   数字近景摄影测量技术

摄影测量（photogrammetry）是通过摄像，根据所拍摄到的像片分析记录在像片或电子信息载体的图像信息，来确定被测物体的位置、大小和形状的测量技术。摄影测量包含多个分支，包括：航空摄影测量、航天摄影测量和近景摄影测量等技术，近景摄影测量（close-range photogrammetry）是将摄影机布设在被测物体 100m 范围内的测量技术。

1. 数字近景摄影测量的数码相机

目前，近景摄影测量中使用的相机主要有两种，分别是量测相机和非量测相机。量测相机作为一种专门为测量而设计的相机，光学性能好，常应用于高精度测量，但因为其操作复杂，成本高昂，适应环境能力差等问题，对于变形监测来说并不适用。而非量测相机在精度上虽然不及量测相机，但其适应环境能力强，而且价格适中，外业便于携带。同时关于非量测相机的校验，已经有比较多的学者对此进行了研究，提出了相应的理论和方法，在变形监测中应用非量测相机具有可行性。

数码相机是集光学、机械、电子于一体，同时能够进行影像信息的存储、转换和传输等的现代高技术产品，具有实时拍摄、数字化存储、与计算机交互的特点。随着近景摄影测量技术的发展，特别是相机技术的发展，非量测数码相机逐渐应用于近景摄影测量中。特别是在变形监测的项目中，通过大量的研究和试验，其精度可以满足变形监测要求。数码相机可以分为下面几种类型：卡片相机、长焦相机、单反相机和微单相机，具体参见图 6-30。

(a)   (b)   (c)   (d)

图 6-30   数码相机
(a) 卡片相机；(b) 长焦相机；(c) 单反相机；(d) 微单相机

1）卡片相机

卡片相机是指普通的数码相机，则非单反、非微单的小型数码相机，小巧的外形、相对较轻的机身以及超薄时尚的设计是衡量此类数码相机的主要标准。卡片相机因其随身携带而受到很多使用者的青睐，具有基本的曝光补偿功能和点测光模式功能。卡片相机相比于其他相机，手动功能相对薄弱、镜头性能较差、无法更换镜头、对焦、拍摄的速度相对较慢，电池耐久性差。

2）长焦相机

长焦数码相机是拥有长焦镜头的数码相机。现有数码相机的光学变焦倍数大多在 3～12 倍之间，即可把 10m 以外的物体拉近至 3～5m，也有一些数码相机拥有 10 倍的光学变焦效果。家用摄录机的光学变焦倍数在 10～22 倍，能比较清楚地拍到 70m 外的物体。

3）单反相机

单镜头反光式取景照相机，又称作单反相机。单反数码相机的工作原理是：光线首先透过镜头到达反光镜后，然后被折射到对焦屏上形成影像。一般数码相机只能通过电子取景器拍摄目标，而单反相机可以在观景窗中看到目标景物。同时为了不同的拍摄需求，单反数码相机的镜头可以通过拆卸来切换不同的定焦镜头，提高拍摄效果。

4）微单相机

微单相机具有微型、小巧、便携的特点，方便更换镜头，并提供和单反相机同样的画质。与单反相机的区别在于硬件上，微单相机取消了单反相机的反光板、独立的对焦组件和取景器等。

2. 近景摄影测量的常用坐标系

随着计算技术和电荷耦合器技术（CCD）、金属氧化物半导体（CMOS）技术的不断发展，利用 CCD 或 CMOS 感光传感器的数码相机可以很轻松地获取三维物体的二维图像，基于数字摄影技术的近景摄影测量被称为数字近景摄影测量（digital close-range photogrammetry）。现代数字摄影测量技术是利用 CCD 或 CMOS 类型的数码相机拍摄被测物体的二维图像，利用相关计算机软件计算出被摄物体的三维坐标数据，还原三维网络模型。

摄影测量是对拍摄到的物体像片进行测量，获得对应的坐标位置，再利用摄影测量的公式，计算像点对应的实际点位的物空间坐标。为了能够计算求解，需要建立像空间坐标系和物空间坐标系，但是这两个空间坐标系之间的转换关系并不明确，所以需要在像空间坐标系和物空间坐标系之间再建立两个坐标系帮助完成坐标转换。以下展示了 4 种常用坐标系的几何关系。

1）像平面坐标系：表达像点在像片上的位置坐标系，以像的主点为原点，用 $O\text{-}xy$ 表示。像点的坐标表示为 (x, y)。

2）像空间坐标系：以摄影中心 S 为坐标原点，用 $S\text{-}xyz$ 表示。像点在空间坐标系的坐标表示为 (x, y, f)。x 和 y 的值与像平面坐标系下的 x 和 y 的值相等。

3）像空间辅助坐标系：因为拍摄时架设的基站不同，拍摄角度也不同，所以每个像片的像空间坐标系是不统一的，为了方便转换同一组像片坐标，需要建立统一的坐标系。坐标原点是摄影中心 S，x 轴和 y 轴的定义根据实际情况不同而不同。

4）物方空间坐标系：物方空间坐标系是 $O\text{-}xyz$，是全局统一的坐标系，用来定义物方点的坐标 $A(x, y, z)$，一般选取控制点的测量坐标系（如经纬仪测量坐标系）为物方空间坐标系。

在近景摄影测量中，首先需要确定的是摄影机在拍摄目标物的瞬间摄影中心相对于像片的位置以及在地面坐标系中的位置，同时确定摄影光束在空间坐标系下的姿态。

（1）内方位元素是描述摄影中心与像片的对应位置关系的参数，称为像片的内方位参数，包括摄影中心 S 到像片的主距 f，像片的像主点在框标坐标系下的坐标 x_0、y_0。对于非量测摄影机，需要标定试验对相机进行二次检校。

（2）外方位元素描述摄影中心在物方空间坐标系中的位置以及相对应的光束在物方空间坐标系下的姿态的参数，称为外方位元素。相对应的外方位元素包含两个部分，一共是六个参数，其中三个是直线元素，对应于摄影中心在物方坐标系下的三维坐标；另三个是角元素，用来确定光束在物方坐标系中的姿态。

3. 数码相机的针孔成像模型

相机成像模型是相机物理成像过程的数学表达，又称为针孔成像模型（pin-hole model）。原理是目标物体各部位所反射光线都有一束可以通过小孔抵达感光材料，无数个光点就组成了目标物体的影像，成像原理如图 6-31 所示。

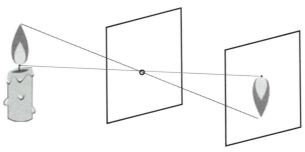

图 6-31   针孔成像模型

针孔成像模型又叫线性成像模型，是指任一点 P 在数字图像中的投影位置 p 为中间小孔位置 O 与 P 点的连线 OP 与图像成像平面的交点。由比例关系有如下关系式：

$$\begin{cases} X = \dfrac{f_x}{z} \\ Y = \dfrac{f_y}{z} \end{cases} \tag{6-27}$$

式中，(X, Y) 为 p 点的数字图像坐标；(x, y, z) 为空间物体上点 P 在相机坐标系下的坐标，f 为 xy 平面与图像成像平面的距离又称为相机的焦距。

用矩阵和齐次坐标表示上述针孔投影关系：

$$s \begin{bmatrix} X \\ Y \\ 1 \end{bmatrix} = \begin{bmatrix} f & 0 & 0 & 0 \\ 0 & f & 0 & 0 \\ 0 & 0 & 1 & 0 \end{bmatrix} \begin{bmatrix} x \\ y \\ z \\ 1 \end{bmatrix} = P \begin{bmatrix} x \\ y \\ z \\ 1 \end{bmatrix} \tag{6-28}$$

式中，s 为比例因子，P 为针孔投影矩阵。

近景摄影测量中共线条件方程的解析处理是这项技术发展的基础，共线条件方程是描述拍摄瞬间像点、摄影中心、物点共线的数学表达式。基于共线条件方程的解析处理方法包括空间后方交会解法（单片空间后方交会、多片空间后方交会）、光线束解法、空间后方交会法、前方交会解法等。如图 6-32 所示，S 为摄影中心，物空间坐标 (X_s, Y_s, Z_s)；A 为地面上一点，其物方空间坐标为 (X_A, Y_A, Z_A)，a 为 A 在对应影像上的构像，其像空间坐标为 (x, y, f)，像空间辅助坐标为 (X, Y, Z)，S、a、A 三点一线。

$$\left. \begin{aligned} x - x_0 &= -f \frac{a_1(X_A - X_S) + b_1(Y_A - Y_S) + c_1(Z_A - Z_S)}{a_3(X_A - X_S) + b_3(Y_A - Y_S) + c_3(Z_A - Z_S)} \\ y - y_0 &= -f \frac{a_2(X_A - X_S) + b_2(Y_A - Y_S) + c_2(Z_A - Z_S)}{a_3(X_A - X_S) + b_3(Y_A - Y_S) + c_3(Z_A - Z_S)} \end{aligned} \right\} \tag{6-29}$$

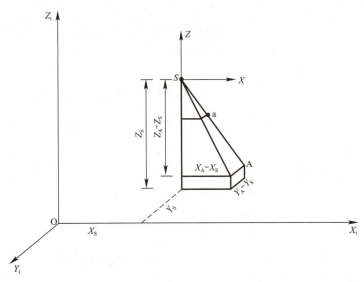

图 6-32 共线坐标

式（6-29）为共线方程，x、y 为像点的像平面坐标系；x_0、y_0、f 为内方位元素；物方空间坐标 (X_S, Y_S, Z_S)；影像 3 个外方位元素 (a_i, b_i, c_i)。

4. 直接线性变换解法

近景摄影测量中许多测量数据成果是基于目标离散点的空间坐标生成的，对于数码相机获取的影像无法直接处理，需要利用直接线性变换解法（Direct Linear Transformation-DLT）对相机进行处理。DLT 解法具有不归心、不定向、不需要内外方位元素初始值的特点，物方需布置一组控制点，适合处理非量测相机所摄影像等特点，实质是空间后方交会与前方交会解法。

DLT 解法在空间设置足够控制点并测定空间位置坐标，利用相机进行拍摄，将像点坐标、物点坐标代入构像方程，求得相机内外方位元素。DTL 解法基本模型：

$$\begin{cases} x + \dfrac{l_1X + l_2Y + l_3Z + l_4}{l_9X + l_{10}Y + l_{11}Z + 1} = 0 \\ y + \dfrac{l_5X + l_6Y + l_7Z + l_8}{l_9X + l_{10}Y + l_{11}Z + 1} = 0 \end{cases} \tag{6-30}$$

式中，x、y 为像主点坐标；$(l_1 \sim l_{11})$ 为待求系数；X、Y、Z 是物方坐标。

由 DLT 模型可知，需要求解的参数共 11 个，则至少需要 6 个控制点坐标，解算 l_i 系数的过程即后方交会，求解物方空间坐标的过程即前方交会。

1）l_i 系数解算 DLT 模型

可变换成如下关系式：

$$\begin{cases} l_1 \cdot X + l_2Y + l_3Z + l_4 + 0 + 0 + 0 + 0 + xl_9X + xl_{10}Y + xl_{11}Z + x = 0 \\ 0 + 0 + 0 + 0 + l_5X + l_6Y + l_7Z + l_8 + yl_9X + yl_{10}Y + yl_{11}Z + y = 0 \end{cases} \tag{6-31}$$

n 个点可以列出共 $2n$ 个线性方程，求解得到 l_i 系数。

2）内方位元素求解

相机的像主点坐标 (x_0, y_0) 和像主距 (f_x, f_y) 表达式如下：

$$x_0 = \frac{l_1 l_9 + l_2 l_{10} + l_3 l_{11}}{l_9^2 + l_{10}^2 + l_{11}^2}$$

$$y_0 = \frac{l_5 l_9 + l_6 l_{10} + l_7 l_{11}}{l_9^2 + l_{10}^2 + l_{11}^2} \tag{6-32}$$

$$f_x = \sqrt{r_3^2(l_1^2 + l_2^2 + l_3^2) - x_0^2} \cos d\beta$$

$$f_y = \frac{f_x}{1 + d_s}$$

3）外方位元素的解算

由 l_4、l_8 的表达式有：

$$l_1 X_s + l_2 Y_s + l_3 Z_s = -l_4$$

$$l_5 X_s + l_6 Y_s + l_7 Z_s = -l_8 \tag{6-33}$$

$$l_9 X_s + l_{10} Y_s + l_{11} Z_s = -1$$

从而求得物方空间坐标，通过算法得到物方的变形，得到结构的变形。

5. 近景摄影测量的摄影控制原则

正直摄影方式和交向摄影方式是近景摄影测量中基本的摄影方式，对于不同的作业要求会选择不同的摄影方式。正直摄影方式适用于模拟近景摄影测量和解析摄影测量，而交向摄影方式多用于数字近景摄影测量。两种摄影方式对像片的重叠度有不同的要求，一般前者要求 55%～70%重叠，后者要求 100%重叠。摄影的基本控制原则如下：

1）对于基线近景摄影测量，摄站个数至少为 3 站，按照从左向右依次进行摄影。

2）被摄物体必须充满相机像幅的 80%以上，否则就需要通过更换镜头或调整摄影距离来满足要求。

3）为避免因拍摄的时候相机镜头抬太高导致拍摄影像变形过大，拍摄时镜头仰角不宜超过 45°。相对于较高的被摄物体，应尽量通过增加拍摄距离的方式来降低仰角，同时更换长焦镜头。

4）若被摄区域不是在一个平面上，存在转角，为保证匹配的精度，需要分为两个测区进行拍摄，并在影像采集的时候，保证相邻测区之间存在 30%以上的重叠度，且在两个测区的接边处布设控制点作为连接点，以便后续测区之间的拼接。

5）数字近景摄影测量中进行控制测量的主要目的是通过控制点或相对控制把近景摄影测量下的坐标系转换到物方空间坐标系。

6）通过多余的控制点或相对控制提高摄影测量的精度，同时加强控制网的布设。在实际的近景摄影测量项目中，进行控制测量的工作内容分别有：物方空间坐标系的确定、控制点的设计、测量方法和仪器的选择、室内控制场和活动控制场的建立方法。

6.2.5　超声波检测技术

在进行地下结构工程检测时，经常利用波（机械波或电磁波）在介质中传播的特性和现象来诊断和分析所测对象的特性。从宏观来讲，波分为机械波和电磁波两大类。其中，机械扰动在介质内的传播形成机械波，包括：水波、声波、应力波、超声波等。电磁场扰动在真空或介质内的传播形成电磁波，包括：无线电波、光波、红外线、雷达波等。波是物质运动的一种形式，也是能量传播的一种方式。

1. 超声波的分类

如机械振动可通过不断变化的应力或应变在固态物质中进行传递，这种波通常称为应力波或弹性波。广义的声波是指在介质中传播的机械波，依据波动频率的不同，声波可分为次声波、可闻声波、超声波。人们可以听见的声音频率为 $20\sim20000\mathrm{Hz}$，称为可闻声波，频率低于 $20\mathrm{Hz}$ 的声波称为次声波，而频率高于 $20000\mathrm{Hz}$ 的声波称为超声波。超声波检测具有适用范围广、穿透能力强、缺陷识别分辨率高、灵敏度高、检测时间短、费用低、仪器携带方便，操作简单等特点。根据超声波传播时质点振动方向与超声波传播方向不同，可将超声波分为纵波、横波、表面波和板波 4 种。

1）纵波

纵波又称"P"波或压缩波，纵波传播时介质质点的振动方向与波的传播方向一致，例如在空气或水中传播的声波就是纵波。纵波的传播是依靠介质疏密性使介质的容积发生变化引起压强的变化而传播的，因此其传播特性与介质的体积弹性相关。任何弹性介质都具有体积弹性，所以纵波可以在任何介质中传播。目前使用中的超声换能器所产生的波型一般是纵波。在无限大介质中传播的纵波声速为：

$$V_{\mathrm{P}}=\sqrt{\frac{E}{\rho}\cdot\frac{1-\mu}{(1+\mu)(1-2\mu)}} \tag{6-34}$$

式中，E 为弹性模量（MPa）；ρ 为介质材料密度（$\mathrm{kg/cm^3}$）；μ 为泊松比，无量纲量。

2）横波

横波又称为"S"波或剪切波，横波传播时介质质点的振动方向与波的传播方向垂直，例如绷紧的绳子上传播的波就是横波。横波的传播是依靠使介质产生剪切变形引起的剪应力变化而传播的，因此其传播特性与介质的剪切弹性相关。由于液体、气体形状变化时，不能产生抵抗形变的剪应力，因此液体和气体不能传播横波，只有固体才能传播横波。横波通常是由纵波通过波型转换器转化而来。在无限大介质中传播的横波声速为：

$$V_{\mathrm{s}}=\sqrt{\frac{G}{\rho}}=\sqrt{\frac{E}{\rho}\cdot\frac{1}{2(1+\mu)}} \tag{6-35}$$

式中，G 为剪切弹性模量。

3）表面波

表面波又称"R"波或瑞利波。固体介质表面受到交替变化的表面张力，使质点发生相应的纵向振动和横向振动，从而使介质作这两种振动的合成振动，即绕其平衡位置作椭圆振动，椭圆振动又作用于相邻的质点而在介质表面传播。表面波只能在固体介质中传播，不能在液体或气体介质中传播。在无限大固体介质中传播的表面波声速为：

$$V_{\mathrm{R}}=\frac{0.87+1.12\mu}{1+\mu}\sqrt{\frac{G}{\rho}}=\frac{0.87+1.12\mu}{1+\mu}V_{\mathrm{s}} \tag{6-36}$$

4）板波

在板中传播的超声波受板面的影响，当频率、板厚、入射超声速度三者之间满足一定的数量关系时，声波就可以顺利通过。板波中最主要的一种波是兰姆波，狭义的讲，板波仅指板中传播的兰姆波，广义地讲也包括圆棒、方钢和管中传播的波。兰姆波的声速与纵波、横波和表面波不同，它不仅与介质的性质有关，而且与板厚和频率有关。对于特定的板厚和频率的组合，可有多个对称型和非对称型的振动模型，每个模型具有不同的声速。

2. 超声波的反射与折射

无论机械波还是电磁波，都符合波的折射和反射特性，利用波的传播特性，开展基于波动理论的工程检测。例如超声波检测，通常向介质（被测对象）发射超声波，在一定距离上接收经介质物理特性调制的超声波（反射波、透射波或散射波），通过观测和分析声波在介质中传播时声学参数和波形的变化，对被测对象的宏观缺陷、几何特征、组织结构、力学性质进行推断和表征。例如在固体中，存在空洞、断痕、异物等，超声波传播时，遇见缺陷会发生发射现象，尤其全反射时信号最强，接收探头接收到反射回来的缺陷波，通过超声波检测仪进行信号处理，可以在超声波检测仪的显示器上显示不同幅值及坐标位置的波形。通过波形幅值大小及时间坐标得到缺陷在固体中的大小、位置和特性等参数信息。

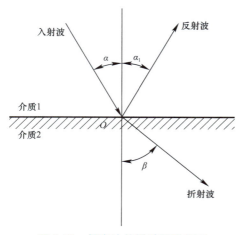

图 6-33   超声波传播过程示意图

超声波在穿过不同介质时具有反射和折射现象，超声波传播过程示意图如图 6-33 所示，当入射波从介质 1 进入到介质 2 时，会产生发射波和折射波。

1) 反射定律

声波从一种介质（$Z_1 = \rho_1 v_1$）传播到另一种介质（$Z_2 = \rho_2 v_2$）时，在界面上有一部分能量被界面反射，形成反射波。入射波波线及反射波波线与界面法线的夹角分别为入射角和反射角。入射角 α 正弦与反射角 α_1 的正弦之比等于波速之比，即：

$$\frac{\sin\alpha}{\sin\alpha_1} = \frac{v_1}{v_1'} \tag{6-37}$$

当入射波和反射波的波形相同时 $v_1 = v_1'$，所以 $\alpha = \alpha_1$。

2) 折射定律

声波的部分能量将透过界面形成折射波，折射波线与界面法线的夹角为折射角。入射角 α 的正弦与折射角 β 的正弦之比，等于入射波在第一种介质中的波速 v_1 与折射波在第二种介质中的波速 v_2 之比，即：

$$\frac{\sin\alpha}{\sin\beta} = \frac{v_1}{v_2} \tag{6-38}$$

3) 反射率

反射波声压 P' 与入射波声压 P 之比称为反射率 γ，即：

$$\gamma = \frac{P'}{P} \tag{6-39}$$

γ 的大小与入射波角度、介质声阻抗率及第二种介质的厚度有关。

当第二种介质很厚时：

$$\gamma = \frac{Z_2\cos\alpha - Z_1\cos\beta}{Z_2\cos\alpha + Z_1\cos\beta} \tag{6-40}$$

如果声波垂直入射，即 $\alpha = \beta = 0$ 时，则上式可简化为：

$$\gamma = \frac{Z_2 - Z_1}{Z_2 + Z_1} \tag{6-41}$$

当第二种介质为薄层时：

$$\gamma = \left[\frac{\frac{1}{4}\left(\zeta - \frac{1}{\zeta}\right)^2 \sin^2\left(\frac{2\pi\delta}{\lambda}\right)}{1 + \frac{1}{4}\left(\zeta - \frac{1}{\zeta}\right)^2 \sin^2\left(\frac{2\pi\delta}{\lambda}\right)} \right]^{\frac{1}{2}} \tag{6-42}$$

式中，ζ 为声阻抗之比，即 $\zeta = Z_1/Z_2$；λ 为波长；δ 为第二种介质的厚度。

4）反射系数

反射声强 J_1，与入射声强 J 之比，称为反射系数 f_R。其计算公式为：

$$f_R = \frac{J_1}{J} = \left[\frac{Z_2\cos\alpha - Z_1\cos\beta}{Z_2\cos\alpha + Z_1\cos\beta}\right]^2 \tag{6-43}$$

若为垂直入射，即 $\alpha = \beta = 0$，则：

$$f_R = \left[\frac{Z_2 - Z_1}{Z_2 + Z_1}\right]^2 = \gamma^2 \tag{6-44}$$

5）透过率

透过声压 P_2 与入射声压 P 之比称为透过率 R_T，即：

$$R_T = \frac{P_2}{P} \tag{6-45}$$

当第二种介质很厚时：

$$R_T = \frac{2Z_2\cos\alpha}{Z_2\cos\alpha + Z_1\cos\beta} \tag{6-46}$$

若为垂直入射，即 $\alpha = \beta = 0$，则：

$$R_T = \frac{2Z_2}{Z_2 + Z_1} = 1 - \gamma \tag{6-47}$$

当第二种介质为薄层时：

$$R_T = \left[\frac{1}{1 + \frac{1}{4}\left(\zeta - \frac{1}{\zeta}\right)^2 \sin^2\left(\frac{2\pi\delta}{\lambda}\right)}\right]^{\frac{1}{2}} \tag{6-48}$$

6）透过系数

透过声强 J_2 与入射声强 J 之比，称为透过系数 f_T，其计算公式为：

$$f_T = \frac{J_2}{J} = \frac{4Z_1 Z_2 \cos\alpha\cos\beta}{(Z_1\cos\beta + Z_2\cos\alpha)^2} \tag{6-49}$$

垂直入射时：

$$f_T = \frac{4Z_1 Z_2}{(Z_2 + Z_1)^2} = 1 - \gamma^2 \tag{6-50}$$

3. 超声波在固体介质中传播时的能量衰减

声波在介质传播过程中，质点振幅随传播距离增大而减小的现象称为衰减，这种衰减现象既与传声介质的黏塑性、内部结构特征有关，也与波源扩散的几何特征有关。

1）声波的衰减系数

声波在某种介质中传播：由于存在衰减现象，质点振幅将逐渐减小，衰减率 dA/A 正比于声波的行进距离 dx。

$$dA_0(x) = -\alpha A_0(x)dx \qquad (6\text{-}51)$$

$$\frac{dA_0(x)}{A_0(x)} = -\alpha dx \qquad (6\text{-}52)$$

$$\ln A_0(x) = -\alpha x + c_0 \qquad (6\text{-}53)$$

$$A_0(x) = -e^{-\alpha x} g e^{c_0} \qquad (6\text{-}54)$$

由边界条件为 $A_0(x)|_{x=0} = A_{00}$，得到：

$$A(x) = A_{00}e^{-\alpha x} \qquad (6\text{-}55)$$

式中，A_{00}，$A_0(x)$ 分别为声源振幅和 x 处振幅；α 为衰减系数。

$$\alpha = \frac{1}{x}\ln\frac{A_{00}}{A_0} \qquad (6\text{-}56)$$

式中，α 的量纲为 $[L]^{-1}$，x 的单位为"cm"，$\ln\dfrac{A_{00}}{A_0}$ 为两个同量纲比值的自然对数，称为奈培（NP），因此 α 的单位为"NP/cm"。

2）声波衰减的原因

按照引起声源衰减的不同原因，可把声波衰减分成以下三种类型：吸收衰减、散射衰减和扩散衰减。前两类衰减取决于介质的特性，而后一类则由声源空间特征决定。通常，在讨论声波与介质特性的关系时仅考虑前两类衰减，但在估计声波传播过程中的能量损失时，例如声波作用距离、回波强度等，必须将这三类衰减因素全面考虑。

（1）吸收衰减

声波在介质中传播时，部分机械能被介质转换成其他形式的能量（如热能）而散失，这种衰减现象称为吸收衰减。声波被介质吸收的机理是比较复杂的，它涉及介质的黏滞性、热传导及各种弛豫过程。

（2）散射衰减

声波在一种介质中传播时，因碰到另一种介质组成的障碍物而向不同方向产生散射，从而导致声波减弱（即声传播的定向性减弱）的现象称为散射衰减。散射衰减也是一个复杂的问题，它既与介质的性质、状况有关，又与障碍物的性质、形状、尺寸及数量有关。

（3）扩散衰减

这类衰减主要缘于声波传播过程中，因波阵面的面积扩大，导致波阵面上的能流密度减弱。显然，这仅仅取决于声源辐射的波形及声束状况（即声场的几何特征），而与介质的性质无关。且在这个过程中，总的声能量并未变化，若声源辐射的是球面波，因其波阵面面积随半径 r 的平方增大，故其声强随 r^{-2} 规律减弱。同理，对于柱面波，声强随 r^{-1} 规律衰减。这种因波形形成的扩散衰减因不符合衰减规律且与介质的特征无关，不能纳入衰减系数中，应根据具体波形分析和单独计算。

4. 超声波检测技术的原理

超声波在介质中是直线传播，传播的声速满足波的传播定理，在超声波检测中，接收信号为速度参数，即根据超声波在不同材料中传播速度的差异来判断材料的结构组成及性能，以理想条件下在某材料介质中纵波的传播为例，已知材料厚度为 h，在材料的两端加上超声波探头，一端发射一定频率的超声波，在接收端接收信号后，通过滤波、放大等电路处理，检测超声波信号，计算接收超声波与发射超声波的时间差 t，得到超声波在该材料中传播的速度：

$$C = \frac{h}{t} \tag{6-57}$$

式中，C 为超声波的速度（m/s）；h 为材料厚度（m）；t 为传播时间（s）。

在实际地下工程结构测试的过程中，大多数情况所能提供的测试条件只有一个，要求在一个水平面去测试出材料厚度以及超声波声速。因此，需要利用反射法测试参数数据，如图 6-34 所示，超声波探头 1 发射一定频率的超声波，在材料底部遇到不同介质，产生反射波，反射波被超声波探头 2 接收到，并经过滤波、放大等信号处理过程，

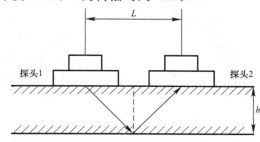

图6-34　超声波反射法测声速

将图像及时间参数传送接收上位机。由公式（6-58）可知，需要移动超声波探头 2 得到两组测试数据，分别得到超声波在材料中传播的时间 t_1、t_2，以及两个超声波探头的中心距离 L_1、L_2。根据两组测试数据，解算材料高度 h 和超声波在材料中的声速 C。

$$h = \frac{1}{2}\sqrt{(Ct)^2 - L^2} \tag{6-58}$$

式中，h 为被测试件的厚度；C 为超声波在试件中传播的速度；t 为超声波在试件中传播的时间；L 为两个探头之间的距离。

利用超声波检测无损探伤方法来测试材料的内部性能，在地下混凝土结构中也得到了广泛的应用。根据测试的超声波在实际材料中的传播速度 C_1 与标准混凝土试件的传播速度 C_2 来判断地下混凝土结构质量完整性。

6.2.6　三维激光扫描监测系统

三维激光扫描技术是一种先进的全自动高精度立体扫描技术，又称为实景复制技术，是继 GNSS 空间定位技术后的又一项测绘技术革新。三维激光扫描仪的主要构造是由一台配置伺服马达系统、高速度、高精度的激光测距仪，配上一组可以引导激光并以均匀角速度扫描的反射棱镜。激光测距仪测得扫描仪至扫描点的斜距，再配合扫描的水平和垂直方向角，可得到每一扫描点的空间相对 X，Y，Z 坐标，大量扫描离散点数据的结合，则构成了三维激光扫描的点云数据。

如图 6-35 所示，三维激光扫描仪按照扫描平台的不同，可以分为机载（或星载）激光扫描系统、地面型激光扫描系统、便携式激光扫描系统。

现在的三维激光扫描仪每次测量的数据不仅包含 X，Y，Z 点的信息，还包括 R，G，B 颜色信息，同时还有物体反射率的信息，这样全面的信息能给人一种物体在计算机里真实再现的感觉，这是一般测量手段无法做到的。

三维激光扫描技术监测应用一般包括三个基本步骤，即数据获取、数据处理和建模评估。

图 6-35　三维激光扫描仪

1. 数据获取

利用软件平台控制三维激光扫描仪对特定的实体和反射参照点进行扫描，尽可能多地获取实体相关信息。三维激光扫描仪最终获取的是空间实体的几何位置信息，点云的发射密度值，以及内置或外置相机获取的影像信息。这些原始数据一并存储在特定的工程文件中。其中选择的反射参照点都具有高反射特性，它的布设可以根据不同的应用目的和需要选择不同的数量和型号，通常两幅重叠扫描中应有 4～5 个反射参照点。

2. 数据处理

1) 数据预处理。数据获取完毕之后的第一步就是对获取的点云数据和影像数据进行预处理，应用过滤算法剔除原始点云中的错误点和含有粗差的点。对点云数据进行识别分类，对扫描获取的图像进行几何纠正。

2) 数据拼接匹配。一个完整的实体用一幅扫描往往是不能完整地反映实体信息的，这需要我们在不同的位置对它进行多幅扫描，这样就会引起多幅扫描结果之间的拼接匹配问题。在扫描过程中，扫描仪的方向和位置都是随机、未知的，要实现两幅或多幅扫描的拼接，通常是利用选择公共参照点的办法来实现这个过程。这个过程也称为间接的地理参照。选取特定的反射参照目标作为地面控制点利用它的高对比度特性实现扫描影像的定位以及扫描和影像之间的匹配。扫描的同时，采用传统手段，如全站仪测量，获得每幅扫描中控制点的坐标和方位，再进行坐标转换，计算就可以获得实体点云数据在统一的绝对坐标系中的坐标。这一系列工作包含人工参与和计算机的自动处理，是半自动化完成的。

3. 建模评估点

三维激光扫描技术建模评估的步骤如下：

1) 算法选择。在数据处理完成后，接下来的工作就是对实体进行建模，而建模的首要工作是数学算法的选择。这是一个几何图形反演的过程，算法选择的恰当与否，决定最终模型的精度和数据表达的正确性。

2) 模型建立和纹理镶嵌。选择了合适的算法，可以通过计算机直接对实体进行自动建模。点云数据则保证了表面模型的数据，而影像数据则保证了边缘和角落的信息完整和准确。通过自动化的软件平台，用获取的点云强度信息和相机获取的影像信息对模型进行纹理细节的描述。

3) 数据输出与评价。基于不同的应用目的，可以把数据输出为不同的形式，直接为空间数据库或工程应用提供数据源。然而，数据的精度和质量如何呢？能否满足各种应用的要求？对结果进行综合的评估分析仍是很重要的一步，评估的模型和评价标准要根据不同的应用目的来确定。

三维激光扫描测量技术不断发展并日渐成熟，其设备也逐渐商业化。如图 6-36 所示为某

图 6-36　隧道点云成果

隧道的三维激光扫描云成果图片，由图可知，三维激光扫描仪的巨大优势就在于可以快速扫描被测物体，不需反射棱镜即可直接获得高精度的扫描点云数据，可以高效地对真实世界进行三维建模和虚拟重现。因此，其已经成为当前各个领域所采用的热点技术之一，并在文物数字化保护、土木工程、工业测量、自然灾害调查、数字城市地形可视化、城乡规划等领域有着广泛的应用。

复习思考题

6-1   什么是支护结构水平、竖向及深层土体位移监测？其相应的监测方法和仪器有哪些？

6-2   什么是隧道净空收敛监测？隧道净空收敛监测的目的、方法和仪器有哪些？

6-3   什么是光纤光栅传感技术？光纤光栅传感技术有哪些优点？

6-4   什么是无线传感技术？无线传感器网络的架构有哪些？无线传感器网络的优点有哪些？

6-5   什么是微型传感技术？微型传感器的结构形式有哪些？微型传感技术的优点有哪些？

6-6   什么是数字近景摄影测量技术？数字近景摄影测量技术的数码相机有哪些特点？数字近景摄影测量技术的摄影控制原则是什么？

6-7   什么是三维激光扫描监测系统？三维激光扫描监测系统的工作原理是什么？三维激光扫描监测系统的应用范围是什么？

6-8   常规项目监测技术和新监测技术的区别和联系是什么？如何选择和组合适合的监测技术？

第7章 地下工程现场监测的组织与实施

【本章导读】

本章主要介绍了地下工程现场监测的组织与实施，包括监测方案的编制、监测工作的组织与实施、监测资料的整理与分析等内容。本章旨在帮助读者掌握地下工程现场监测的基本原理和方法，了解监测方案的设计原则和内容，熟悉监测仪器的选型和使用，掌握监测数据的整理和分析技术，以及评价监测结果和编制监测报告的要求。

【重点和难点】

本章的重点是监测方案的编制和监测数据的分析与反馈，难点是监测方法的选择和监测结果的评价。读者应该重点理解监测方案的设计原则和主要内容，掌握常用的监测项目和方法，以及相应的监测仪器。同时，读者应该注意掌握监测数据的整理和分析技术，学会运用统计学、数值分析、图形分析等方法对监测数据进行处理和解释，以及根据监测结果进行合理的评价和反馈。

7.1 监测方案的编制

监测方案是地下工程现场监测的基础和指导，应根据工程特点、地质条件、施工方法、周边环境等因素综合考虑，制定合理的监测目标，明确必要的监测项目，选择合适的监测方法、监测仪器、监测点布置、监测频率、监测预警值等内容。本节介绍了监测方案的设计原则和主要内容，以及编制监测方案所需的基础资料。

7.1.1 监测方案的设计原则

监测方案的编制应符合国家、行业现行的有关规范和技术规定。监测方案的编制一般应遵循以下原则：

1）监测方案应以安全监测为目的，根据特定的工程项目和所采用的施工方法确定监测对象，主要包括基坑、建筑物、地下管线、地下结构等，应针对监测对象安全与稳定的主要指标进行方案设计。

2）根据监测对象的重要性确定监测的规模和内容，监测项目和测点的布置应能够比较全面地反映监测对象的工作状况。

3）应尽量采用先进的测试技术，如计算机技术、遥测技术，积极选用或研制效率高、可靠性高的先进仪器和设备，以确保监测的效率与精度。

4）为确保监测信息的可靠和连续性，各个监测项目之间应能够相互校验。

5）监测方案在满足监测性能和精度要求的前提下，力求减少监测传感器的数量和电缆长度，降低监测频率，以降低监测费用。

6）监测方案中确定的临时监测项目应与永久监测项目对应衔接。

7）在满足地下工程安全施工的前提下，确定传感器的布设位置和测量时间，尽量减少监测对工程施工的干扰和影响。

8）根据设计要求及周边环境条件，确定各监测项目的控制基准值。

9）按照国家现行的有关规范、规程编制监测方案。

7.1.2 监测项目和方法的确定

1）监测项目的确定。根据地下工程对周边环境可能产生的影响类型和程度，选择能够反映地下工程变化特征和周边环境变化规律的监测项目。常见的地下工程现场监测项目有：

（1）地表沉降。指地表由于地下开挖或注水等原因而产生的垂直位移。地表沉降会影响周边建筑物、道路、管线等结构物的稳定性和使用功能，甚至引发裂缝、倾斜等破坏现象。地表沉降通常采用水准仪或全站仪进行观测。

（2）基坑变形。指基坑支护结构由于土压力、水压力或施工荷载等原因而产生的水平位移或竖向位移。基坑变形会影响基坑支护结构的安全性能和使用寿命，甚至导致基坑失稳或垮塌。基坑变形通常采用位移计或全站仪进行观测。

（3）地下水位。指地下水在含水层中所处位置相对于某一基准面（如海平面）的高度。地下水位会受到地下开挖、注水、排水等因素的影响，从而影响基坑支护结构受力状况和周边环境水文条件。地下水位通常采用水位计或压力传感器进行观测。

（4）地下水质。指地下水中所含有的物理、化学和生物性质的综合表征。地下水质会受到地下开挖、注水、排水等因素的影响，从而影响基坑支护结构的耐久性和周边环境的生态安全。地下水质通常采用水质采样器或水质在线监测仪进行观测。

（5）环境噪声。指由于地下开挖、运输、机械作业等施工活动而产生的声波。环境噪声会影响周边居民和工作人员的生活和健康，甚至引发社会问题。环境噪声通常采用噪声计进行观测。

（6）环境振动。指由于地下开挖、运输、机械作业等施工活动而产生的机械波。环境振动会影响周边建筑物、道路、管线等结构物的安全性能和使用功能，甚至引发裂缝、倾斜等破坏现象。环境振动通常采用振动计进行观测。

2）监测方法的选择。根据监测项目的特点和要求，选择适宜的监测方法和仪器，保证监测数据的准确性和可靠性。常用的监测方法有：

（1）水准法。利用高差仪或自动补偿式高差仪，通过一系列已知高程点（基准点）与待测点（监测点）之间的高差关系，计算出待测点的高程。水准法适用于地表沉降、基坑变形、地下水位等监测项目，具有精度高、操作简便、成本低的优点，但受到地形、气象、视距等因素的限制，需要定期校验和修正。

（2）全站仪法。利用全站仪测量待测点的水平角和距离，结合已知点的坐标和高程，计算出待测点的三维坐标。全站仪法适用于地表沉降、基坑变形、地下水位等监测项目，具有精度高、效率高、功能强的优点，但受到遮挡、反光、电磁干扰等因素的影响，需要注意仪器的校准和保养。

（3）位移计法。利用位移计直接测量待测点的位移量，或利用应变计间接测量待测点的应变量，并转换为位移量。位移计法适用于基坑变形、隧道变形、裂缝开合等监测项目，具有灵敏度高、响应快、连续性好的优点，但受到温度、湿度、安装质量等因素的影响，需要注意零点的稳定和校正。

（4）水位计法。利用水位计直接测量地下水在观测井中的液面高度，或利用压力传感器间接测量地下水在观测井中的压力，并转换为液面高度。水位计法适用于地下水位监测项目，具有精度高、稳定性好、可远程传输的优点，但受到观测井条件、水文参数变化等因素的影响，需要注意观测井的建设和维护。

（5）水质采样器法。利用水质采样器从地下水中取样，并将样品送至试验室进行物理、化学和生物性质的分析。水质采样器法适用于地下水质监测项目，具有分析方法多样、结果可靠的优点，但受到采样时间、采样方式、保存条件等因素的影响，需要注意采样器的清洁和消毒。

（6）水质在线监测仪法。利用水质在线监测仪直接在地下水中进行物理、化学和生物性质的检测，并将检测结果实时传输至数据中心。水质在线监测仪法适用于地下水质监测项目，具有检测速度快、连续性好、可远程控制的优点，但受到仪器性能、维护频率等因素的影响，需要注意仪器的校准和保养。

（7）噪声计法。利用噪声计直接测量环境中的声压级或声级，并将其转换为相应的分贝值。噪声计法适用于环境噪声监测项目，具有操作简便、显示直观、可远程传输的优点，但受到风速、温度、湿度等因素的影响，需要注意噪声计的校准和保护。

（8）振动计法。利用振动计直接测量环境中的振动加速度或振动速度，并将其转换为相应的分贝值。振动计法适用于环境振动监测项目，具有灵敏度高、响应快、可远程传输的优点，但受到地形、地质、安装方式等因素的影响，需要注意振动计的校准和固定。

3）监测仪器的选型。根据监测方法的特点和要求，选择性能优良、适应性强、可靠性高的监测仪器和设备，保证监测数据的准确性和可靠性。常用的监测仪器有：

（1）高差仪。利用水平视线与水平面的夹角，测量两点之间的高差。高差仪分为精密高差仪和一般高差仪，根据精度和稳定性的不同，可分为 A 级、B 级和 C 级。高差仪的主要部件有望远镜、水平圈、垂直圈、水平器、螺栓等。

（2）全站仪。集合了角度测量、距离测量、坐标计算等功能于一体的综合性测量仪器。全站仪分为电子全站仪和光学全站仪，根据精度和功能的不同，可分为 A 级、B 级和 C 级。全站仪的主要部件有望远镜、水平圈、垂直圈、水平器、瞄准器、激光器等。

（3）位移计。利用电阻变化或电感变化，测量两点之间的相对位移。位移计分为电阻式位移计和电感式位移计，根据灵敏度和量程的不同，可分为 A 级、B 级和 C 级。位移计的主要部件有滑片、弹簧、电阻丝或线圈等。

（4）应变计。利用电阻变化或电容变化，测量物体表面或内部的应变量。应变计分为电阻式应变计和电容式应变计，根据灵敏度和量程的不同，可分为 A 级、B 级和 C 级。应变计的主要部件有金属箔或金属丝、胶片或介质等。

（5）水位计。利用水银管或玻璃管，测量地下水在观测井中的液面高度。水位计分为气压式水位计和吸水式水位计，根据精度和稳定性的不同，可分为 A 级、B 级和 C 级。水位计的主要部件有气泵或吸泵、气压表或吸力表、水银管或玻璃管等。

（6）压力传感器。利用压电效应或压阻效应，测量地下水在观测井中的压力，并转换为液面高度。压力传感器分为压电式压力传感器和压阻式压力传感器，根据精度和稳定性的不同，可分为 A 级、B 级和 C 级。压力传感器的主要部件有压电片或压阻片、信号放大器或信号转换器等。

（7）水质采样器。利用真空吸力或重力作用，从地下水中取样，并将样品保存在密封容器中。水质采样器分为真空式水质采样器和重力式水质采样器，根据采样效果和操作便利性的不同，可分为 A 级、B 级和 C 级。水质采样器的主要部件有吸头或入口管、密封瓶或储存袋等。

（8）水质在线监测仪。利用光学原理或化学原理，直接在地下水中进行物理、化学和生物性质的检测，并将检测结果实时传输至数据中心。水质在线监测仪分为光学式水质在线监测仪和化学式水质在线监测仪，根据检测项目和检测精度的不同，可分为 A 级、B 级和 C 级。水质在线监测仪的主要部件有光源或电极、光电池或电流表、信号放大器或信号转换器等。

（9）噪声计。利用麦克风或声压传感器，测量环境中的声压级或声级，并将其转换为相应的分贝值。噪声计分为 A 型噪声计和 C 型噪声计，根据频率响应和精度的不同，可分为 A 级、B 级和 C 级。噪声计的主要部件有麦克风或声压传感器、滤波器、放大器、显示器等。

（10）利用加速度传感器或速度传感器，测量环境中的振动加速度或振动速度，并将其转换为相应的分贝值。振动计分为 A 型振动计和 C 型振动计，根据频率响应和精度的不同，可分为 A 级、B 级和 C 级。振动计的主要部件有加速度传感器或速度传感器、滤波器、放大器、显示器等。

7.1.3　监测方案的编制步骤

编制地下工程施工监测方案的步骤如下：

1）收集编制监测方案所需的基础资料。

2）现场踏勘，了解周围环境。

3）编制初步监测方案。

4）会同工程勘察、设计、建设、施工、监理等有关部门对初步监测方案进行审查，确定各类监测项目的控制基准值。

5）根据审查意见修改和完善监测方案。

6）将监测方案上报相关单位，审批后实施。

7.1.4　监测方案的主要内容

监测方案是指导监测工作的主要技术文件，其主要内容如下：

1）工程概况。

2）建设场地岩土工程条件及周边环境状况。

3）监测的目的和依据。

4）监测的项目和测点数量。

5）基准点、监测点的布设与保护。

6）监测方法及精度。

7）各监测项目的监测周期和频率。

8）监测报警及异常情况下的监测措施。

9）监测数据处理与信息反馈。

10）监测人员的配备。

11）监测仪器及检定要求。

12）监测报告报送对象和运转的流程与时限。

13）作业安全管理及其他监测注意事项。

7.1.5　编制监测方案的基础资料

与地下工程相关的基础资料和结构设计与施工文件是编制监测方案的主要依据。为了选择最优的监测技术和方案，采用科学的监测方法，必须对基础资料进行详细的分析和总结。在编制监测方案前应熟悉的基础资料主要包括以下内容：

1）地下工程的设计文件和图纸。

2）地下工程的地质勘察报告和文件。

3）地下工程所处区域的地表建筑物分布及其平面图。

4）地下工程所处区域的地下和地面管线平面图。

5）地下工程施工影响区域被保护对象的建筑结构图。

6）地下工程的主体结构设计图。

7）地下工程围护结构和主体结构的施工方案。

8）新型监测设备和传感器的信息。

9）类似工程取得的监测经验和监测资料。

10）国家现行的有关规范、规定、工程监测合同、协议等。

7.2　监测的组织与实施

地下工程的监测应该作为施工建设的重要工序纳入到施工组织设计中，并组织专业技术人员负责监测的组织与实施。

7.2.1　监测的前期准备

1. 技术准备

监测工作实施前应组织监测和施工相关技术负责人对监测方案进行技术交底。组织监测人员熟悉监测方案，明确个人的分工和职责。此外，应开展基础资料的调查与分析。需要调查的基础资料包括监测区域的气象、地形、工程地质和水文地质、地下管线状况、周围建筑物的现状以及临近地下工程的建筑物和构筑物等。基础资料的调查分析还应包括类似监测项目在国内外的实施情况、施工单位进行类似工程施工监测所取得的经验和教训、现场水电供应情况，主要监测设备和传感器的生产厂商以及供货情况。

2. 设备及物资准备

1）设备及物资准备

① 根据每项工程的特殊要求，购置必要的仪器设备和传感器，了解和熟悉新购仪器、仪表和传感器的使用方法。对原有设备进行保养、标定和维修。

② 监测传感器及材料的准备。根据监测方案所提供的传感器和材料的规格、数量编制相应的计划，以满足不同施工阶段对传感器和材料的需求。

2）设备及物资准备工作的程序

① 根据监测方案中确定的仪器、仪表、传感器、辅助材料等的规格和数量，编制各种设备、物资需求量的计划，包括规格、数量等。

② 与相关厂商签订设备、物资供应和租赁的合同，保证所需设备和传感器的及时供应。

③ 确定设备与物资进场时间及使用计划。

3. 人员组织与安排

1）组建现场监测机构和人员

根据监测工程的规模、特点和复杂程度，确定现场监测技术人员的数量和结构组成，依据合理分工与密切协作的原则，建立具有监测经验丰富、工作效率高的现场监测机构。

2）人员培训

为顺利完成监测方案所规定的各项监测任务，应对现场监测与操作人员进行技术方案交底和技术培训。其内容包括传感器埋设计划、现场监测计划、技术标准和质量保证措施、数据整理与分析以及监测报告的形式等。

4. 现场准备

1）设立现场监测控制网点

根据监测方案拟定的控制网点，设置区域永久性控制测量基点。完成监测传感器辅助材料的订货和加工。

2）做好拟保护建筑物、构筑物的调查与鉴定工作

对地下工程施工区域以及影响范围内的建筑物的现状进行全面调查。如果存在需要重点保护的建（构）筑物，可委托具有资质的相关单位进行技术鉴定。

7.2.2 监测工作的实施与管理

监测工作的实施一般可分为三个阶段，即测点布设、监测及资料分析与整理。

1. 测点的布设原则

1）测点的位置和数量应结合工程性质、地质条件、设计要求以及施工特点等确定。

2）为验证设计参数而设置的测点应布置在施工中的最不利位置，如预测最大变形、最大内力处。为指导施工而设置的测点应布置在相同工况下的最先施工部位，其目的是及时获得信息并加以反馈，以便修改设计参数和指导施工。

3）在设置结构或构件表面的变形测点时，既要考虑测点能反映监测对象的变形特征，又要便于观测和保护。

4）结构内测点如拱顶下沉、边墙相对位移、钢支撑的内力以及测斜管等的设置不能影响和妨碍结构的正常受力，不能影响结构的变形刚度和强度。

5）在实施多项测试时，各类测点的布置在时间和空间上应有机结合，力求使同一位置能同时反映不同的物理量变化，以便找出其内在联系和变化规律。

6）深层测点如土体水平位移、土体垂直位移等应提前埋设，其时间一般不少于30d，以便监测工作开始时测点处于稳定的工作状态。

7）测点在施工过程中若遭到破坏，应尽快在原位或其附近补设测点，以保证该点观测数据的连续性。

2. 传感器的检验与标定

常用的监测传感器主要有土压力计、钢筋应力计、混凝土应变计、应力计、轴力计、孔隙水压力计、渗水压力计、水位计、多点位移计等，无论采用何种类型的传感器，在埋设前都应从以下四个方面进行检验和标定。

1）外观检验

监测传感器从出厂至现场安装一般要经过装卸、运输、存放等环节。由于环境条件的变化极易使其性能和稳定性发生改变或损坏，因此在使用前应进行外观检验和检查，包括其几何尺寸是否符合要求，金属外壳是否锈蚀，测量的线缆连接是否牢固、绝缘材料是否破损等。

2）防水性检验

多数监测传感器在正常工作状态时要承受一定的水压力。因此，其防水密封性能的高低会直接影响测试性能的发挥。检验传感器防水性能的方法是将传感器置入正常工作状态水压力值的1.5～2.0倍的压力罐中，经24h后再检查其测试性能，如果其工作正常，则密封性好，否则传感器的防水密封性差，需要更换或采取措施提高其防水性。

3）压力标定

将传感器放在专门的标定设备上，一般用油压标定，也可用水标或砂标。根据传感器的量程，按1/20～1/10的终值分级进行加载，并按每级加载值的2倍跳级卸载，如此反复进行两次加卸载试验，然后绘制出压力与电阻或压力与频率的关系曲线，并利用最小二乘法求出压力标定系数。

4）温度标定

将传感器放在恒温箱内或浸入不同温度的恒温水中，改变箱体内温度或水温，并测定传感器的频率值，根据测定结果绘制温度与电阻或温度与频率的关系曲线，得出温度标定系数。

3. 监测系统的选择、调试和管理

1）人工测试系统

由人工变换时间和地点进行测试或读取信息的系统称为人工测试系统。

（1）传感器。传感器是埋没在地层或结构内部的监测元器件。传感器通过测量被测对象的物理量，并将被测物理量转化为电量参数如电压、电流或频率，形成便于仪器接收和传输的电信号。

（2）采集箱。采集箱是连接传感器与测读仪表之间的装置。利用采集箱的切换开关可以实现多个传感器与一个测读仪器之间的连接。

（3）测读仪器。测读仪器的功能是将传感器传输的电信号转变成可测读的数字符号，便于记录和后处理。被接收的数字称为观测量。运用相应的计算公式，由观测量计算得出的物理量称为观测成果。

（4）计算机。在人工测试系统中，计算机主要用于数据汇总、计算、分析、制表和绘图与打印。

2）自动测试系统

（1）传感器。其功能与人工测试系统中的相同。

（2）遥测采集器。对于自动化测试系统，通过计算机或自动检测仪表的自动切换可实现一台测读仪表能速读数十甚至数百个传感器，从而可节约大量传输电缆，提高测读的可靠性和工作效率。

（3）自动测读仪表。其功能与人工测试系统中的测试仪表相似。自动测读仪表能够自动切换测点，定时、定点地测读数据，具有数据的切换、存储和显示功能，并可连接多种外围设备如打印机、绘图仪等。

（4）计算机系统。计算机系统包括主机、外围设备和软件系统。其在自动测试系统中的作用不仅可以实现对整个测试系统的控制，而且能够对测试数据进行实时处理，提高检测数据的处理与分析功效。

3）测试系统的调试和管理

无论是人工测试系统还是自动测试系统，在进入正常工作状态前都应进行系统的调试。系统的调试可分为两个部分。

（1）室内单项和联机多项调试，它包括利用试验室内各种调试手段和设备对测量传感器、仪器仪表以及连成后的系统进行模拟试验。

（2）在监测现场安装完毕后的调试。调试目的在于检查系统各部分功能是否正常，重点检查传感器、二次仪表和通信设备等是否正常，采集的数据是否可靠，精度能否达到安全监测控制指标的要求等。

测试系统的管理是指除了严格地按照测试系统的操作方法进行监测以外，还必须对数据的采集实行现场质量控制。为确保监测信息的可靠性，应定期检查监测系统的工作性能，主要检查的内容如下：

（1）传感器或表面测点是否遭受人为或自然的损坏，性能是否稳定。

（2）各种测试仪表是否按期校验鉴定，以确定功能是否正常。

（3）仪表设备的工作环境是否符合测试条件。

（4）电缆电线是否完好，绝缘性能是否达到设计要求。

（5）对采集获得的数据进行分析，并剔除由仪器本身引起较大误差的数据。

4. 传感器和仪器的选用

地下工程的监测是一项长期和连续的工作，监测仪器、设备和传感器选用是否得当是做好监测工作的重要环节。由于监测传感器和仪器的工作环境大多是处在室外或地下，而且埋设后的传感器不能置换。因此，如果传感器和仪器选用不当，不仅造成人力、物力的浪费，还会因监测数据的失真而误判支护与围岩受力状态，甚至引起严重的后果。

在选择监测设备和传感器时，需要重点从以下六个方面进行考虑。

1）可靠性

可靠性是指监测设备、传感器在按设计规定的工作条件和工作时间内保持原有技术性能的程度。可靠性包括耐久、坚固和易于检修三个方面，它是评价传感器、仪器性能的首要因素。

2）坚固性

坚固性通常是指传感器、仪器在运输、埋设过程中承受外荷载作用的能力，包括运输期间的颠簸、搬运冲击等。精密的测量传感器和仪表一经损坏，在现场条件下常难以修复，因此坚固性是选用传感器和仪表时考虑的另外一个重要因素。

3）通用性

监测仪器和传感器必须配套使用。如果在同一个监测项目中使用不同厂商提供的监测传感器时，必须要配置对应厂家的监测仪表，这样必然会增加监测费用，并给日后的使用和管理带来不便。因此合理的方法是选用通用性较强的监测传感器和仪表。

4）经济性

选用精度高和可靠性好的监测传感器和仪器是实现预期监测目标的首要条件。在保证达到这一条件的前提下，需要进行技术经济比较，选择性价比高的仪器设备。

5）测量原理和方法

对于测试系统，利用简单机械原理的仪器进行测试，其测试结果的可靠性要高于电测仪器。同样，简单的直接测量法比复杂的间接测量法有更高的可信度，这是因为，使用电测法测量非电量，与直接方法测量非电量相比，前者在测试过程中又增加了将非电量转化成电量的环节，而且在测试过程中，难以完全消除测试系统中温度、湿度、电压、电阻、电容等的变化对测试结果的影响。

6）精度和量程

在选用监测传感器和仪器时，其精度必须满足监测精度的要求，这是进行测试的必要条件，否则，将会导致监测数据的失真，进而会得出错误的结论。但选择过高精度的传感器和仪器，不仅会增加监测的费用，而且提供的信息也不会有更高的实用价值。监测传感器的量程和精度是两个相互制约的指标，量程越大，则精度越低，而精度越高则量程越小。因此，通常是优先满足测量对量程的要求。

5. 监测控制基准值的确定

监测控制基准值是监测工作实施前，为确保监测对象安全而设定的各项监测指标的最大值。由建设、设计、监理、施工、市政和监测等有关部门共同协商确定。在监测实施过程中，一旦发现监测数据超越控制基准值，监测部门应及时提出预警，并向施工、监理、建设等相关部门进行报告。

7.3   监测资料的整理与分析

7.3.1   监测资料的种类

1. 监测方案

监测方案是贯彻监测工作始终的指导性文件，因而是重要的监测资料之一，工程竣工后，根据监测方案实际施作情况，对原监测方案进行补充和修改。

2. 监测日志

记载监测实施阶段每日的气象、完成的测试项目、现场异常情况、文件收发记录等。

3. 监测数据

监测数据是监测资料中最基础、最原始的资料，它是编制监测报表、绘制监测曲线、计算与分析、撰写监测报告的重要依据。

4. 监测报表

每次测试完成后应及时向相关单位报送监测分析的图表，按日期和项目内容进行编排、装订，包括监测日报表、周表报及月报表。

5. 监测报告

监测报告是指对某一段时间或某一监测项目实施情况的总结，找出监测项目变化的规律，提出指导施工的建议或措施。每一个监测工程都有一个监测总报告，根据工程规模和时间，也可以提出阶段报告或分报告。

6. 监测工程联系单

联系单是监测部门就监测过程中遇到的技术问题、特殊情况或测试内容、时间的变更等与委托方进行联系或达成协议的书面记载。

7. 监测会议纪要

监测会议纪要包括监测方案评审会、现场监测工作例会、定期或不定期举行的专家评审会、施工协调会等涉及监测内容的会议记录。

7.3.2 监测数据的整理

1. 数据采集

监测数据是整个地下工程监测工作进行与分析和判断的基础，因此必须重视数据的采集工作。数据的采集应严格按照监测传感器、仪表的工作原理及确定的监测方案进行，同时应坚持长期、连续、定人、定时、定仪器的原则进行。监测人员应各负其责，并采用专用表格做好数据的记录和整理，保留原始资料。每次监测数据汇总时，现场测量、记录、审核和整理人员应在记录和汇总表上签名，以提高监测人员的责任心，确保监测数据的真实性与可靠性。在现场监测期间，若发现监测数据异常时，应及时进行复测，加密观测次数和频率，以免误报或漏报施工中可能出现的险情。当人工录入测量数据时，应对录入计算机的数据进行二次校核，确保录入数据的正确性。

2. 数据采集的质量控制

根据不同监测仪器的原理和不同的采集方法，采用相应的检查和鉴定手段加强现场监测数据采集质量的控制，包括严格遵守操作规程、定期检查、鉴定和维修监测系统以及加强对监测人员的培训。对监测仪器和数据采集质量的控制应从以下五个方面进行。

1）确定监测基准点的稳定性。

2）定期检验和鉴定仪器设备。

3）保护好现场测点。

4）严格遵守仪器操作规程。

5）做好监测数据的误差分析。

3. 误差产生的原因和检验方法

误差产生的原因主要包括观测者、仪器、外界条件等因素。

观测者原因：由于观测者感觉器官的鉴别能力有限，在安置仪器、照准目标及读数等方面均会产生误差。

仪器原因：由于仪器制造和校正不可能十分完善，导致观测值的精度受到一定的影响，不可避免地存在误差。

外界条件原因：在观测过程中，由于外界条件（如温度、湿度、风力及阳光照射等）随时发生变化，必然给观测值带来误差。

误差的检测方法包括：

系统误差的检测与消除：系统误差是在相同观测条件下，对某一量进行一系列的观测，如果出现的误差在符号和数值上均相同，或按一定的规律变化。系统误差具有积累性，对观测值的影响具有一定的数学或物理上的规律性。如果找到这种规律性，则系统误差对观测值的影响可以改正，或可用一定的测量方法加以抵消或削弱。

偶然误差的检测与处理：偶然误差在相同的条件下，对某一量进行一系列的观测，若误差出现的符号和数值大小均不一致，从表面上看没有任何规律性。偶然误差在测量工作中是不可避免的，除了上述两种误差以外，还可能发生错误，例如瞄准目标、读错大数，是由观测者的粗心大意或技术不熟练造成的。错误是可以避免的，含有错误的观测值应该舍弃，并重新进行观测。为了防止错误的发生和提高观测成果的质量，在测量工作中一般要进行多于必要的观测，称为"多余观测"。有了多余观测可以发现观测值中的错误，以便将其排除。

环境误差的检测与处理：环境误差是由于测量仪表工作的环境（温度、气压、湿度等）不是仪表校验时的标准状态，而是随时间在变化，从而引起的误差。为了减少环境误差，需要确保测量在稳定的环境条件下进行，或者采取适当的校正措施。

综上所述，误差的产生是多方面因素共同作用的结果，而其检测与处理方法则涉及对不同类型误差的识别和相应的处理措施。

7.3.3　监测数据的分析与反馈

在地下工程施工过程中，应对监测数据进行分析与反馈。监测数据的分析可分为实时分析和阶段分析，均以报告形式加以反馈。

1. 实时分析

根据每天的监测数据分析地下工程施工对结构和周边环境的影响，及时发现安全隐患，及时采取措施进行处理。实时分析一般采用日报表的形式加以反馈。

2. 阶段分析

经过一段时间的监测工作后，可根据大量的监测数据及相关资料等进行综合分析，总结地下工程施工对周围地层影响的一般规律，指导下一阶段的施工。阶段分析一般采用周报、月报形式或根据工程施工需要不定期进行反馈，提出指导施工和优化设计参数的建议。

在工程竣工后，应提交监测工作总结报告。对监测数据进行系统分析，分析地下结构、围岩或监测对象在施工期间的变形及内力变化规律，总结工程施工的经验与教训，为以后类似工程的设计、施工以及规范的修订提供参考。

7.3.4　监测结果的评价

见表 7-1。

监测结果的评价　　　　　　　　　　　　　　　　　　表 7-1

监测项目	支护结构类型、岩土类型	工程监测等级一级 累计值(mm) 绝对值	相对基坑深度(H)值	变化速率(mm/d)	工程监测等级二级 累计值(mm) 绝对值	相对基坑深度(H)值	变化速率(mm/d)	工程监测等级三级 累计值(mm) 绝对值	相对基坑深度(H)值	变化速率(mm/d)
支护桩(墙)顶竖向位移	土钉墙、型钢水泥土墙	—	—	—	—	—	—	30~40	0.5%~0.6%	4~5
	灌注桩、地下连续墙	10~25	0.1%~0.15%	2~3	20~30	0.15%~0.3%	3~4	20~30	0.15%~0.3%	3~4
支护桩(墙)顶水平位移	土钉墙、型钢水泥土墙	—	—	—	—	—	—	30~60	0.6%~0.8%	5~6
	灌注桩、地下连续墙	15~25	0.1%~0.15%	2~3	20~30	0.15%~0.3%	3~4	20~40	0.2%~0.4%	3~4
支护桩(墙)体水平位移	型钢水泥土墙 坚硬~中硬土	—	—	—	—	—	—	40~50	0.4%	6
	型钢水泥土墙 中软~软弱土	—	—	—	—	—	—	50~70	0.7%	6
	灌注桩、地下连续墙 坚硬~中硬土	20~30	0.15%~0.2%	2~3	30~40	0.2%~0.4%	3~4	30~40	0.2%~0.4%	4~5
	灌注桩、地下连续墙 中软~软弱土	30~50	0.2%~0.3%	2~4	40~60	0.3%~0.5%	3~5	50~70	0.5%~0.7%	4~6
地表沉降	坚硬~中硬土	20~30	0.15%~0.2%	2~4	25~35	0.2%~0.3%	2~4	30~40	0.3%~0.4%	2~4
	中软~软弱土	20~40	0.2%~0.3%	2~4	30~50	0.3%~0.5%	3~5	40~60	0.4%~0.6%	4~6
立柱结构竖向位移		10~20	—	2~3	10~20	—	2~3	10~20	—	2~3
支护墙结构应力 立柱结构应力		$(60\%\sim70\%)f$			$(70\%\sim80\%)f$			$(70\%\sim80\%)f$		
支撑轴力 锚杆拉力		最大值：$(60\%\sim70\%)f$ 最小值：$(80\%\sim100\%)f_y$			最大值：$(70\%\sim80\%)f$ 最小值：$(80\%\sim100\%)f_y$			最大值：$(70\%\sim80\%)f$ 最小值：$(80\%\sim100\%)f_y$		

注：1. H——基坑设计深度，f——构件的承载能力设计值，f_y——支撑、锚杆的预应力设计值；

2. 累计值应按表中绝对值和相对基坑深度(H)值两者中的小值取用；

3. 支护桩(墙)顶隆起控制值宜为20mm；

4. 嵌岩的灌注桩或地下连续墙控制值可按表中数值的50%取。

7.3.5　监测报告的编制

见表 7-2～表 7-7。

水平位移和竖向位移监测日报表　　　　　　　　　　　　　　　表 7-2

工程名称：××广场地下车库　　　　　　　　报表编号：No. 07-12-W49　　　　　　天气：多云
观测者：×××　　　　计算者：×××　　　　校核者：×××　　　　测试时间：××年××月××日

点号	水平位移量（mm）				竖向位移量（mm）				备注
	本次测试值	单次变化	累计变化量	变化速率	本次测试值	单次变化	累计变化量	变化速率	
W1	0.3	0.3	23.6	0.3	—	—	—	—	
W2	0.7	0.7	32.6	0.7	0.62	0.62	4.64	0.05	
W3	0.0	0.0	25.7	0.0	—	—	—	—	
W4	0.0	0.0	33.0	0.0	—	—	—	—	
W5	0.0	0.0	46.6	0.0	0.78	0.78	4.96	0.06	
W6	0.0	0.0	**52.0**	0.0	—	—	—	—	水平位移累计值报警
W7	0.0	0.0	**53.3**	0.0	—	—	—	—	水平位移累计值报警
W8	0.5	0.5	24.7	0.5	0.26	0.26	0.38	0.02	
W9	2.1	2.1	7.8	2.1	—	—	—	—	
W10	2.4	2.4	6.9	2.4	—	—	—	—	
W11	0.0	0.0	0.0	0.0	0.00	0.00	0.00	0.00	未开挖
W12	2.4	2.4	2.4	2.4	—	—	—	—	
W13	2.4	2.4	3.6	2.4	0.16	0.16	0.16	0.01	
W14	1.6	1.6	7.1	1.6	—	—	—	—	
W15	1.8	1.8	8.4	1.8	—	—	—	—	
W16	0.7	0.7	**41.0**	0.7	0.29	0.29	6.19	0.02	水平位移累计值报警
W17	0.0	0.0	**61.8**	0.0	—	—	—	—	水平位移累计值报警
W18	0.0	0.0	**98.1**	0.0	—	—	—	—	水平位移累计值报警
W19	2.9	2.9	**151.6**	2.9	0.56	0.56	8.89	0.04	水平位移累计值报警
W20	0.6	0.6	**193.2**	0.6	—	—	—	—	水平位移累计值报警
W21	0.4	0.4	**223.1**	0.4	—	—	—	—	水平位移累计值报警
W22	0.6	0.6	42.0	0.6	0.98	0.98	6.22	0.08	
W23	2.4	2.4	**123.2**	2.4	—	—	—	—	水平位移累计值报警
W24	3.4	3.4	**120.4**	3.4	—	—	—	—	水平位移累计值报警
W25	3.5	3.5	**114.6**	3.5	1.12	1.12	7.31	0.09	水平位移累计值报警
W26	2.1	2.1	**61.3**	2.1	—	—	—	—	水平位移累计值报警
W27	3.7	3.7	**89.9**	3.7	—	—	—	—	水平位移累计值报警

续表

点号	水平位移量（mm）				竖向位移量（mm）				备注
	本次测试值	单次变化	累计变化量	变化速率	本次测试值	单次变化	累计变化量	变化速率	
W28	3.1	3.1	**106.9**	3.1	0.68	0.68	9.18	0.05	水平位移累计值报警
W29	0.4	0.4	**106.2**	0.4	—	—	—	—	水平位移累计值报警
W30	0.5	0.5	**68.7**	0.5	—	—	—	—	水平位移累计值报警
W31	0.9	0.9	41.6	0.9	0.98	0.98	9.26	0.08	
工况	东南角开挖到底，西北角浇筑好基础底板，东侧开挖至水平支撑处			当日监测的简要分析及判断性结论：①复合土钉墙段累计变形较大，大部分测点超出累计报警值；复合土钉墙段工作进入危险状态。②灌注桩段坑顶位移较小（<9mm）。③受前期降雨及基坑西侧堆土影响，本期基坑西侧坑顶水平位移变化较大（W24～W28，其变化速率2～3m/d）。④各测点变化速率均未超出报警值					

工程负责人：×××　　　　　　　　　　　　　　监测单位：××市建设工程质量检测中心

房屋沉降监测日报表　　　　　　　　　　　　表 7-3

工程名称：××广场地下车库　　　报表编号：No. 07-12-CF24　　　天气：多云
观测者：×××　　　　计算者：×××　　　　校核者：×××　　　测试时间：××年××月××日

点号	竖向位移量（mm）				备注
	本次测试值	单次变化	累计变化量	变化速率	
CY1	0.89	0.89	3.25	0.297	
CY2	0.68	0.68	2.98	0.227	
CY3	0.98	0.98	3.21	0.327	
CY4	0.13	0.13	0.56	0.043	
CY5	0.08	0.08	0.47	0.027	
CA1	0.68	0.68	4.52	0.227	
CA2	0.59	0.59	4.68	0.197	
CA3	0.05	0.05	1.02	0.017	
CA4	0.06	0.06	1.11	0.020	
CA5	0.04	0.04	0.26	0.013	
CA6	0.12	0.12	0.34	0.040	
CB1	0.89	0.89	5.29	0.297	
CB2	0.88	0.88	5.68	0.293	
CB3	0.12	0.12	1.02	0.040	
CB4	0.11	0.11	1.15	0.037	
CB5	0.05	0.05	0.08	0.017	
CB6	0.07	0.07	0.09	0.023	

续表

点号	竖向位移量（mm）				备注
	本次测试值	单次变化	累计变化量	变化速率	
CC1	0.58	0.58	3.56	0.193	
CC2	0.59	0.59	3.48	0.197	
CC3	0.21	0.21	1.59	0.070	
CC4	0.23	0.23	1.27	0.077	
工况	东南角开挖到底，西北角浇筑好基础底板，东侧开挖至水平支撑处			当日监测的简要分析及判断性结论：基坑东南角开挖到底，周边房屋沉降量较小，日变化量和累计变化量均未超出报警值	

工程负责人：×××　　　　　　　　　　　　　监测单位：××市建设工程质量检测中心

深层水平位移监测日报表　　　　　表 7-4

孔号：CX7

工程名称：××广场地下车库　　　　　报表编号：No.07-12-CX7-21　　　　　天气：多云
观测者：×××　　　计算者：×××　　　校核者：×××　　　测试时间：××年××月××日

深度（m）	本次位移增量（mm）	累计位移（mm）	变化速率（mm/d）	
1	13.58	83.44	2.26	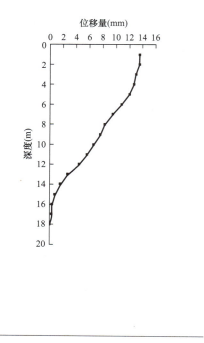
2	13.58	91.04	2.26	
3	13.04	95.26	2.17	
4	12.72	97.4	2.12	
5	12.04	98	2.01	
6	10.84	95.66	1.81	
7	9.52	88.52	1.6	
8	8.34	77.98	1.39	
9	7.64	69.8	1.27	
10	6.64	59.62	1.11	
11	5.64	47.34	0.94	
12	4.48	32.62	0.75	
13	2.68	18.68	0.45	
14	1.6	10.64	0.27	
15	0.78	4.96	0.13	
16	0.32	1.62	0.05	
17	0.3	1.68	0.05	
18	0.02	0	0	
工况	东南角开挖，西北角浇筑好基础，东侧开挖至水平支撑处			

当日监测的简要分析及判断性结论：基坑东南角开挖到底，CX7 号深层水平位移累计值超过报警值 50mm，H 变化量未达到报警值

工程负责人：×××　　　　　　　　　　　　　监测单位：××市建设工程质量检测中心

支撑轴力检测日报表 表 7-5

工程名称：××广场地下车库　　　　报表编号：No.07-12-ZL13　　　　天气：多云
观测者：×××　　计算者：×××　　校核者：×××　　测试时间：××年××月××日

点号	本次内力(kN)	单次变化(kN)	累计变化(kN)	备注	点号	本次内力(kN)	单次变化(kN)	累计变化(kN)	备注
ZL1	3416.39	246.64	3078.30		—	—	—	—	—
ZL2	2454.99	347.73	2124.85		—	—	—	—	—
ZL3	—			档	—	—	—	—	—
ZL4	1330.70	74.24	965.25		—	—	—	—	—
ZL5	1742.97	−82.49	1241.89		—	—	—	—	—
ZL6	—	—	—	档	—	—	—	—	—
ZL7	690.95	23.16	482.07						

工况	东南角开挖到底,西北角浇筑好基础底板,东侧开挖至水平支撑处	当日检测的简要分析及判断性结论:基坑东南角开挖到底,支撑轴力较前期有所增加,均未达到报警值

工程负责人：×××　　　　检测单位：××市建设工程质量检测中心

地下水位监测日报表 表 7-6

工程名称：××广场地下车库　　报表编号：No.07-12-SW27　　天气：多云
观测者：×××　　计算者：×××　　校核者：×××　　测试时间：××年××月××日

组号	点号	初始高程(m)	本次高程(m)	上次高程(m)	本次变化量(m)	累计变化量(m)	变化速率(m/d)	备注
	SW1	−8.289	−12.324	−12.324	0.000	**4.035**	0.000	
	SW2	−4.755	−5.160	−5.260	−0.100	0.405	−0.100	
	SW3	−3.390	−6.760	−6.840	−0.080	**3.370**	−0.080	
	SW4	−11.560	−12.200	−12.200	0.000	0.640	0.000	
	SW5	−4.428	−6.652	−6.792	−0.140	**2.224**	−0.140	

工况	东南角开挖到底,西北角浇筑好基础底板,东侧开挖至水平支撑处	当日监测的简要分析及判断性结论:基坑东南角开挖到底,SW1、SW3 和 SW5 累计水位下降超过报警值 100cm,本期变化稳定,未超出日报警值

工程负责人：×××　　　　监测单位：××市建设工程质量检测中心

巡视检查日报表 表 7-7

工程名称：××广场地下车库　　　　报表编号：No.07-12-XS30
观测者：×××　　　　观测日期：××年××月××日

分类	巡视检查内容	巡视检查结果	备注
自然条件	气温	29℃	
	雨量	—	
	风级	—	
	水位	—	

续表

分类	巡视检查内容	巡视检查结果	备注
支护结构	支护结构成型质量	良好	
	冠梁、支撑、围檩裂缝	肉眼观察无明显裂缝	
	支撑、立柱变形	肉眼无明显变形	
	止水帷幕开裂、渗漏	无开裂、无明显渗漏	
	墙后土体沉陷、裂缝及滑移	南侧经过卸土后，位移逐渐变小，无新裂缝出现	
	基坑涌土、流砂、管涌	无	
	其他	—	
施工工况	土质情况	西南角土质较差	
	基坑开挖分段长度及分层厚度	与设计一致	
	地表水、地下水状况	无地表水蓄积，地下水位本次变化正常，累计变化过大	
	基坑降水、回灌设施运转情况	—	
	基坑周边地面堆载情况	西侧离基坑 30m 是堆土区域	
	其他	基坑东南角开挖到底，西北角浇筑好基础底板，东侧开挖至水平支撑处	
周边环境	管道破损，泄露情况	无	
	周边建筑裂缝	无	
	周边道路(地面)裂缝、沉陷	无	
	邻近施工情况	西侧约 25m 处大量堆土	
	其他	—	
监测设施	基准点、测点完好状况	CX8 因注浆受损，ZL3 和 ZL6 被土埋	
	监测元件完好情况	良好	
	观测工作条件	良好	

工程负责人：×××　　　　　　　　　　　　　监测单位：××市建设工程质量检测中心

复习思考题

7-1　监测方案的设计原则有哪些？请简要说明。

7-2　监测项目的确定应该考虑哪些因素？请举例说明。

7-3　监测方法的选择应该遵循哪些原则？请列举常用的监测方法，并说明其适用范围和优缺点。

7-4　监测仪器的选型应该注意哪些问题？请列举常用的监测仪器，并说明其工作原理和性能指标。

7-5　监测方案的主要内容有哪些？请简要介绍每个内容的具体内容和编制方法。

7-6　监测工作的前期准备包括哪些工作？请简要说明每个工作的目的和要求。

7-7　监测工作的实施与管理应该遵循哪些原则？请简要说明每个原则的含义和作用。

7-8　监测资料的种类有哪些？请简要说明每种资料的特点和来源。

7-9　监测数据的整理应该注意哪些问题？请简要说明常用的数据整理方法，并给出示例。

7-10　监测数据的分析与反馈应该遵循哪些原则？请简要说明常用的数据分析方法，并给出示例。

7-11　监测结果的评价应该注意哪些问题？请简要说明常用的评价方法，并给出示例。

7-12　监测报告的编制应该遵循哪些原则？请简要说明报告的主要内容和格式。

第8章　地下工程现场检测技术

【本章导读】

本章主要介绍了地下工程现场检测技术，包括常规检测技术和无损检测技术。常规检测技术主要涉及载荷板试验、静力触探试验、圆锥动力触探试验、标准贯入试验等，通过对地下工程的岩土体进行不同形式的贯入或加载，获取岩土体的强度、刚度、密实度、承载力等参数。无损检测技术主要涉及声波检测、地质雷达检测、电磁波检测、红外线检测等，通过利用不同波长的电磁波或声波，对地下工程的结构、裂缝、空洞、渗流等进行探测和分析。本章旨在帮助读者了解各种现场检测技术的原理、方法、仪器和应用，以及相关的数据处理和评价技术。

【重点和难点】

本章的重点是理解各种现场检测技术的工作原理和测量方法，掌握现场检测技术的仪器使用和维护，以及相关的数据分析和评价技术。本章的难点是掌握现场检测技术的误差分析、无损检测技术的信号处理和图像解译、现场检测技术的选择和优化等内容，以及运用相关的技术解决实际工程问题。

8.1　常规检测技术

8.1.1　载荷板试验技术

载荷板试验是一种传统的、并被广泛应用的地基承载力原位测试方法。首先，通过在拟建场地上开挖至预计基础埋置深度的整平坑底，放置一定面积的方形（或圆形）刚性承压板。然后，在其上逐级施加荷载，测定各级荷载作用下地基的沉降量。并且绘制荷载-沉降关系曲线（p-s 曲线），确定地基土的承载力，计算地基土的变形模量。通常，由载荷板试验求得的地基承载力特征值和变形模量综合反映了承压板下 1.5～2.0 倍承压板宽度（或直径）范围内地基土的强度和变形特性。

1. 平板载荷试验

1）平板载荷试验的基本原理

通过地基土的应力状态，一般将 p-s 曲线划分为三个阶段，如图 8-1 所示。

第一阶段：从 p-s 曲线的原点到比例界限荷载 p_0，p-s 曲线呈直线变化。这一阶段受荷土体中任意点处的剪应力小于土的抗剪强度，土体变形主要由于土体压密引起，土粒主要是竖向变位，称为压密阶段。

第二阶段：从比例界限荷载 p_0 到极限荷载 p_u，$p\text{-}s$ 曲线转为曲线关系，曲线斜率 $\Delta s/\Delta p$ 随压力 p 的增加而增大。这一阶段地基土体除了被压密外，在承压板周围小范围土体中，剪应力已达到或超过了土的抗剪强度，土体局部发生剪切破坏，土体兼有竖向和侧向变位，称为局部剪切阶段。

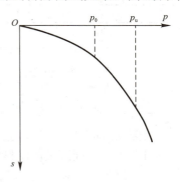

第三阶段：在极限荷载 p_u 以后，即使荷载不增加，承压板仍不断下沉，同时土中形成连续的剪切破坏滑动面，周围土体出现隆起及环状或放射状裂隙，此时土体滑动面上各点剪应力达到或超过土体的抗剪强度，土体变形主要是由剪切引起的侧向变位，称为整体破坏阶段。

图 8-1   静力载荷试验 $p\text{-}s$ 曲线

根据土力学原理，结合工程实践经验和土层性质等参数对试验结果进行分析，合理地确定比例界限荷载和极限荷载是确定地基土承载力基本值和变形模量的前提条件。最终达到控制基底压力和地基土变形的试验目标。

2）静载荷试验设备

常用的静载荷试验设备一般都由加荷稳压系统、反力系统和量测系统三部分组成。

（1）加荷稳压系统：加荷稳压系统是由承压板、加荷千斤顶、稳压器、油泵、油管等组成。

（2）反力系统：反力系统有堆载式、撑臂式、锚固式等多种形式。

（3）量测系统：荷载量测一般采用测力环或电测压力传感器，并用压力表校核。承压板沉降量测采用百分表或位移传感器。

静力载荷试验设备结构如图 8-2 所示。

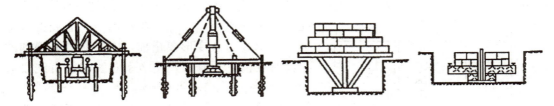

图 8-2   静力载荷试验设备结构

3）试验要求

通常承压板面积不应小于 0.25m^2，对于软土不应小于 0.5m^2。岩石载荷试验承压板面积不宜小于 0.07m^2。基坑宽度不应小于承压板宽度或直径的三倍，以消除基坑周围土体超载的影响。

应注意保持试验土层的原状结构和天然湿度。承压板与土层接触面处，一般应铺设不超过 2mm 的粗、中砂找平，以保证承压板水平并与土层均匀接触。当试验土层为软塑、流塑状态的黏性土或饱和松砂，承压板周围应预留 20～30cm 厚的原土作保护层。

试验加荷标准：加荷载等级不应小于 8 级，可参考表 8-1 选用。

沉降稳定标准：每级加荷后，按间隔 5min、5min、10min、10min、15min、15min 读沉降，以后每隔半小时读一次沉降。当连续两小时每小时的沉降量小于或等于 0.1mm 时，则认为本级荷载下沉降已趋稳定，可加下一级荷载。

每级荷载增量参考值　　　　　　　　　　　　　　　　　表 8-1

试验土层特征	每级荷载增量(kPa)
淤泥,流塑黏性土,松散砂土	<15
软塑黏性土、粉土、稍密砂土	$15 \sim 25$
可塑-硬塑黏性土、粉土,中密砂土	$25 \sim 50$
坚硬黏性土、粉土、密实砂土	$50 \sim 100$
碎石土,软岩石、风化岩石	$100 \sim 200$

极限荷载的确定。当试验中出现下列情况之一时，即可终止加载：

（1）承压板周围土体明显侧向挤出；

（2）沉降 s 急骤增大，荷载-沉降（p-s）曲线出现陡降段；

（3）某一荷载下，24h 沉降速率不能达到稳定标准；

（4）$s/b>0.06$（b 为压板宽度或直径）。

满足前三种情况之一时，其对应的前一级荷载定为极限荷载。

4）静载荷试验资料整理

（1）校对原始记录资料和绘制试验关系曲线

在载荷试验结束后，应及时对原始记录资料进行全面整理和检查，求得各级荷载作用下的稳定沉降值和沉降值随时间的变化，并由载荷试验的原始资料可绘制 p-s 曲线，$\lg p$-$\lg s$ 、$\lg t$-$\lg s$ 等关系曲线。这既是静力载荷试验的主要成果，又是分析计算的主要依据。

（2）沉降观测值的修正

根据原始资料绘制的 p-s 曲线，有时由于受承压板与土之间不够密合、地基土的前期固结压力及开挖基坑引起地基土的回弹变形等因素的影响，使 p-s 曲线的初始直线段不一

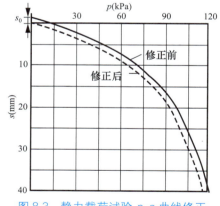

图 8-3　静力载荷试验 p-s 曲线修正

定通过坐标原点。因此，在利用 p-s 曲线推求地基土的承载力及变形模量前，应先对试验得到的沉降观测值进行修正，使 p-s 曲线初始直线段通过坐标原点，如图 8-3 所示。

假设由试验得到的 p-s 曲线初始直线段的方程为：

$$s = s_0 + Cp \qquad (8-1)$$

式中，s_0 为直线段与纵坐标 s 轴的截距（mm）；C 为直线段的斜率；p 为荷载（kPa）；s 为与 p 对应的沉降量（mm）。

问题是如何解出 s 和 C，求得 s_0 和 C 值后可

按下述方法修正沉降观测值：

比例界限点以前各点，按下式计算沉降修正值 s_i：

$$s_i = C \cdot p_i \qquad (8-2)$$

式中，p_i 为比例界限点前某级荷载（kPa）；s_i 为对应于荷载 p_i 的沉降修正值（mm）。

比例界限点以后各观测点，按下式计算沉降修正值 s_i：

$$s_i = s_i' - s_0 \qquad (8-3)$$

式中，s'_i——对应于荷载 p_i 的沉降观测值（mm）。

s_0 和 C 的常见求解方法有最小二乘法。该方法是一种数理统计方法。按最小二乘法原理，式（8-1）的直线方程必须满足最小：

$$Q = \sum(s' - s)^2 \tag{8-4}$$

式中，s'——沉降观测值（mm）。

式（8-4）可改写为：

$$Q = \sum[s' - (s_0 + Cp)]^2 \tag{8-5}$$

要满足式（8-5）的条件，必须有：

$$\partial Q/\partial s = 0 \text{ 和 } \partial Q/\partial C = 0 \tag{8-6}$$

得：

$$Ns_0 + C\sum p - \sum s' = 0 \tag{8-7}$$

$$s_0\sum p + C\sum p^2 - \sum ps' = 0 \tag{8-8}$$

解方程组可得：

$$s_0 = \frac{\sum s' \cdot \sum p^2 - \sum p \cdot \sum ps'}{N\sum p^2 - (\sum p)^2} \tag{8-9}$$

$$C = \frac{N\sum ps' - \sum p \cdot \sum s'}{N\sum p^2 - (\sum p)^2} \tag{8-10}$$

式中，N 为比例界限点前的加荷次数（包括比例界限点）。

5）静力载荷试验资料应用

（1）确定地基土承载力特征值（f_{ak}）的方法

① 强度控制法（以比例界限荷载 p_0 作为地基土承载力特征值）

p-s 曲线上有明显的直线段，一般采用直线段的拐点所对应的荷载为比例界限荷载 p_0，取 p_0 为 f_{ak}；当极限荷载 p_u 小于 $2p_0$ 时，取 $p_u/2$ 为 f_{ak}。

② 相对沉降量控制法

当 p-s 曲线无明显拐点，曲线形状呈缓和曲线型时，可以用相对沉降 s/b 来控制，决定地基土承载力特征值。

如果承压板面积为 $0.25 \sim 0.5\text{m}^2$，可取 s/b（或 d）$= 0.01 \sim 0.015$ 所对应的荷载值。

同一土层中参加统计的试验点不应少于三点，当试验实测值的极差不超过其平均值的 30% 时，取平均值作为地基土承载力特征值。

（2）确定地基土的变形模量

土的变形模量应根据 p-s 曲线的初始直线段，按均质各向同性半无限弹性空间体的布辛奈斯克弹性理论计算。一般在 p-s 曲线直线段上任取一点，取该点的荷载 p 和对应的沉降 s，可按下式计算地基土的变形模量 E_0。

$$E_0 = I_0(1 - \mu^2)\frac{pd}{s} \tag{8-11}$$

式中，I_0 为刚性承压板的形状系数，圆形承压板取 0.785，方形承压板取 0.886；μ 为土的泊松比（碎石土取 0.27，砂土取 0.30，粉土取 0.35，粉质黏土取 0.38，黏土取 0.42）；d 为承压板直径或边长（m）；p 为 p-s 曲线线性段的某级压力（kPa）；s 为与 p 对应的沉降（mm）。

2. 螺旋板载荷试验

螺旋板载荷试验是将螺旋形承压板旋入地面以下预定深度，在土层的天然应力条件下，通过传力杆向螺旋形承压板施加压力，直接测定荷载与土层沉降的关系。螺旋板载荷试验通常用于测求土的变形模量、不排水抗剪强度和固结系数等一系列重要参数。其测试深度可达 10～15m。

1) 试验设备

螺旋板载荷试验设备通常由以下四部分组成：

（1）承压板：呈螺旋板形。它既是回转钻进时的钻头，又是钻进到达试验深度进行载荷试验的承压板。螺旋板通常有两种规格：一种直径 160mm，投影面积 200cm²，钢板厚 5mm，螺距 40mm；另一种直径 252mm，投影面积 500cm²，钢板厚 5mm，螺距 80mm。螺旋板结构示意如图 8-4 所示。

（2）量测系统：采用压力传感器、位移传感器或百分表分别量测施加的压力和土层的沉降量。

（3）加压装置：由千斤顶、传力杆组成。

（4）反力装置：由地锚和钢架梁等组成。

螺旋板载荷试验装置示意图如图 8-5 所示。

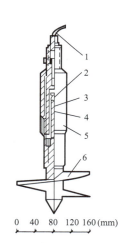

图 8-4　螺旋板结构示意图
1-导线；2-测力仪传感器；3-钢球；
4-传力顶校；5-护套；6-螺旋形承压板

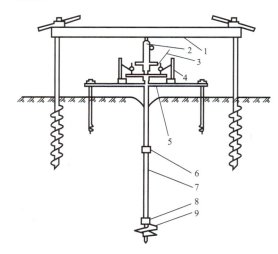

图 8-5　螺旋板载荷试验装置示意图
1-反力装置；2-油压千斤顶；3-百分表；4-磁性座；5-百分表横梁；
6-传力杆接头；7-传力杆；8-测力传感器；9-螺旋形承压板

2) 试验要求

（1）应力法：用油压千斤顶分级加荷，每级荷载对于砂土、中低压缩性的黏性土、粉土宜采用 50kPa，对于高压缩性土采用 25kPa。每加一级荷载后，按 10min、10min、10min、15min、15min 的间隔观测承压板沉降，以后的间隔为 30min，达到相对稳定后施加下一级荷载。相对稳定的标准为连续观测两次以上沉降量小于 0.1mm/h。

（2）应变法：用油压千斤顶加荷，加荷速率根据土性不同而取值，对于砂土、中低压缩性土，宜采用 1～2mm/min，每下沉 1mm 测读压力一次；对于高压缩性土，宜采用

$0.25\sim0.5$mm/min，每下沉 $0.25\sim0.5$mm 测读压力一次，直至土层破坏为止。试验点的垂直距离一般为 1.0m。

3) 试验资料整理与成果应用

螺旋板载荷试验采用应力法时，根据试验可获得载荷-沉降关系曲线（p-s）、沉降与时间关系曲线（s-t 曲线）；采用应变法时，可获得载荷-沉降关系曲线（p-s 曲线）。依据这些资料，通过理论分析可获得如下土层参数。

（1）根据螺旋板试验资料绘制 p-s 曲线，确定地基土的承载力特征值，其方法与静力载荷试验相同。

（2）确定土的不排水变形模量 E_u：

$$E_u = 0.33 \frac{\Delta p D}{\Delta s} \tag{8-12}$$

式中，E_u 为不排水变形模量（MPa）；Δp 为压力增量（MPa）；Δs 为压力增量 Δp 所对应的沉降量（mm）；D 为螺旋板直径（mm）。

（3）确定排水变形模量 E_0：

$$E_0 = 0.42 \frac{\Delta p D}{s_{100}} \tag{8-13}$$

式中，E_0 为排水变形模量（MPa）；s_{100} 为在 Δp 压力增量下固结完成后的沉降量（mm）；

其余符号同式（8-12）。

（4）计算不排水抗剪强度：

$$c_u = \frac{P_l}{k \pi R^2} \tag{8-14}$$

式中，c_u 为不排水抗剪强度（kPa）；P_l 为 p-s 曲线上极限荷载的压力（kN）；R 为螺旋板半径（cm）；k 为系数，对软塑、流塑软黏土取 $8.0\sim9.5$；对其他土取 $9.0\sim11.5$。

（5）计算一维压缩模量 E_{sc}：

$$E_{sc} = m p_a \left(\frac{p}{p_a} \right)^{1-a} \tag{8-15}$$

$$m = \frac{s_c}{s} \frac{(p - p_0) D}{p_a} \tag{8-16}$$

式中，E_{sc} 为一维压缩模量（kPa）；p_a 为标准压力（kPa）；取一个大气压 $p_a = 100$kPa；p 为 p-s 曲线上的荷载（kPa）；p_0 为有效上覆土压力（kPa）；s 为与 p 对应的沉降量（cm）；D 为螺旋板直径（cm）；m 为模数；a 为应力指数；超固结土取 1.0，砂土、粉土取 0.5，正常固结饱和黏土取 0；s_c 为无因次沉降系数，可从图 8-6 查得。

（6）计算径向固结系数 C_r

根据试验得到的每级荷载下沉降量 s 与时间的平方根 $\sqrt{t}$ 绘制 s-$\sqrt{t}$ 曲线。Janbu 根据一维轴对称径向排水的固结理论，推导得径向固结系数 C_r 为：

$$C_r = T_{90} \frac{R^2}{t_{90}} \tag{8-17}$$

式中，C_r 为径向固结系数（cm^2/min）；R 为螺旋板半径（cm）；T_{90} 为相当于 90% 固结

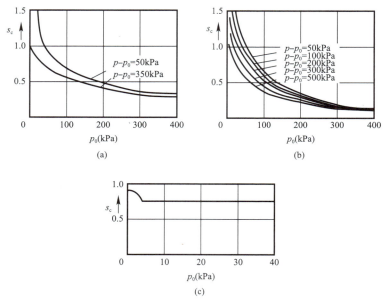

图 8-6　$p_0\text{-}s_c$ 关系曲线图

（a）砂土，粉土；（b）正常固结黏土；（c）超固结黏土

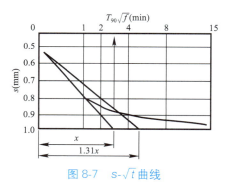

图 8-7　$s\text{-}\sqrt{t}$ 曲线

度的时间因子，取 0.335；t_{90} 为完成 90％ 固结度的时间（min）。可用作图法求得，见图 8-7：过 $s\text{-}\sqrt{t}$ 曲线初始直线段与 s 轴的交点，作一条 1.31 倍初始段直线斜率的直线与 $s\text{-}\sqrt{t}$ 曲线相交，其交点即为完成 90％ 固结度的时间 t_{90}。

螺旋板载荷试验在国内尚处于研究对比阶段，无论设备结构，还是基础理论和实际应用，都有待进一步开发、研究和推广。

8.1.2　静力触探试验技术

静力触探是岩土工程勘察中使用广泛的一个原位测试项目。其试验过程是用准静力（相对动力触探而言，没有或很少有冲击荷载）将一个内部装有压力传感器的标准规格探头以匀速压入土中，记录地层中各种土的状态或密实度不同。探头传感器将各种大小不同的贯入阻力转换成电信号，借助电缆传送到记录仪表记录下来。通过贯入阻力与土的工程地质特性之间的定性关系和统计相关关系，来实现获取土层剖面、提供地基承载力、选择桩尖持力层和预估单桩承载力等岩土工程勘察目的。

1. 静力触探试验概述

静力触探试验具有勘探和测试双重功能，它和常规的钻探—取样—室内试验等勘察程序相比，具有快速、精确、经济和节省人力等特点。特别是对于地层变化较大的复杂场地以及不易取得原状土样的饱和砂土、高灵敏度软黏土地层的勘察，静力触探更具有其独特的优越性。此外，在桩基勘察中，静力触探的某些长处，如能准确地确定桩尖持力层等也是一般的常规勘察手段所不能比拟的。

静力触探试验缺点：贯入机理尚不清楚，无数理模型，因而目前对静探成果的解释主要还是经验性的；它不能直接地识别土层，并且对碎石类土和较密实砂土层难以贯入，因此有时还需要钻探与其配合才能完成工程地质勘察任务。尽管如此，静探的优越性还是相当明显的，因而能在国内外获得极其广泛的应用。

2. 静力触探的贯入设备

1）加压装置

加压装置的作用是将探头压入土层中。国内的静力触探仪按其加压动力装置分手摇式轻型静力触探、齿轮机械式静力触探、全液压传动静力触探仪三种类型（图8-8）。

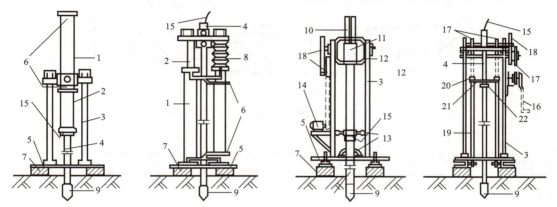

图8-8 常用的触探主机类型

1-活塞杆；2-油缸；3-支架；4-探杆；5-底座；6-高压油管；7-垫木；8-防尘罩；9-探头；
10-滚珠丝杆；11-滚珠螺母；12-变速箱；13-导向器；14-电动机；15-电缆线；16-摇把；
17-链轮；18-齿轮皮带轮；19-加压链条；20-长轴销；21-山形压板；22-垫压块

目前国内已研制出用计算机控制的静力触探车，使计算机控制从资料数据的处理扩展到操作领域。

2）反力装置

静探的反力装置有三种形式：① 利用地锚作反力。② 用重物作反力。③ 利用车辆自重作反力。

3. 静力触探探头

1）探头的工作原理

将探头压入土中时，由于土层的阻力，使探头受到一定的压力；土层的强度越高，探头所受到的压力越大。通过探头内的阻力传感器，将土层的阻力转换为电信号，然后由仪表测量出来。为了实现这个目的，需运用三个方面的原理，即材料弹性变形的虎克定律、电量变化的电阻率定律和电桥原理（目前，国内工程上常用的探头）。

静力触探就是通过探头传感器实现一系列量的转换：土的强度→土的阻力→传感器的应变→电阻的变化→电压的输出，最后由电子仪器放大和记录下来，达到获取土的强度和其他指标的目的。

2）探头的结构

目前国内用的探头有两种，一种是单桥探头，另一种是双桥探头。此外还有能同时测量孔隙水压的两用（p_s-μ）或三用（q_c-μ-f_s）探头，即在单桥或双桥探头的基础上增加了能量测孔隙水压力的功能。

（1）单桥探头：由图8-9可知，单桥探头由带外套筒的锥头、弹性元件（传感器）、顶柱和电阻应变片组成，锥底的截面积规格不一，常用的探头型号及规格见表8-2。单桥探头有效侧壁长度为锥底直径的1.6倍。单桥探头虽带有侧壁摩擦套筒，但不能分别测出锥头阻力和侧壁摩擦力。

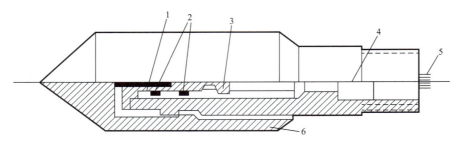

图8-9　单桥探头结构

1-顶柱；2-电阻应变片；3-传感器；4-密封垫圈套；5-四蕊电缆；6-外套筒

单桥探头规格　　　　　　　　　　　　　　　表8-2

型号	锥头直径 d_e(mm)	锥头截面积 A(cm²)	有效侧壁长度 L(mm)	锥角 a(°)
I-1	35.7	10	57	60
I-2	43.7	15	70	60

（2）双桥探头：双桥探头除锥头传感器外，还有侧壁摩擦传感器及摩擦套筒。侧壁摩擦套筒的尺寸与锥底面积有关。双桥探头结构如图8-10所示，其规格见表8-3。

（3）孔压静力触探探头。如图8-11所示为带有孔隙水压力测试的静力触探探头，该探头除了具有双桥探头所需的各种部件外，还增加了由透水陶粒做成的透水滤器和一个孔压传感器。具有能同时测定锥头阻力、侧壁摩擦阻力和孔隙水压力的装置，同时还能测定探头周围土中孔隙水压力的消散过程。

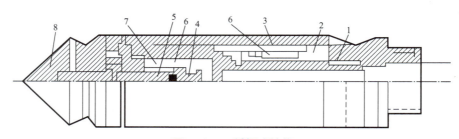

图8-10　双桥探头结构

1-传力杆；2-摩擦传感器；3-摩擦筒；4-锥尖传感器；5-顶柱；6-电阻应变片；7-钢珠；8-锥尖头

双桥探头规格　　　　　　　　　　　　　　　表8-3

型号	锥头直径 d_e(mm)	锥头截面积 A(cm²)	摩擦筒长度 L(mm)	摩擦筒表面积 S(cm²)	锥角 a(°)
II-1	35.7	10	179	200	60
II-2	43.7	15	219	300	60

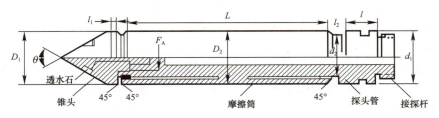

图 8-11 孔压静力触探探头

3）温度对传感器的影响及补偿方法

传感器在不受力的情况下，当温度变化时，应变片中电阻丝（亦称线栅）的阻值也会发生变化。与此同时，由于线栅材料与传感器材料的线膨胀系数不一样，使线栅受到附加拉伸或压缩，也会使应变片的阻值发生变化。这种热输出是和土层阻力无关的，因此必须设法消除才会使测试成果有意义。在静探技术中，常采用在野外操作时测初读数的变化，内业资料整理时将其消除的温度校正方法和桥路补偿法来消除热输出，这两种方法基本上可以把温度对传感器的影响控制在测试精度允许范围之内。

4）探头的标定

探头的标定可在特制的标定装置上进行，也可在材料试验室利用 $50\sim100kN$ 压力机进行，标定用测力计或传感器，精度不应低于 3 级。探头应垂直稳固放置在标定架上，并不使电缆线受压。对于新的探头应反复（一般 3~5 次）预压到额定荷载，以减少传感元件由于加工引起的残余应力。

4. 静力触探测量记录仪器

目前我国常用的静力触探测量仪器有电阻应变仪、自动记录仪、静探计算机三种类型。

1）电阻应变测量仪

手调直读式的电阻应变仪（YJD-1 和 YJ-5）现已基本不用，取而代之的是直显式静力触探记录仪。

该类型的仪器采用浮地测量桥、选通式解调、双积分 A/D 转换等措施，仪器精度高，稳定性好，同时具有操作简单、携带方便等优点，被许多单位选用。

2）静探计算机

静探计算机主要由主机、交流适配器、接线盒、深度控制器等组成。目前国内常用的为 LMG 系列产品，该机可外接静力触探单、双桥探头（包括测孔隙水压的双桥探头）以及电测十字板、静载荷试验、三轴试验等低速电传感器。

静探计算机具有两种采样方式，即按深度和按时间间隔两种。深度间隔的采样方式主要用于静力触探，时间间隔采样方式可用于电测十字板、三轴试验等，对数式时间间隔采样方式可用于孔隙水压消散试验等。

静探计算机能采用人机结合的方法整理资料，能自动计算静力触探分层力学参数，自动计算单桩承载力，提供 q_c、f_c、E_s 等地基参数。

5. 静力触探现场试验要点

1）试验准备工作

（1）设置反力装置（或利用车装重量）。

（2）安装好压入和量测设备，并用水准尺将底板调平。

（3）检查电源电压是否符合要求。

（4）检查仪表是否正常。

（5）将探头接上测量仪器（应与探头标定时的测量仪器相同），并对探头进行试压，检查顶柱、锥头、摩擦筒是否能正常工作。

2）现场试验工作

（1）确定试验前的初读数。将探头压入地表下 0.5m 左右，经过一定时间后将探头提升 10～25cm，使探头在不受压状态下与地温平衡，此时仪器上的读数即为试验开始时的初读数。

（2）贯入速率要求匀速，其速率控制在 1.2±0.3（m/min）。

（3）一般要求每次贯入 10cm 读一次微应变，也可根据土层情况增减，但不能超过 20cm；深度记录误差不超过±1%，当贯入深度超过 30m 穿过软土层贯入硬土层后，应有测斜数据。当偏斜度明显，应校正土层分层界限。

（4）由于初读数不是一个固定不变的数值，所以每贯入一定深度（一般为 2m），要将探头提升 5～10cm，测读一次初读数，以校核贯入过程初读数的变化情况。

（5）接卸钻杆时，切勿使入土钻杆转动，以防止接头处电缆被扭断，同时应严防电缆受拉，以免拉断或破坏密封装置。

（6）当贯入到预定深度或出现下列情况之一时，应停止贯入：触探主机达到最大容许贯入能力，探头阻力达到最大容许压力；反力装置失效；发现探杆弯曲已达到不能容许的程度。

（7）试验结束后应及时起拔探杆，并记录仪器的回零情况，探头拔出后应立即清洗上油，妥善保管，防止探头被暴晒或受冻。

6. 静力触探资料整理

1）单孔资料的整理

（1）原始记录的修正

原始记录的修正包括读数修正、曲线脱节修正和深度修正。

读数修正是通过对初读数的处理来完成的。初读数是指探头在不受土层阻力条件下，传感器初始应变的读数（即零点漂移）。影响初读数的因素主要是温度，为消除其影响，在野外操作时，每隔一定深度将探头提升一次，然后将仪器的初读数调零（贯入前初读数也应为零），或者测记一次初读数。前者在自动记录仪上常用，进行资料整理时，就不必再修正；后者则应按下式对读数进行修正：

$$\varepsilon = \varepsilon_1 - \varepsilon_0 \tag{8-18}$$

式中：ε——土层阻力所产生的应变量（$\mu\varepsilon$）；

ε_1——探头压入时的读数（$\mu\varepsilon$）；

ε_0——根据两相邻初读数之差内插确定的读数修正值（$\mu\varepsilon$）。

对于自身带有计算机的记录仪，由于它能按检测到的初读数（至少两个）自动内插，故最后打印的曲线也不需要再修正。

记录曲线的脱节，往往出现在非连续贯入触探仪每一行程结束和新的行程开始时动态记录曲线出现台阶或喇叭口状，如图 8-12 所示。对于这种情况，一般以停机前曲线位置为准，顺应曲线变化趋势，将曲线较圆滑地连接起来，见图 8-12 中的虚线。

在静力触探试验贯入过程中，由于导轮磨损、导轮与触探杆打滑，以及孔斜、触探杆弯曲等原因，会造成记录曲线上记录深度与实际深度不符。对于触探杆打滑、速比不准，应在贯入过程中随时注意，作好标记，在整理资料时，按等距离调整或在漏记处予以补全。若由于导轮磨损引起的误差，应及时更换导轮；若因孔斜引起的误差，应根据测斜装置的数据或钻探资料予以修正。

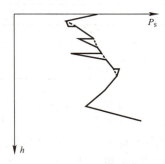

图 8-12　曲线脱节修正

（2）贯入阻力的计算

单桥探头的比贯入阻力、双桥探头的锥头阻力及侧壁摩擦力可按下列公式计算：

$$p_s = K_p \cdot \varepsilon_p \tag{8-19}$$
$$q_c = K_q \cdot \varepsilon_q, f_s = K_f \cdot \varepsilon_f \tag{8-20}$$

式中，p_s 为单桥探头的比贯入阻力（MPa）；q_c 为双桥探头的锥头阻力（MPa）；f_s 为双桥探头的侧壁摩擦力（MPa）；K_p，K_q、K_f 分别为单桥探头，双桥探头的标定系数（MPa/$\mu\varepsilon$）；ε_p、ε_q、ε_f 分别为单桥探头，双桥探头贯入的应变量（$\mu\varepsilon$）。

（3）摩阻比的计算

摩阻比是以百分率表示的各对应深度的锥头阻力和侧壁摩擦力的比值：

$$\alpha = f_s/q_c \times 100\% \tag{8-21}$$

式中，α 为双桥探头的摩阻比。

（4）绘制单孔静探曲线

以深度为纵坐标，比贯入阻力或锥头阻力、侧壁摩擦力为横坐标，绘制单孔静探曲线，其横坐标的比例可按表 8-4 选用。通常 p_s-h 曲线或 q_c-h 曲线用实线表示，f_s-h 曲线用虚线表示。侧壁摩擦力和锥头阻力的比例可匹配成 1:100，同时还应附摩阻比随深度的变化曲线。

比例选用表　　　　　　　　表 8-4

项目	比例
深度	1:100 或 1:200
比贯入阻力或锥头阻力	1cm 表示 500kPa、1000kPa、2000kPa
侧壁摩擦力	1cm 表示 5kPa、20kPa
摩阻比	1cm 表示 1%、2%

对于静探计算机，以上过程均可自动完成。

2）划分土层

静力触探的贯入阻力本身就是土的综合力学指标，利用其随深度的变化可对土层进行力学分层。分层时，应首先考虑静探曲线形态的变化趋势，再结合考虑本地区地层情况或钻探资料。其划分的详细程度应满足实际工程的需要，对主要受力层及对工程有影响的软弱夹层和下卧层应详细划分，每层中最大和最小贯入阻力之比应满足表 8-5 中的规定。

　　　　表 8-5

P_s 或 q_c(MPa)	最大贯入阻力与最小贯入阻力之比
≤1.0	1.0～1.5
1.0～3.0	1.5～2.0
>3.0	2.0～2.5

在划分分层界线时，还应考虑贯入阻力曲线中的超前和滞后现象，这种现象往往出现在探头由密实土层进入软土层或由软土层进入坚硬土层时，其幅度一般为 10～20cm。其原因既有触探机理上的问题，也有仪器性能反映迟缓和土层本身在两层土交接处带有一些渐变的性质，情况比较复杂，在分层时应根据具体情况加以分析。

3）土层贯入阻力的计算

（1）单孔分层贯入阻力

在土层分界线划定后，便可计算单孔分层平均贯入阻力。计算时，应剔除记录中的异常点以及超前和滞后值。

（2）场地各土层贯入阻力

根据单孔各土层贯入阻力及土层厚度，可以计算场地各土层贯入阻力。基本的计算方法为厚度的加权平均法：

$$\overline{p_s} = \frac{\sum_{i=1}^{n} h_i p_{si}}{\sum_{i=1}^{n} h_i} \tag{8-22}$$

式中，$\overline{p_s}$（$\overline{q_c}$、$\overline{f_s}$）为场地各土层贯入阻力（kPa）；h_i 为第 i 孔穿越该层的厚度（m）；p_{si}（或 q_{ci}、f_{si}）为第 i 孔中该层的单孔贯入阻力（kPa）；n 为参与统计的静探孔数。

4）贯入阻力的换算

国内使用静力触探确定地基参数的经验，很多是建立在单桥探头的实践之上的。如何将双桥探头（或孔压探头）成果与已有经验结合起来，就存在一个贯入阻力换算问题。国内不少单位对 q_c 与 p_s 的关系进行了研究，经验表明，p_s/q_c 值大致为 1.0～1.5。

对于非饱和土或地下水位以下的坚硬黏性土和强透水性砂土，国内通常使用下式来对单桥探头的比贯入阻力 p_s 进行分解：

$$p_s = q_c + 6.41 f_s \tag{8-23}$$

7. 静力触探成果

1）土类划分

静力触探是一种力学模拟试验，其比贯入阻力 p_s 是反映地基土实际强度及变形性质的力学指标，因此也反映了不同成因、不同年代和地区土力学指标的差别，本书据此看法对不同类型几种黏性土的 p_s 总结了一个范围值，见表 8-6。

按比贯入阻力 p_s 确定黏性土种类　　　　表 8-6

土层	软黏性土	一般黏性土	老黏性土
p_s 范围值（MPa）	$p_s \leq 1$	$1 < p_s \leq 3$	$p_s > 3$

2）确定地基土承载力

在利用静力触探确定地基土承载力的研究中，国内外都是根据对比试验结果提出经验公式。其中主要是与载荷试验进行对比，并通过对数据的相关分析得到适用于特定地区或特定土性的经验公式，以解决生产实践中的应用问题。

（1）黏性土

国内在用静力触探 p_s（或 q_c）确定黏性土地基承载力方面已积累了大量资料，建立了用于一定地区和土性的经验公式，其中部分列于表 8-7 中。

黏性土静力触探承载力经验公式 f_{ak} 表 8-7

序号	公式	适用范围
1	$f_{ak}=104p_s+26.9$	$0.3\leqslant p_s\leqslant 6$
2	$f_{ak}=17.3p_s+159$	北京地区老黏性土
3	$f_{ak}=114.81p_s+124.6$	北京地区的新近代土
4	$f_{ak}=2491p_s+157.8$	$0.6\leqslant p_s\leqslant 4$
5	$f_{ak}=87.8p_s+24.36$	湿陷性黄土
6	$f_{ak}=90p_s+90$	贵州地区红黏土
7	$f_{ak}=112p_s+5$	软土，$0.085\leqslant p_s\leqslant 0.9$

（2）砂土

用静力触探 p_s（或 q_c）确定砂土承载力的经验公式参见表 8-8。

砂土静力触探承载力经验公式 f_{ak} 表 8-8

序号	公式	适用范围
1	$f_{ak}=20p_s+59.5$	粉细砂 $1<p_s<15$
2	$f_{ak}=36p_s+76.6$	中粗砂 $1<p_s<10$
3	$f_{ak}=91.7\sqrt{p_s}-23$	水下砂土
4	$f_{ak}=(25\sim33)p_s$	砂土

通常认为，由于取砂土的原状试样比较困难，故从 p_s（或 q_c）值估算砂土承载力是很实用的方法，其中对于中密砂比较可靠，对松砂、密砂不够满意。

（3）粉土

对于粉土，则采用下式来确定其承载力：

$$f_{ak}=20p_s+59.5 \tag{8-24}$$

式中，f_{ak} 的单位为"kPa"；p_s 的单位为"MPa"。

3）确定砂土的密实度

确定砂土密实度的界限值见表 8-9。

国内外评定砂土密实度界限值 p_s（单位为"MPa"） 表 8-9

极松	疏松	稍密	中密	密实	极密
	<2.5	$2.5\sim4.5$	>11		
<2	$2.5\sim4.5$	$4\sim7$	$7\sim14$	$14\sim22$	>22
<3.5	$3.5\sim6.0$	$6.0\sim12.0$	>12		

4）确定砂土的内摩擦角

砂土的内摩擦角可根据比贯入阻力参照表8-10取值。

按比贯入阻力 p_s 确定砂土内摩擦角 φ　　　　表8-10

p_s(MPa)	1	2	3	4	6	11	15	30
φ(°)	29	31	32	33	34	36	37	38

5）确定黏性土的状态

国内一些单位通过试验统计，得出了比贯入阻力与液性指数的关系式，制成表8-11，用于划分黏性土的状态。

静力触探比贯入阻力与黏性土液性指数的关系　　　　表8-11

p_s(MPa)	$p_s \leqslant 0.4$	$0.4 < p_s \leqslant 0.9$	$0.9 < p_s \leqslant 3.0$	$3.0 < p_s \leqslant 5.0$	$p_s > 5.0$
I_L	$I_L \geqslant 1$	$1 > I_L \geqslant 0.75$	$0.75 > I_L \geqslant 0.25$	$0.25 > I_L \geqslant 0$	$I_L < 0$
状态	流塑	软塑	可塑	硬塑	坚硬

6）估算单桩承载力

由于静力触探资料能直观地表示场地土质的软硬程度，对于工程设计时选择合适的桩端持力层，预估沉桩可能性及估算桩的极限承载力等方面表现出独特的优越性。其计算公式已列入《建筑桩基技术规范》JGJ 94—2008。

8.1.3　圆锥动力触探试验技术

1. 试验设备

圆锥动力触探试验种类较多，《岩土工程勘察规范》GB 50021—2001（2009年版）根据锤击能量分为轻型、重型和超重型三种，见表8-12。

国内圆锥动力触探类型及规格　　　　表8-12

触探类型	落锤质量(kg)	落锤距离(cm)	圆锥头规格			触探杆外径(mm)	触探指标	主要适用岩土
			锥角(°)	锥底直径(mm)	锥底面积(cm²)			
轻型	10	50	60	40	12.6	25	贯入30cm的锤击数 N	浅部的填土、砂土、粉土、黏性土
重型	63.5	76	60	74	43	42	贯入10cm的锤击数 $N_{63.5}$	砂土、中密以下的碎石土、极软岩
超重型	120	100	60	74	43	50～60	贯入10cm的锤击数 N	密实和很密实的碎石土、软岩、极软岩

各种圆锥动力触探尽管试验设备重量相差悬殊，但其组成基本相同，主要由圆锥探头、触探杆和穿心锤三部分组成，各部分规格见表8-12。轻型动力触探的试验设备如图8-13所示，重型（超重型）动力触探探头如图8-14所示。

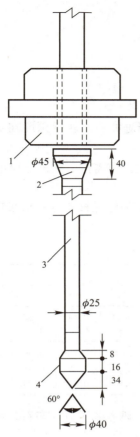

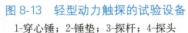

图 8-13 轻型动力触探的试验设备

1-穿心锤；2-锤垫；3-探杆；4-探头

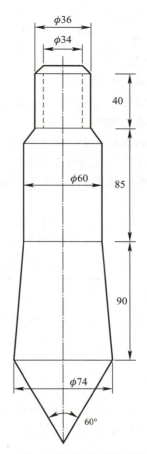

图 8-14 重型（超重型）动力触探探头

2. 现场试验技术要求

1）轻型动力触探（DPL）

（1）试验要点：先用轻便钻具钻至试验土层标高，然后对土层连续进行锤击贯入。每次将穿心锤提升 50cm，自由落下。锤击频率每分钟宜为 15～30 击，并始终保持探杆垂直，记录每打入土层 30cm 的锤击数 N_{10}。如遇密实坚硬土层，当贯入 30cm 所需锤击数超过 90 击或贯入 15cm 超过 45 击时，试验可以停止。

（2）适用范围：轻型动力触探适用于一般黏性土、黏性素填土和粉土，其连续贯入深度小于 4m。

2）重型动力触探（DPH）

（1）试验要点：贯入前，触探架应安装平稳，保持触探孔垂直。试验时，应使穿心锤自由下落，落距为 76cm，及时记录贯入深度，一阵击的贯入量及相应的锤击数。

（2）适用范围：一般适用于砂土和碎石土。最大贯入深度 10～12m。

3）超重型动力触探（DPSH）

（1）试验要点：除落距为 100cm 以外，与重型动力触探试验要点相同。

（2）适用范围：一般用于密实的碎石或埋深较大、厚度较大的碎石土。贯入深度一般不超过 20m。

3. 资料整理

1）实测击数的校正

（1）轻型动力触探

轻型动力触探不考虑杆长修正，实测击数 N 可直接应用。

（2）重型动力触探

侧壁摩擦影响的校正：对于砂土和松散-中密的圆砾卵石，触探深度在 $1\sim15m$ 的范围内时，一般可不考虑侧壁摩擦的影响。

触探杆长度的校正。当触探杆长度大于 2m 时，锤击数需按下式进行校正：

$$N_{63.5} = \alpha N \tag{8-25}$$

式中，$N_{63.5}$ 为重型动力触探试验锤击数，单位为击；α 为触探杆长度校正系数，按表 8-13 确定；N 为贯入 10cm 的实测锤击数，单位为击。

重型动力触探试验杆长校正系数 α 值　　　　表 8-13

$N_{63.5}$	杆长（m）										
	<2	4	6	8	10	12	14	16	18	20	22
<15	1.00	0.98	0.96	0.93	0.90	0.87	0.84	0.81	0.78	0.75	0.72
	1.00	0.96	0.93	0.90	0.86	0.83	0.80	0.77	0.74	0.71	0.68
10	1.00	0.95	0.91	0.87	0.83	0.79	0.76	0.73	0.70	0.67	0.64
15	1.00	0.94	0.89	0.84	0.80	0.76	0.72	0.69	0.66	0.63	0.60
20	1.00	0.90	0.85	0.81	0.77	0.73	0.69	0.66	0.63	0.60	0.57

地下水影响的校正。对于地下水位以下的中、粗、砾砂和圆砾、卵石，锤击数可按下式修正：

$$N_{63.5} = 1.1 N'_{63.5} + 1.0 \tag{8-26}$$

式中，$N_{63.5}$ 为经地下水影响校正后的锤击数，单位为击；$N'_{63.5}$ 为未经地下水影响校正而经触探杆长度影响校正后的锤击数，单位为击。

（3）超重型动力触探

触探杆长度及侧壁摩擦影响的校正：

$$N_{120} = \alpha F N \tag{8-27}$$

式中，N_{120} 为超重型动力触探试验锤击数，单位为击；α 为触探杆长度校正系数，按表 8-14 确定；F 为触探杆侧壁摩擦影响校正系数，按表 8-15 确定；N 为贯入 10cm 的实测击数，单位为击。

超重型动力触探试验触探杆长度校正系数 α　　　　表 8-14

触探杆长度（m）	<1	2	4	6	8	10	12	14	16	18	20
α	1.00	0.93	0.87	0.72	0.65	0.59	0.54	0.50	0.47	0.44	0.42

超重型动力触探试验触探杆侧壁摩擦校正系数 F 表　　　　表 8-15

N	1	2	3	4	6	8~9	10~12	13~17	18~24	25~31	32~50	>50
F_n	0.92	0.85	0.82	0.80	0.78	0.76	0.75	0.74	0.73	0.72	0.71	0.70

2）动贯入阻力的计算

圆锥动力触探也可以用动贯入阻力作为触探指标，其值可按下式计算：

$$q_d = M/(M+M')MgH/Ae \tag{8-28}$$

式中，q_d 为动力触探贯入阻力（MPa）；M 为落锤质量（kg）；M' 为触探杆（包括探头、触探杆、锤座和导向杆）的质量（kg）；g 为重力加速度（m/s^2）；H 为落锤高度（m）；A 为探头截面积（cm^2）；e 为每击贯入度（cm）。

式（8-28）是目前国内外应用最广的动贯入阻力计算公式，我国《岩土工程勘察规范》GB 50021—2001（2009 年版）和《水电工程土工试验规程》DL/T 5356—2024 条文说明中都推荐该公式。

绘制单孔动探击数（或动贯入阻力）与深度的关系曲线，并进行力学分层，以杆长校正后的击数 N 为横坐标，贯入深度为纵坐标绘制触探曲线。对轻型动力触探按每贯入 30cm 的击数绘制 $N_{10}-h$ 曲线；中型、重型和超重型按每贯入 10cm 的击数绘制 $N-h$ 曲线。曲线图式有按每阵击换算的 N 点绘和按每贯入 10cm 击数 N 点绘两种，见图 8-15。

根据触探曲线的形态，结合钻探资料对触探孔进行力学分层。各类土典型的 $N-h$ 曲线如图 8-16 所示。分层时应考虑触探的界面效应，即下卧层的影响。

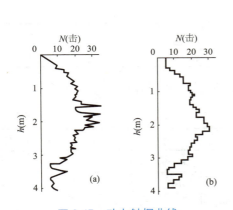

图 8-15　动力触探曲线

（a）按每阵击贯入度换算成 N 点绘的曲线；

（b）按每贯入 10cm 时的 N 点绘的曲线

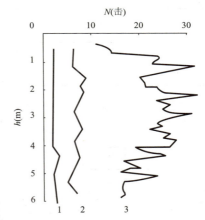

图 8-16　各类土的标贯击数随深度变化曲线

1-黏性土、砂土；2-砾石土；3-卵石土

一般由软层（小击数）进入硬层（大击数）时，分层界线可选在软层最后一个小值点以下 0.1～0.2m 处；由硬层进入软层时，分界线可定在软层第一个小值点以下 0.1～0.2m 处。

根据力学分层，剔除层面上超前和滞后影响范围内及个别指标异常值，计算单孔各层动探指标的算术平均值。当土质均匀，动探数据离散性不大时，可取各孔分层平均值，用厚度加权平均法计算场地分层平均动探指标。当动探数据离散性大时，宜用多孔资料与钻孔资料及其他原位测试资料综合分析。

4. 成果应用

1）确定砂土密度或孔隙比

用重型动力触探击数确定砂土、碎石土的孔隙比 e，见表 8-16。

重型动力触探击数与孔隙比关系 表 8-16

土的分类	校正后的动力触探击数 $N_{63.5}$									
	3	4	5	6	7	8	9	10	12	15
中砂	1.14	0.97	0.88	0.81	0.76	0.73				
粗砂	1.05	0.90	0.80	0.73	0.68	0.64	0.62			
砾砂	0.90	0.75	0.65	0.58	0.53	0.50	0.47	0.45		
圆砾	0.73	0.62	0.55	0.50	0.46	0.43	0.41	0.39	0.36	
卵石	0.66	0.56	0.50	0.45	0.41	0.39	0.36	0.35	0.32	0.29

2）确定地基土承载力

用动力触探指标确定地基土承载力是一种快速简便的方法。

（1）用轻型动力触探击数确定地基土承载力。对于小型工程地基勘察和施工期间检验地基持力层强度，轻型动力触探具有优越性，见表 8-17 和表 8-18。

黏性土 N_{10} 与承载力 f_{ak} 的关系 表 8-17

N_{10}	15	20	25	30
f_{ak}(kPa)	105	145	190	230

素填土 N_{10} 与承载力 f_{ak} 的关系 表 8-18

N_{10}	10	20	30	40
f_{ak}(kPa)	85	115	135	160

（2）用重型动力触探击数 $N_{63.5}$ 确定地基土承载力，见表 8-19。

细粒土、碎石土 $N_{63.5}$ 与承载力 f_{ak} 的关系 表 8-19

$N_{63.5}$	1	2	3	4	5	6	7	8	9	10	12
黏土	96	152	209	265	321	382	444	505			
粉质黏土	88	136	184	232	280	328	376	424			
粉土	80	107	136	165	195	(224)					
素填土	79	103	128	152	176	(201)					
粉细砂		(80)	(110)	142	165	187	210	232	255	277	
中粗砾砂			120	150	200	240		320		400	
碎石土			140	170	200	240		320		400	480

（3）用超重型动力触探击数 N_{120} 确定地基土承载力，见表 8-20。

碎石土 N_{120} 与承载力 f_{ak} 的关系 表 8-20

N_{120}	3	4	5	6	8	10	12	14	>16
f_{ak}(kPa)	250	300	400	500	640	720	800	850	900

注：1. 资料引自中国建筑西南勘察设计研究院有限公司；

2. N_{120} 需经式（8-27）修正。

3）确定桩尖持力层和单桩承载力

（1）确定桩尖持力层。动力触探试验与打桩过程极其相似，动力触探指标能很好地反映探头处地基土的阻力。在地层层位分布规律比较清楚的地区，特别是上软下硬的二元结构地层，用动力触探能很快地确定端承桩的桩尖持力层。但在地层变化复杂和无建筑经验的地区，则不宜单独用动力触探来确定桩尖持力层。

（2）确定单桩承载力。动力触探由于无法实测地基土极限侧壁摩阻力，勘察时，主要是以桩端承力为主的短桩。我国沈阳、成都和广州等地区通过动力触探和桩静载荷试验对比，利用数理统计得出了用动力触探指标（$N_{63.5}$ 或 N_{120}）估算单桩承载力的经验公式，应用范围都具地区性。

利用动力触探指标还可评价场地均匀性，探查土洞、滑动面、软硬土层界面，检验地基加固与改良效果等。

8.1.4　标准贯入试验技术

1. 试验设备

标准贯入试验设备主要由标准贯入器（图 8-17）、触探杆和穿心锤三部分组成。我国贯入试验设备规格见表 8-21。

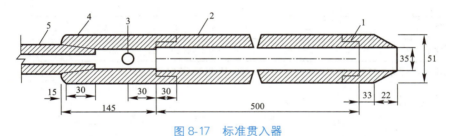

图 8-17　标准贯入器

1-贯入器靴；2-由两个半圆形管合成的贯入器身；3-出水孔；4-贯入器头；5-触探杆

我国贯入试验设备规格　　表 8-21

落锤重量（kg）	落锤距离（cm）	贯入器规格	触探指标	触探杆外径（mm）
63.5±0.5	76±2	对开式，外径 5.1cm，内径 3.5cm，长度 70cm，刃口角 18°~20°	将贯入器打入 15cm 后，贯入 30cm 的锤击数	42

2. 现场试验技术要求

1）与钻探配合，先用钻具钻至试验土层标高以上约 15cm 处，以避免下层土扰动。清除孔底虚土，为防止孔中流砂或塌孔，常采用泥浆护壁或下套管。钻进方式宜采用回转钻进。

2）贯入前，检查探杆与贯入器接头，不得松脱。然后将标准贯入器放入钻孔内，保持导向杆、探杆和贯入器的垂直度，以保证穿心锤中心施力，贯入器垂直打入。

3）贯入时，穿心锤落距为 76cm，一般应采用自动落锤装置，使其自由下落。锤击速率应为 15~30 击/min。贯入器打入土中 15cm 后，开始记录每打入 10cm 的锤击数，累计打入 30cm 的锤击数为标准贯入击数 N。若土层较为密实，当锤击数已达

50击，而贯入度未达30cm时，应记录实际贯入度并终止试验。标准贯入击数 N 按下式计算：

$$N = 30n/\Delta s \qquad (8\text{-}29)$$

式中，N 为所选取贯入量的锤击数，单位为击，通常取 $n=50$ 击；Δs 为对应锤击数 N 击的贯入量（cm）。

4）拔出贯入器，取出贯入器中的土样进行鉴别描述，保存土样以备试验用。

5）如需进行下一深度的试验，则继续钻进重复上述操作步骤。一般可每隔1m进行一次试验。

3. 资料整理

标准贯入试验的资料整理，包括按有关规定对实测标贯击数 N' 进行必要的校正，并绘制标贯击数 N 与深度的关系曲线。

当探杆长度大于3m时，标贯击数应按下式进行杆长校正

$$N = aN' \qquad (8\text{-}30)$$

式中，N 为标准贯入试验锤击数，单位为击；a 为触探杆长度校正系数，可按表8-22确定；N' 为实测贯入30cm的锤击数。

触探杆长度校正系数   表8-22

触探杆长度（m）	＜3	6	9	12	15	18	21
校正系数 a	1.00	0.92	0.86	0.81	0.77	0.73	0.70

注：应用 N 值时是否修正，应根据建立统计关系时的具体情况确定。

4. 成果应用

标准贯入试验主要适用于砂土、粉土及一般黏性土，不能用于碎石土。

1）确定砂土的密实度

用标准贯入试验锤击数 N 判定砂土的密实度在国内外已得到广泛承认，其划分标准按《建筑地基基础设计规范》GB 50007—2011 执行，见表8-23。

标准贯入试验锤击数 N 判定砂土的密实度   表8-23

N	$N \leqslant 10$	$10 < N \leqslant 15$	$15 < N \leqslant 30$	$N > 30$
实度	松散	中密	密实	稍密

2）确定黏性土、砂土的抗剪强度和变形参数

用标准贯入试验锤击数确定黏性土、砂土抗剪强度和变形参数，见表8-24和表8-25。

用标准贯入试验锤击数估算内摩擦角   表8-24

研究	N				
	＜4	4～10	10～30	30～50	＞50
Peck	＜28.5	28.5～30	30～36	36～41	＞41
Meyerhof	＜30	30～35	35～40	40～45	＞45

N 与变形参数 E_0、E_s（MPa）的关系　　　　表 8-25

研究者	关系式	适用范围
湖北省水利水电规划勘测设计院有限公司	$E_0 = 1.0658N + 7.4306$	黏性土、粉土
湖北省城市规划设计研究院	$E_0 = 1.4135N + 2.6156$	武汉黏性土、粉土
中国建筑西南勘察设计研究院有限公司	$E_s = 10.22 + 0.276N$	粉、细砂
Schultze & Merzenbach	$E_s = 7.1 + 0.49N$	
Webbe	$E_0 = 2.0 + 0.6N$	

3）估算波速值

场地土的波速值是抗震设计和动力基础设计的重要参数。用标准贯入试验锤击数可估算土层的剪切波速值。一些地方性的经验公式见表 8-26。

N 与剪切波速（m/s）的关系　　　　表 8-26

土类	统计公式
细砂	$V_s = 56 \quad N^{0.25} \sigma_v^{0.14}$
含卵砾石 25% 的黏性土	$V = 60 \quad N^{0.25} \sigma_v^{0.14}$
含卵砾石 50% 的黏性土	$V = 55 \quad N^{0.25} \sigma_v^{0.14}$

4）确定黏性土、粉土和砂土承载力

用标准贯入试验确定黏性土、粉土和砂土的承载力可参考表 8-27、表 8-28，表中的锤击数 N 由杆长修正后的锤击数按式（8-31）、式（8-32）修正得到。

$$N_k = r_s N_m \tag{8-31}$$

$$r_s = 1 \pm (1.704/\sqrt{N} + 4.678/N^2)\delta \tag{8-32}$$

式中，N_k 为标准贯入试验锤击数标准值；N_m 为标准贯入试验锤击数平均值；r_s 为统计修正系数；δ 为变异系数；N 为试验次数。

黏性土 N 与承载力的关系　　　　表 8-27

N	3	5	7	9	11	13	15	17	19	21	23
f_{ak}(kPa)	105	145	190	220	295	325	370	430	515	600	680

砂土 N 与承载力 f_{ak} 的关系　　　　表 8-28

N	10	15	30	50
中砂	180	250	340	500
粉、细砂	140	180	250	340

5）选择桩尖持力层

根据国内外的实践，对于打入式预制桩，常选择 $N = 30 \sim 50$ 作为持力层。但必须强调与地区建筑经验的结合，不可生搬硬套。如上海地区一般在地面以下 60m 才出现 $N > 30$ 的地层，但对于地面下 35m 及 50m 上下、$N = 15 \sim 20$ 的中密粉、细砂及粉质黏土，实践表明作为桩尖持力层是合理可靠的。

6）判别砂土、粉土的液化

判别砂土、粉土的液化，详见《建筑抗震设计标准》GB/T 50011—2010（2024 年版）。

8.2　无损检测技术

8.2.1　声波检测技术

声波测试技术是研究人工激发或者岩石断裂产生的声波在岩体内传播规律，并据此判断岩体内部结构状态、应力大小、弹性参量及其他物理性质等岩体力学指标的一种工程测试方法。声波测试属于无损检测的范畴，近年来，在建筑、水电、采矿、冶金、铁道等工程中得到了广泛的应用，成为工程测试的重要手段之一。

1. 声波测试的基本原理

1）波的概述

波是介质质点偏离平衡位置的一种扰动。这种扰动随时间在空间的一个区域传播到另一个区域。在传播过程中没有物质的传输只有能量的传递，也就是说无论波在介质中传播地多远，介质质点仅能围绕其平衡位置在一个非常小的空间内振动或转动。波在传播中的速度称为波速度。

声波就是以声波源传播出来的波，像水波、地震波一样。当其频率为 20Hz～20kHz 时称为声波。声波的频率范围是人耳可能感知的范围。频率低于 20Hz 时，称为次声波；当频率高于 20kHz 时，称为超声波。在声波测试中，习惯上把声波和超声波合在一起，统称为声波。

根据声波的振动方向与波传播方向的关系，可把声波分为纵波和横波。若质点的振动方向与波的传播方向一致，这种波称为纵波，又称为压缩波。若质点的振动方向与波的传播方向垂直，这种波称为横波。在气体和液体中的声波只能是纵波，而在固体中声波既有纵波又有横波。岩体属于固体，故在岩体中声波的传播，既包括纵波又包括横波的传播。

2）声波测试基本原理

声波测试的基本原理是用人工的方法在岩土介质和结构中激发一定频率的弹性波，这种弹性波在材料和结构内部传播并由接收仪器接收，通过分析研究接收和记录下来的波动信号来确定岩土介质和结构的力学特性，了解它们的内部缺陷。

在弹性介质内某一点，由于某种原因而引起初始扰动或振动时，这一扰动或振动将以波的形式在弹性介质内传播，形成弹性波。声波是弹性波的一种，若视岩土体和混凝土介质为弹性体，则声波的传播服从弹性波传播规律。

岩土体中往往包含有各种层面、节理和裂隙等结构面，岩体中的这些结构面在动荷载作用下产生变形，对波动过程产生一系列的影响，如反射、折射、绕射和散射等。这样，岩土体界面起着消耗能量和改变波传播途径的作用，并导致波的非均质性及各向异性。因此，岩土体结构影响着岩土体中弹性波的传播过程，也就是说岩土体弹性波的波动特性反映了其结构特征，所以，弹性波探测技术已成为工程岩土体研究中一项有效而简便可靠的手段。

2. 测试仪器及使用

声波测试仪主要由发射系统、接收系统和解码系统组成。发射系统包括发射机和发射换能器，接收系统包括接收机和接收换能器，解码系统主要用于用数据记录和处理工作。发射机是由声源信号发生器（主要部件为振荡器）产生一定频率的电脉冲，放大后由发射换能器转换成声波，并向岩体辐射的设备。发射换能器将一定频率的电脉冲加到发射换能器的压电晶片时，晶片在其法向或径向产生机械振动，从而产生声波。晶体的机械振动与电脉冲是可逆的。接收换能器接收岩体传来的声波。发射换能器和接收换能器可以实现声波和电能的相互转换。接收机将接收到的电脉冲进行放大，并将声波波形显示在荧光屏上，通过调整游标电位器，可在数码显示器上显示波至时间；若将接收机与计算机连接，则可对声波信号进行数据处理。

1）SYC-2C 型非金属超声测试仪

SYC-2C 型非金属超声测试仪由接收机和发射机两部分组成。该仪器轻便、快速，环境干扰小，可使用 220V 或 18V 供电。通过该仪器测量声波或超声波在固体介质中传播的速度和振幅衰减比，可以完成以下任务：可供研究人员在试验室进行岩样的研究或地震模拟试验；利用弹性波的波速随岩体裂隙发育而降低、随应力增大而加快的特性，研究洞室的节理、裂隙发育情况，确定洞室开挖松弛的范围；利用弹性波速及吸收衰减参数与岩体强度有关的特性，进行岩体强度分级；利用弹性波的纵波和横波速度，测算出岩体动弹性力学参数；利用弹性波速与应力变化的关系，进行地应力的测量，长期观测进行地震预报。

2）CTS-25 型非金属超声波检测仪

该仪器主要用于混凝土的无损检测，通过混凝土声速和混凝土抗压强度的关系，可以估计其强度；通过对混凝土的声速、衰减和波形的测量，可以检查混凝土结构内部的孔洞、裂缝及其他缺陷的位置等。该仪器还可用于对木材、塑料、橡胶、石墨、碳素纤维、陶瓷、岩石等材料的性能测量。该仪器具有波形显示和数字显示装置，便于观察波形和进行声速测量，仪器本身有 80dB 的衰减器，可以测量材料的衰减。

3）UVM-2 型声波仪

日产的 UVM-2 型声波仪是通过声循环法进行延时测定，检测时不受试样中多重反射波的影响，能迅速准确地测定材料的声速、弹性模量等参数。仪器使用 $100V \pm 10\%$，50/60Hz 交流电，通过设定发射脉冲宽度，可以匹配 $0 \sim 10MHz$ 的超声探头，接收窗延时为 $0 \sim 400\mu s$，窗口幅度为 $0.2 \sim 400\mu s$，固定延时（用于抑制多重反射波对循环测量的影响）可设定为 $N \times 63.5\mu s$（$N = 1 \sim 16$），声循环次数可设定为三挡：10^2、10^3、10^4，循环次数越多，单次测量时间越长，声时测定显示有效位数越多，分别为 1ns、0.1ns、0.01ns，测量精度较高，与我国现有的国产 SYS 型系列岩石声波探测仪（最小分辨率为 $0.1\mu s$）相比，具有延时测量精度高的优点（在声循环次数为 10^4 时，最小显示位数为 0.01ns）。

纵波测试采用自制 1-3 型宽带纵波换能器，由 1-3 型复合压电晶片、环氧加钨粉背衬声吸收层块、不锈钢屏蔽外壳等组成。横波测试采用 2-2 型宽带横波换能器，由 2-2 型复合压电晶片、环氧加钨粉背衬声吸收层块、环氧金刚砂粉末混合声匹配层、不锈钢屏蔽外壳等组成。该换能器具有测量频带宽、测量精度高、测量稳定性好等优点。

3.测试方法

声波测试有多种分类方法。根据换能器与岩体接触方式的不同，可分为表面测试和孔中测试；根据发射和接收换能器的配制数量不同，可分为一发单收和一发多收；根据声波在介质中的传播方式不同，可分为直达波法、反射波法和折射波法等。

1）直达波法

直达波法是由接收换能器接收经介质直接传递，未经折射、反射转换的声波的测试方法，又称透射法。该方法能充分反映被测介质内部的情况，声波传递效率高，穿透能力强，传播距离大，可获得较反射波和折射波大几倍的能量，且波形单纯，干扰小，起跳清晰，各类波形易于识别，在条件允许时，宜优先采用。直达波法又分为表面直达波法和孔中直达波法两种。

（1）表面直达波法

将发、收换能器布置在被测物表面的声波测试方法称为直达波测试法，当发、收换能器布置在同一平面内时称为平透直达波法，当换能器不在同一平面内设置时称为直透直达波法。

平透直达波法测试时，收、发射换能器之间的距离应小于折射波首波盲区半径，如图 8-18 所示。室内岩石试件的声学参数测试不论加载与否，均应采用直透直达波法，如图 8-19 所示。在野外或井下工程测试中，一般利用巷道之间的岩柱或工程的某些突出部位在非同一平面相对设置收、发换能器，如图 8-20 所示。

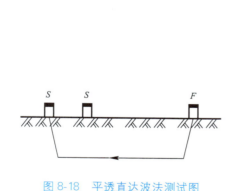

图 8-18　平透直达波法测试图

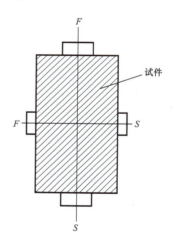

图 8-19　直透直达波测试图

（2）孔中直达波法

将发射和接收换能器分别置于两个或两个以上钻孔中进行直达波测试的方法称为孔中直达波法。当被测物仅有一个自由面且需要了解被测物内部声波参数变化情况时，可采用这种方法。在被测的结构物上打两个或两个以上的相互平行的钻孔，分别布置发射和接收换能器（图 8-21）。观测时发射和接收换能器从孔底（或孔口）每隔 $10\sim20\mathrm{m}$ 同步移动，即可测出两换能器之间岩体不同剖面的波速与振幅的相对变化情况。

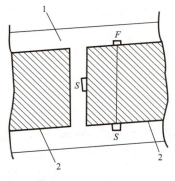

图 8-20　工程岩体直达波测试图

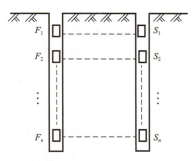

图 8-21　孔中直达波测试图

钻孔布置可采用直线形布置，亦可采用圆环形、三角形等方式布置。钻孔直径一般应比换能器直径大 8～15mm，钻孔深度根据测试目的不同而不同。测试围岩破碎松动范围时，钻孔深度一般以 2～3m 为宜。两钻孔之间的距离 1m 左右为宜。钻孔数目可根据测试目的、工程的重要程度等确定。

采用孔中直达波测试法时钻孔工作量大，且受到钻孔设备和工艺水平的限制，很难保证两钻孔之间的平行，容易造成测距误差，影响测量精度。

2）反射波法

反射波法是利用声波在介质中传播时遇到波阻抗面会发生反射的现象，研究喷射混凝土厚度、岩层厚度以及围岩内部结构等的观测方法。当反射波法测试时，被测结构往往只有一个自由面，换能器的布置应采用并置方式，换能器之间的距离应根据被测层厚度及波阻抗面的形状而定。测定反射波初至时，首先要确定反射波与直达波的干涉点。根据直达波与反射波的传播路线可知，反射波必然是在相应的直达波后到达接收点。从整个波序看，反射波是直达波的续至波，反射波的起波点是反射波波前与直达波波尾的干涉点。在实际测试的过程中，由于介质的不均匀、节理裂隙的绕射、反射界面凹凸不平造成的波前散射等，往往使反射波的干涉点难以辨认。因此，反射波法测试的技术关键是反射波初至的识别。

3）折射波法

声波由观测界面到达高速介质并沿该介质传播适当距离后又折返回观测界面时称为折射波。折射波法是接收以首波形式出现的折射波的测试方法，它可分为平透折射波法和孔中折射波法。平透折射波法探头布置方式同平透直达波法相同，但接收换能器应布置在折射波首波盲区之外。这种测试方法常用来测试回采工作面超前支承压力影响范围等。孔中折射波法又称单孔测试法，它是将特制的单孔换能器放入钻孔中，接收通过岩壁的折射波，并沿钻孔延伸方向逐段观测声波参数的变化，从而确定所通过地层的层位、构造、破碎情况以及岩石的物理力学性质等。这种方法在工程中常用来测定井巷围岩破碎范围、查明围岩结构、进行工程质量评价等。

单孔折射波测试法首先在被测点打一观测孔，然后在孔中注满清水，以水作为探测岩体之间的耦合剂，测试时发射探头发出的声波一部分指钻孔中水传播至接收换能器部分为直达波，一部分由发射经孔壁反射后到达接收换能器，这部分为反射波。反射波路程较直达波长，它在直达波后到达接收换能器，另外一部分是由于水和岩壁的波而产生的一束以临界角从水中入射到岩壁内传播的滑行波，在接收端又以临界角进入接收换能器。由于滑行波在途中是沿岩体传播，波速与通过的岩层性质有关，若适当选择发射和接收换能器之间的距离（源距），可使滑行波在直达波之前最先到达接收换能器成为首波。

保证折射波成为首波的最小源距 $L_{\min}$，可用下式计算：

$$L_{\min} = 2d\,\frac{1+K}{\sqrt{1-K}} \tag{8-33}$$

式中，d 为换能器表面与孔壁的距离；K 为水与岩壁波速度之比，即 $K = v_{p水}/v_{p岩}$。

孔中折射波法测试有一发单收和一发双收两种，采用一发单收由于受耦合等因素的影响，计算声速比较麻烦，因此目前单孔测试多采用一发双收。测试时首先读出接收一（第一通道）声时 t_{S_1}，及接收二（第二通道）声时 t_{S_2}。然后由下式计算波速 v_p：

$$v_p = \frac{l}{t_{S_1} - t_{S_2}} \tag{8-34}$$

式中，l 为接收换能器 S_1 与接收换能器 S_2 之间的距离。

实践证明，在单孔测试中，纵波振幅对岩层的破碎情况及物理力学特性的变化反应较声速更灵敏，所以测定波速 v_p 的同时，应观测振幅值的大小，综合利用声速、振幅资料将会获得更准确的结果。

8.2.2　地质雷达检测技术

地质雷达的工作原理为：高频电磁波以宽频带脉冲形式通过发射天线发射，经目标体反射或透射，被接收天线接收。高频电磁波在介质中传播时，其路径、电磁场强度和波形随所通介质的电性质及集合体形态而变化，由此通过对时域波形的采集、处理和分析，可确定地下界面或目标的空间位置或结构状态（图 8-22）。

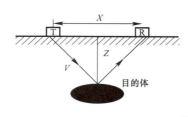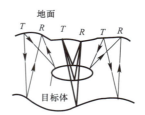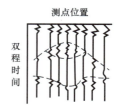

图 8-22　地质雷达反射剖面示意图

1. 麦克斯韦电磁场理论简介

地质雷达采用高频电磁波进行探测，电磁波的传播满足麦克斯韦方程组：

$$\begin{cases} \nabla \cdot E = -\dfrac{\partial B}{\partial t} \\ \nabla \cdot D = \rho \\ \nabla \cdot B = 0 \end{cases} \tag{8-35}$$

$$\nabla \cdot H = J + \frac{\partial D}{\partial t}$$

式中，E 为电场强度（V/m）；B 为磁感应强度（T）；H 为磁场强度（A/m）；J 为电流密度（A/m^2）；D 为电位移（C/m^2）；ρ 为电荷密度（C/m^3）。

麦克斯韦方程组表明，随时间变化的磁场会产生随时间变化的电场，随时间变化的电场又会产生随时间变化的磁场。简言之，就是变化的磁场和变化的电场相互激发，并且变化的磁场和变化的电场以一定的速度向外传播，这就形成了电磁波。

2. 电磁波在介质中的传播规律

电磁波是交变电场与磁场相互激发在空间传播的波动。电磁波根据其波面的形状可以分为平面波、柱面波和球面波，其中平面波是最基本、最具有电磁波普遍规律的电磁波类型。探地雷达所发射的电磁波可经傅立叶变换换算一系列的谐波，这些谐波近似为平面波，则探地雷达电磁波传播以平面谐波的传播规律为基础。

在探地雷达应用中，通常比较关心电磁波的传播速度和衰减因子。若介质为低损耗介质，此时，平面波的电场强度近似等于磁场强度；大多数岩石介质为非磁性、非导电介质，其传播速度为 $v_p = c/\sqrt{\varepsilon_r}$，其中 c 为光速，ε_r 为相对介电常数。此时，电磁波的速度主要取决于介质的介电常数；衰减常数与电导率成正比，与介电常数的平方根成反比，电磁波能量的衰减主要是由于感生涡流损失引起的。若介质为良导体，此时，随着电导率、磁导率增加，以及电磁波频率升高，电磁波的衰减加快。波速与频率的平方根成正比，与电导率的平方根成反比，波速是频率和电导率的函数。

3. 地质雷达测试原理

1) 地质雷达的构造

地质雷达由雷达系统和显示处理系统两大部分组成，雷达系统由发射脉冲源、收发天线、取样接收电路和主机控制电路等组成，用来获得目标的回波信息，显示处理系统由工控机和地质雷达专用测量、处理软件组成。具备动态测试、实时图像连续显示和数据处理功能（图 8-23）。

2) 基本工作原理

工作时，由发射脉冲发出的脉冲为毫微秒量级的射频脉冲，经位于地面上的宽带发射天线（T_x）耦合到地下，当发射脉冲波在地下传播过程中遇到介质分界面、目标或其他区域非均匀体时，一部分脉冲能量反射回到地面，并由地面上的宽带接收天线（R_x）所接收（图 8-24）。

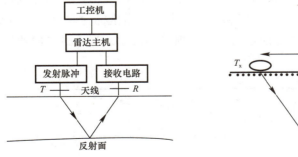

图 8-23　地质雷达构成框图

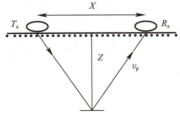

图 8-24　探地雷达探测示意

取样接收电路在雷达主机取样控制电路的控制下，按等效时间采样原理，将接收到的高速重复脉冲信号转换成低频信号，送到显示系统进行实时显示和处理。实际探测过程中，天线沿隧道壁移动，脉冲信号不断地被发射和接收。显示处理系统将 A/D 转换后得到的数据信号按一定方式进行编码排列及处理，以二维形式（横向为空间坐标，对应测线上的水平位置，纵向为时间坐标，表示回波信号的双程走时，对应于深度）给出连续的地下剖面图像。在剖面图中，不同的介质分界面将有异常显示，依次可对地下结构进行分析和判断。

脉冲波行程需时：

$$t = \frac{\sqrt{4z^2 + x^2}}{v} \tag{8-36}$$

当地下介质中的波速 v 为已知时，可根据测到的精确的 t 值（ns，$1ns = 10^{-9}s$），由上述公式求出反射体的深度（m）。式中，x(m) 值在剖面探测中是固定的；v 值（m/ns）可以用宽角方式直接测量，也可以根据 $v \approx c/\sqrt{\varepsilon}$ 近似算出（当介质的导电率很低时），其中 c 为光速（$c = 0.3m/ns$）；ε 为地下介质的相对介电常数值，可利用现成数据或测定获得。

介质的电磁特性有差异时，电磁波在接触面附近发生电磁波的反射与折射等现象，且入射波、反射波与折射波的方向遵循反射定律和折射定律。每次遇到存在电磁特性差异的接触界面，电磁波均发生反射与折射。

在介质界面的折射和反射特性由折射系数 T 和反射系数 R 表示，对于非磁性介质，当电磁波垂直入射时（$\theta = 0$），折射系数 T 和反射系数 R 可由接触界面两侧介质的一对常数 ε_1、ε_2 确定，用下式表示：

$$T = \frac{2\sqrt{\varepsilon_1}}{\sqrt{\varepsilon_1} + \sqrt{\varepsilon_2}}, R = \frac{\sqrt{\varepsilon_1} - \sqrt{\varepsilon_2}}{\sqrt{\varepsilon_1} + \sqrt{\varepsilon_2}} \tag{8-37}$$

由上式可知，对于非磁性介质，电磁波的反射、折射特性与介质的介电常数有密切关系。通常把一种介质的介电常数与空气介电常数的比称为相对介电常数。在混凝土结构中，空洞、裂缝、钢筋、素混凝土、围岩的介电常数有明显的差异，它们之间能形成良好的电磁波反射界面，故为地质雷达的探测提供了一定的前提条件。

地质雷达移动发射和接收天线的同时，接收到反射电磁波的双程走时相应变化。波的双程走时由反射脉冲相对于发射脉冲的延时进行测定。反射脉冲波形由重复间隔发射（重复率为 $20 \sim 100kHz$）的电路按采样定律等间隔地采集叠加后获得；考虑到高频波的随机干扰性质，由地下返回的发射脉冲系列均经过多次叠加（次数为几十次到数千次）。这样，若地面的发射和接收天线沿探测线间隔移动时，即可在纵坐标为双程走时 t(ns)、横坐标为距离 x(m) 的探地雷达屏幕上描绘出仅由反射体的深度所决定的"时距"波形道的轨迹图（图 8-25）。

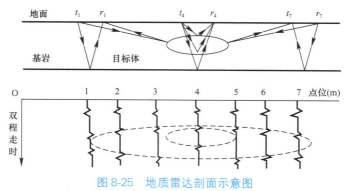

图 8-25　地质雷达剖面示意图

4. 影响地质雷达测试的因素

影响地质雷达的探测深度、分辨率及精度的因素主要包括内在与外在两方面。内在因素主要是指探测对象所处环境的电导率、介电常数等因素；外在因素主要与探测方法有关，如探测所采用的频率、采样速度等。在实际应用中，综合考虑这些因素，采用适当的方法技术，是探测成功与否的关键。

1) 内在因素

(1) 环境电导率的影响

环境电导率是影响地质雷达探测深度的重要因素，高频电磁波在地下介质的传播过程中会发生衰减。由于探地雷达的工作频率较高，一般认为，高频电磁波在地下介质的传播过程满足介电极限条件。实际上，由于大地电阻率一般都比较低，达不到介电极限条件，其工作条件介于准静态极限与介电极限条件之间。无论工作条件是在介电极限还是在准静态极限条件下，或者是介于两者之间，其探测深度都随电导率的增大而减少，即环境的电导率越低，高频电磁波的衰减越慢，探测深度越大。

在工程实践中，环境电导率的值一般在 4×10^{-5}s/m，对于常见的非饱和含水土壤和沉积型地基，其电导率的大小主要受含水率及黏土含量的影响。一般地说，低电导率条件 ($\sigma<10^{-7}$s/m) 是很好的雷达应用条件，如空气、干燥花岗岩、干燥石灰岩、混凝土等；10^{-7}s/m$<\sigma<10^{-2}$s/m 为中等应用条件，如纯水、冰、雪、砂、干黏土等；$\sigma>10^{-2}$s/m 为很差的应用条件，如湿黏土、湿的页岩、海水等。

(2) 介电常数的影响

介电常数反映了处于电场中的介质存储电荷的能力，介质的介电常数主要受介质的含水量和孔隙率的影响。相对介电常数的范围为：1(空气)~81(水)，为工程勘察中常见介质的相对介电常数环境。高频电磁波在介质中的传播速度主要取决于介质的介电常数，高频电磁波在两种不同介质的界面产生反射，由于地质雷达是接收反射波的信息来探测目标体，而反射信号的强弱取决于介电常数的差异，因此介电常数的差异是地质雷达应用的先决条件。

2) 外在因素

(1) 探测频率的影响

一般的地质雷达都拥有多种频率的天线，一些厂家的天线中心频率低频可达到16MHz，高频可达到2GHz。通常，把探测时所采用的天线中心频率称为探测频率，而其实际的工作频率范围是以探测频率为中心的频带 (1.5~2.0倍)，探测频率主要影响探测的深度和分辨率。

当地质雷达工作在介电极限条件时，高频电磁波的衰减几乎不受探测频率的影响，比如，电磁波在空气中传播，由于不存在传导电流，电磁波不发生衰减。但实际上，由于大地电阻率一般都比较低，其工作条件达不到介电极限条件。由于传导电流的存在，高频电磁波在传播过程中发生衰减，其衰减的程度随电磁波频率的增加而增加。因此，在实际工作时，必须根据目标体的探测深度选用合理的探测频率。在工程地质勘察中，勘察深度一般为5~30m，选择低频探测天线，要求探测频率低于100MHz。对于浅部工程地质，探测深度在1~10m，探测频率可选择100~300MHz；对于探测深度在0.5~3.5m的工程环境及考古勘察工作，探测频率可选用300~500MHz；对于混凝土、桥梁裂缝等厚度在

$0\sim1m$ 的检测，探测频率一般选用 $900MHz\sim2GHz$。

探测频率是制约探测深度的一个关键因素，同时也决定了探测的垂直分辨率，一般是探测频率越高，探测深度越浅，探测的垂直分辨率越高。对于层状地层，以 T_m 表示可分辨的最小层厚度，λ 为高频电磁波的波长，则有 $T_m=0.5\lambda$，由于 $\lambda=v/f$，其中，v 为电磁波的传播速度，f 为电磁波的频率，$v=c/\sqrt{\varepsilon}$，于是 $T_m=c/2f\sqrt{\varepsilon}$。由此可见，探测频率和介质介电常数是决定垂直分辨率的两个主要因素。对于金属圆柱体，其可探测的最小直径约为埋深的 8%，埋深大于 $3m$，其可探测的最小直径约为埋深的 50%。

探测频率也是制约水平分辨率的一个关键因素。地质雷达向地下传播是以一个圆锥体区域向下发送能量，如图 8-26 所示。电磁波的能量主要聚集在能量区，而不是一个单点上。电磁波频率越高，波长越短，反射区的半径越小，水平分辨率越高。

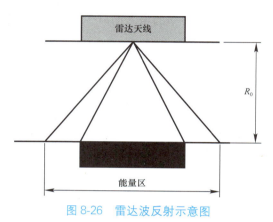

图 8-26 雷达波反射示意图

（2）其他影响

① 环境杂波及噪声干扰：主要来源于测区的金属构件、无线电射频源、近距离施工用电器及机械设备等对测量反射波有效信号的干扰，以及施工噪声、温度、湿度、掌子面危岩清理等测量环境对测量人员的干扰，可通过测前清理测区环境、使用代用或低噪设备等改善环境、检测时停止施工，减少相关杂波和噪声的干扰，提高测量信噪比。

② 天线间距误差的影响：在天线之间设置定位联系件，用设计选定的最佳天线间距，采用逐块天线紧挨遍布测量。

③ 操作人员的人为因素影响：对测量人员和现场配合人员进行现场培训，提升配合效率和操作熟练程度，降低人为误差。

8.2.3 电磁波检测技术

1. 电磁波检测原理

在岩土工程中，电磁波检测技术作为一种非接触、非破坏性的检测方法，具有快速、准确、灵敏等优点，被广泛应用于地质勘探、土壤湿度监测、地下水探测、地质灾害预警等领域。

电磁波的传播特性受到多种因素的影响，如岩土介质的电学性质、力学性质、温度场等。电磁波在岩土介质中的传播速度通常比在真空中慢，且随着频率的增加而增加。此外，电磁波的极化和偏振状态也会受到岩土介质各向异性的影响。通过对这些传播特性的测量和分析，可以获取岩土介质的物理性质和结构信息。

电磁波探测技术常用于地震勘探、地下水探测等方面。其中，地震勘探是通过观测地震波在岩土介质中的传播规律，推断地下岩层的分布和性质；电法勘探则是利用电磁波在岩土介质中的电学性质差异，探测地下地质构造和矿产资源；磁法勘探则是利用岩土介质磁性的差异，探测地下地质构造和矿产资源。这些探测技术能够提供丰富的地质信息，为岩土工程的设计和施工提供依据。

2. 瞬变电磁波法技术原理

瞬变电磁波法的工作是利用不接地线源或接地线源向地下发射一次脉冲磁场，一次磁场在周围传播过程中，如遇到地下良导地质体，将在其内部激发产生感应电流（或称涡流、二次电流）。由于二次电流随时间变化，因而在其周围又产生新的磁场，称为二次磁场。由于良导地质体内感应电流的热损耗，二次磁场大致按指数规律随时间衰减，形成如图 8-27 所示的瞬变磁场。二次磁场主要来源于良导地质体内的感应电流，因此它包含着与之相关的地质信息。二次电磁场通过接收回线观测，理论研究表明地下感应二次场的强弱、随时间衰减的快慢与地下被探测地质异常体的规模、产状、位置和导电性能密切相关。被探测异常体的规模越大、埋深越浅、电阻率越低，所观测的二次场越强；尤其当异常体的电阻率越低时，二次场随时间的衰减速度越慢，延续时间也越长。因此，通过对所观测的数据进行分析和处理，研究二次场的时间和空间分布便可获得地下地质异常体的电性特征、形态、产状和埋深，从而达到探测地下地质目的体的任务。

瞬变电磁法常用装置有中心回线法、重叠回线法、偶极装置法、大定源回线装置。

3. 电磁波检测技术与其他探测方法的比较

电磁波检测技术与其他探测方法如钻芯法、原位测试法等相比，具有更高的精度和分辨率，且对岩土介质无损伤。然而，

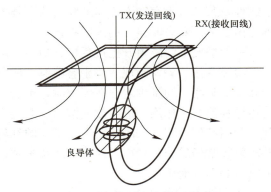

图 8-27　瞬变电磁法工作原理示意图

其他方法在某些方面也有其独特优势，如钻芯法可以直接观察岩土介质内部情况，原位测试法可以反映岩土介质的实际状态等。在实际应用中，需要根据具体情况选择合适的探测方法。

4. 电磁波检测技术的发展趋势

随着科技的不断发展，电磁波检测技术在未来将朝着高精度、高分辨率、快速高效的方向发展。同时，随着数据处理技术和人工智能技术的进步，对电磁波数据的处理和分析也将更加准确和智能化。此外，新型的电磁波检测仪器和设备也将不断涌现，为岩土工程提供更多的选择。

8.2.4　红外线检测技术

众所周知，在自然界中任何高于绝对零度（−273℃）的物体都是红外辐射源，可产生辐射现象，红外线无损检测是通过测量检测物体的热量和热流传递来分析缺陷的特征。当物体内存在裂缝或其他缺陷时，物体的热传导将会发生变化，致使物体表面温度分布出现差异或不均匀变化，利用这些差异或不均匀变化的红外线图像，即可直观地查出物体的缺陷位置。

1. 红外线检测基本原理与方法

1）红外线检测技术的原理

红外线检测的基本原理是利用被测物体的小连续性缺陷对热传导性能的影响，进而反

映在物体表面温度的差别上，导致物体表面红外辐射能力发生差异，检测出这种差异，就可以推断物体内是否存在缺陷。

2）红外线检测技术的方法

红外线检测技术是利用红外检测器、光学成像物镜和光机扫描系统接收被测目标的红外辐射信号，一般是由光学系统收集被测目标的红外辐射能，经过光谱滤波、空间滤波使聚焦的红外辐射能量分布图形反映到红外检测器的光敏元件上。在光学系统和红外检测器之间有一个光机扫描机构（焦平面热像仪无此机构），对被测物体的红外热像进行扫描，并聚焦在单元或多元检测器上，由检测器将红外辐射能转换成电信号，经放大处理转换成标准视频信号，通过电视屏或监测器显示红外热像图。热像图是运用红外热像仪检测物体各部分由表面温度形成的辐射红外能量的分布图像，是一种直观地显示材料、结构物完整连续性及其结合上存在不连续缺陷的检测技术，它是非接触的无损检测技术，即连续对被测物做上下、左右非接触的连续扫描。

一般情况下，隧道开挖进程中，地下围岩的温差变化缓慢时红外热辐射强度变化很小或呈缓慢变化趋势。当地质体中有溶洞、断层、淤泥带和地下暗河，且溶洞、断层、淤泥带和地下暗河与周围围岩存在温差时，围岩与溶洞、断层、淤泥带和地下暗河之间将存在热传导和热对流作用，进而改变溶洞、断层、淤泥带和地下暗河周围围岩的温度分布。因此，利用红外检测方法测定隧道掌子面的红外辐射强度，研究掌子面围岩的温度变化或红外辐射异常场的分布规律进而推测或预报隧道掌子面前方隐伏的溶洞、断层、淤泥带和地下暗河等不良地质体。

2. 红外线检测技术探测地下水原理

1）红外线探测地下水原理

红外线探测地下水的原理为用红外线探测局部地温异常现象，并借此判断地下脉状流、脉状含水带和隐伏含水体等所在的位置。

红外探测属非接触探测，探测时在隧道边墙或断面上定好探测位置，用仪器的激光器在确定好的探测位置上打出一个红色斑点，扣动扳机，就可在仪器屏幕上读取围岩场强探测值，并做好记录。然后转入下一序号点，直至全部探完。探测完毕，根据所测场强值绘出一系列的曲线。当隧道掌子面前方围岩的介质相对正常时，所获得的红外探测曲线近似为直线，离散度较小，即为正常场。反之，当掌子面前方或隧道外围存在含水构造时，曲线上的数据产生突变，含水构造产生的红外辐射场叠加到围岩的正常辐射场上使探测曲线发生弯曲形成异常场。红外线探水的有效预报距离可达 20～30m。

2）对隧道周边的探测

（1）由掌子面向后方以 5m 点距，沿一侧边墙布置 12 个探测测序号，以 5m 点距用喷漆标好探测顺序号。

（2）在掌子面处，首先对断面前方探测，在返回的路径上，每遇到一个顺序号，就站在相应的位置上，分别用仪器的激光器打出红色光斑，使之落到左边墙中线位置、右边墙中线位置、左拱脚中线位置、右拱脚中线位置、拱顶中线位置和隧底中线位置（根据隧道断面大小布置测点数量，一般为 6 个点），扣动扳机分别读取探测值（每点探测两次，取平均值），并做好记录。然后转入下一序号点，直至全部探测完。

（3）一般由断面向后方探 60m，即 12 个探测点。当断面后方有较长一段是含水构造时，为了更好地确定正常场，应当加长探测距离。

（4）当遇到拱顶或边墙渗水、滴水、涌水时，不管是否在点位上，只要是途中经过的，都要分别对上方的出水部位、下方的积水部位分别探测。记录者应在相应备注栏内记清仪器读数值。对因施工造成的积水也要用仪器进行探测，并记在备注栏内。

3）对掌子面的探测

当遇到软弱围岩或地层破碎时，初期支护或衬砌往往紧跟掌子面，此时就不能直接探拱顶、隧底和边墙，而只能探断面。

（1）在掌子面上布置 4 行，每行设 5 个探点（可以根据隧道断面大小进行相应调整）。分别用仪器的激光器打出红色光斑，使之落到每个探点上，扣动扳机分别读取探测值，并做好记录。

（2）在正常掘进段，当探测了十几个断面后，根据探测数值可以总结出每 1 行 2 个读数的最大差值范围，以便掌握正常地段差值的变化范围。当掘进前方存在含水构造时，含水构造产生的异常场就会叠加到正常场上，从而使横向差和纵向差变大。如果超出正常变化范围，即可判定前方存在含水构造。

探测完毕，将所测得的数据输入计算机，使用 Excel 或其他工具生成曲线图，再通过线图或者数据差值来判断前方地质情况。

4）红外线检测技术的优点及局限性

红外线检测技术的应用效果受到诸多因素影响，主要包括溶洞、断层、淤泥带和地下暗河与围岩的温差、施工辐射源干扰等。红外线检测技术是适用于非接触性、广域、视域面积大的无损检测；不仅能在白天进行检测，在黑夜中也可以正常进行检测；有效检测距离一般小于 20m，适用于短距离预报；适用于检测与围岩具有较大温差的溶洞、断层、淤泥带和地下暗河，但无法确定具体位置与方位；在掌子面附近施工，热辐射源干扰较强时，检测效果较差。

复习思考题

8-1　岩土与地下工程现场检测技术有哪些？

8-2　什么是载荷板试验？载荷板试验的目的和方法是什么？

8-3　什么是静力触探试验？静力触探试验的原理和仪器是什么？

8-4　圆锥动力触探的适用条件？

8-5　标准贯入试验的试验设备和步骤？

8-6　地质雷达的应用范围？

第 9 章　地下工程监测实例

【本章导读】

本章主要介绍了地下工程监测实例，包括隧道工程监测和风机扩底锚杆基础监测，旨在通过具体的工程案例，展示地下工程监测的实施过程、方法、仪器和效果，以及监测信息的反馈和应用。本章还介绍了光纤光栅传感器和风力发电结构健康监测系统的设计和应用，展现了地下工程监测技术的新进展和发展趋势。通过本章的学习，学生们可以了解监测工程的全过程信息，并为进行地下工程测试与监测工程提供必要的理论基础和实践经验。

【重点和难点】

本章的重点是理解地下工程监测的实际需求、目标、方案、控制标准、仪器选择、数据分析和评价等内容，掌握地下工程监测的实施步骤和注意事项，以及相关的监测信息反馈和应用方法。本章的难点是根据实际工程性质、重要性和风险，制定适合不同工程类型的监测方案，选择合理的设备和技术，并综合考虑岩土体周围环境等多种因素对监测结果的影响。

9.1　某隧道工程监测

9.1.1　隧道工程概况

某城市快速路项目，隧道起点位于某区某大道与某街交叉口的西侧，终点位于某大街西侧，隧道全长 1025m，双向 6 车道。隧道段由西向东分别下穿某街（上跨地跌某号线）、某大街，其中西侧主线敞开段长 220m；东侧主线敞开段长 185m，暗埋段长度 620m，东侧 A 匝道敞开段长 112m，暗埋段长 80m；东侧 B 匝道敞开段长 120m，暗埋段长 99.23m，隧道在某大街与某大道交叉口，某大道北侧设置有地下一层设备综合附属用房，与主隧道相接。

隧道东、西两侧入口及 A、B 匝道附近设置有雨水泵房；隧道主线在某街东侧设置一个废水泵房。

隧道在某街上跨地铁某号线某盾构区间，B 匝道南侧紧邻一条电力管廊，隧道离周边建筑物均较远。部分段落支护结构平面布置如图 9-1 所示，纵断面如图 9-2 所示，横断面如图 9-3 所示。

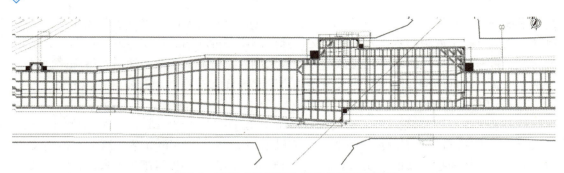

图 9-1　隧道中间段落支护结构平面布置图

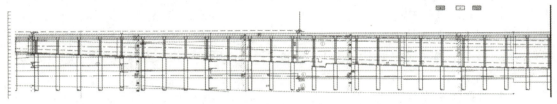

图 9-2　西线隧道中间段落支护结构纵断面图

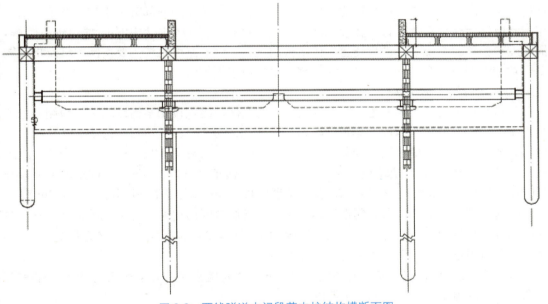

图 9-3　西线隧道中间段落支护结构横断面图

1. 西隧道围护结构设计及构造要求

1）施工方法

隧道采用盖挖（覆工板＋型钢梁铺盖）顺作法施工，主体结构部分敞口段、附属结构及匝道敞口段采用明挖顺作法施工。采用钻孔灌注桩＋内支撑围护的形式，围护结构与主体结构侧墙之间设外包柔性防水层，基坑采用坑外管井降水方案。

2）基坑主要施工步骤

基坑施工按照以下步骤：管线改移、场地平整→施工钻孔灌注桩、临时立柱桩及降水井→主体基坑开挖至第一道支撑底面处，及时施筑第一道支撑并架设临时路面系统→铺设路面系统→开挖至第二道支撑下500mm处→架设第二道支撑，开挖至基坑底面→施筑接地网、垫层→隧道底板防水层及底板结构、部分侧墙→拆除第二道支撑→继续向上施工顶板→拆除第一道支撑→继续盖挖逆做部分底板及侧墙→待隧道主线贯通后，拆除路面系统并恢复地面→内部结构、附属结构及两侧匝道敞开段施工。

3）围护结构形式

隧道采用盖挖顺作法施工，基坑长1051m，宽26.20～62.63m，基坑深度0.746～11.50m。主体结构和匝道围护结构大部分节段采用ϕ800@1200mm钻孔灌注桩加内支撑的围护方案，桩间挂网喷射混凝土支护，基坑竖向采用两道内支撑围护形式。部分较浅基坑采用一道支撑或重力式挡土墙。第一道支撑均为截面800×800mm的钢筋混凝土支撑，水平间距约6m，设置于冠梁上；其余支撑为609（t=16mm）钢支撑，水平间距约为3m，设置于钢围檩上。附属结构采用ϕ800@1200mm钻孔灌注桩加内支撑的围护方案，桩间挂网喷射混凝土支护，基坑竖向采用三道内支撑加一道换撑围护形式。支撑为609（t=16mm）钢支撑，水平间距约为3m。

4）临时路面系统

隧道结构位于某大道路面下，采用钻孔灌注桩加内支撑作为基坑围护结构。为了减少结构施工期间对某大道交通的影响，采用盖挖法施工，盖挖路面部分用于施工场地，部分用于临时路面保证车辆通行。在隧道施工期间，对某大道的交通利用临时便道进行疏解，同时在盖挖路面系统下方进行隧道主体结构的施工。盖挖路面系统主要由围护桩及桩顶冠梁、首道混凝土撑及纵梁、临时立柱、型钢梁、覆工板等组成。

2. 东段隧道主体结构

隧道起点位于某区某大道与某大街交叉口的东侧，终点位于某街以东，某南侧，隧道全长1647.8m，隧道为双向6车道。隧道段由西向东分别下穿有轨1、2号线以及电力管廊，有轨5号线，其中西侧主线敞开段长172.8m，主线暗埋段长715.0m；西侧C匝道敞开段长145.0m，C匝道暗埋段长275m；西侧D匝道敞开段长150m，D匝道暗埋段长190m，东侧左右线敞开段长245m，左线暗埋段长515m，右线暗埋段长度519.56m。

隧道在某与某交叉口东北侧设置地下一层设备综合附属用房，与主隧道相接。隧道在左线东洞口附近设置一处地下一层设备综合附属用房，与主隧道相接，隧道在主线C、D匝道西洞口附近设置一处雨水泵房，与主隧道相接。

电力管廊及有轨1、2号线沿某呈南北走向、横跨隧道主体，有轨5号线沿某呈东西走向，紧邻隧道主体结构，局部上跨隧道。

3. 东段隧道围护结构设计及构造要求

1）施工方法

隧道采用盖挖（覆工板＋型钢梁铺盖）顺作法施工，主体结构部分敞口段、附属结构及匝道敞口段采用明挖顺作法施工。采用钻孔灌注桩＋内支撑围护的形式，围护结构与主体结构侧墙之间设外包柔性防水层，基坑采用坑外管井降水方案。

2）基坑主要施工步骤

管线改移、场地平整→施工隧道暗埋段在某和某大道路口处部分围护桩、钢格栅、临时立柱及降水井→施工冠梁、顶板及防水层、挡墙及新建电力隧道→回填此处覆土并恢复交通→施工路口两侧其余隧道部分围挡并进行管线改移，后续工作同西段隧道。

3）围护结构形式

隧道采用盖挖顺作法施工，基坑长 1051m，宽 26.20～62.63m，基坑深度 0.746～11.50m。主体结构和匝道围护结构同西隧道。

4）临时路面系统

在隧道施工期间，对地面的交通利用临时便道进行疏解，同时在盖挖路面系统下方进行隧道主体结构的施工。盖挖路面系统主要由：围护桩及桩顶冠梁、首道混凝土撑及纵梁、临时立柱、型钢梁、覆工板等组成。

9.1.2　监测项目、频率、控制标准

根据某快速路项目隧道段监测招标文件，基坑场地岩土工程地质、水文地质条件、基坑边坡安全等级、周边环境条件及《城市轨道交通工程监测技术规范》GB 50911—2013、《建筑基坑支护技术规程》JGJ 120—2012、《建筑基坑工程监测技术标准》GB 50497—2019 等规程规范，某快速路项目土建施工图纸设计文件中监测设计内容，基坑支护监测项目主要如表 9-1 所示。

监测项目和监测频率表　　　　　　　　　　　　　　表 9-1

序号	监测项目	位置或监测对象	量测频率	监测项目控制值	监测精度要求	测点布置
1	围护结构顶部水平、竖向位移	围护结构上端部	基坑开挖期间，当基坑开挖深度 $H \leqslant 5m$，1 次/3d； $5m < H \leqslant 10m$，1 次/2d； $10m < H \leqslant 15m$，1 次/d； $15m < H \leqslant 20m$，1 次/d； $H > 20m$，2 次/d； 底板浇筑后，1～7d，2 次/d；7～14d，1 次/1d；14～28d，1 次/d；28d 以后，1 次/3d	30mm	1.0mm	沿基坑纵向 20m 一个（基坑阳角处应布置测点）
2	立柱	立柱结构上端部		30mm	1.0mm	不少于格构柱总数的 5%
3	覆工板	覆工板顶部		30/10mm	1.0mm	每块板不少于 1 个测点
4	深层水平位移	坑内围护结构全高		30mm	0.25mm/m	沿基坑纵向 20m 一个（基坑阳角处应布置测点）
5	支撑轴力	支撑端部		Max：$(60\%～70\%)f$ Min：$(80\%～100\%)f_y$	≤0.5%FS	每层不少于 5% 个点，具体情况根据现场确定
6	地面沉降	周围一倍基坑开挖深度范围内		30mm	1.0mm	沿基坑纵向 40m 一个
7	地下水位	基坑周围止水帷幕外侧 2m 处		≥500mm/d	5mm	沿基坑纵向 40m 一个
8	周边建筑物沉降、位移、倾斜	基坑周边需要保护的建筑物		10mm	1.0mm	沿建筑外墙 15m 或每隔 2～3 根柱基布置
9	周边建筑物裂缝，地面裂缝	基坑周边需要保护的建筑物及地面		1.5mm 10mm	0.1mm	对裂缝进行监测
10	基坑周边管线变形	基坑周边需要保护的管线		10mm	1.0mm	每间隔约 15m 布置一个

9.1.3　监测方案制定

1）确定测点类型和数量：结合基坑工程性质、地质条件、设计要求、施工特点、受力状态转换等因素综合分析。

2）确定监测断面：验证设计数据而设的测点应布置在设计中的最不利位置和断面，如最大变形、最大内力处。为指导施工而设的测点布置在相同工况下的最先施工部位，其目的是及时反馈信息，以便修改设计和指导施工。

3）变形测点布置：表面变形测点的位置既要反映监测对象的变形特征，又要注意通视性，便于全站仪观测，还要有利于测点保护。

4）力测点布置：所设支撑轴力变化测点应实时反映支撑结构的受力情况，同时不能削弱结构的变形刚度和强度。

5）变形与力测点协同原则：在实施多项内容测试时，各类测点的布置在时间和空间上应该有机结合，力求使同一监测部位能同时反映不同的物理变化量，以便找出其内在的联系和变化规律。

6）测点保护：测点在施工过程中若遭到破坏，应该尽快在原来位置或靠近原来位置补设测点，以保证该点观测数据的连续性。

7）测点布设范围：从基坑边缘以外1～3倍开挖深度范围内需要保护的建（构）筑物、地下管线等均应作为监控对象。必要时，应扩大监控范围。位于重要保护对象如地铁、轻轨安全保护区范围内的监测点的布置，应满足相关部门的技术要求。

8）测点布置图：编制监控量测点总平面布置图及断面图，按图埋设基准点和沉降标等观测点，典型断面布置如图9-4所示。

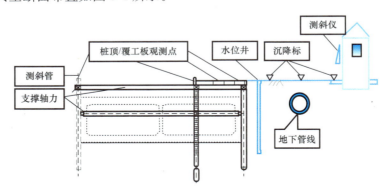

图9-4　隧道基坑监测断面布置图

9.1.4　监测仪器和监测系统组成

1. 支护桩格构柱顶部竖向位移监测点布设

1）基准网的布设和基准点埋设

为了取得可靠的竖向位移控制测量起始数据，首先需进行地表控制网的检测，当基坑周围有可供利用的三角点和导线点时，应进行全面复测和补测，否则根据需要布测新网。在场地四周埋设四个测量基准点（独立于基坑变形之外，属于相对稳定的点，是进行竖向位移监测的起始点），组成闭合环线，为了检核测量基准点的稳定性，在距建筑场地 50m 以外选择稳定建筑基础设三个检核点，定期对工作基准网进行复测检核，以保证成果的可靠性。

基准点必须埋设标石和标志，点位应埋设在原状土层中，埋设时先将松土挖去 1m 深，夯实后浇 1.2m×1.2m×0.2m 素混凝土作填层，随后用砖砌，中间空心填混凝土，其顶部放入铜标志或用长 1m 的 φ16mm 螺纹钢插入素混凝土中，顶端焊接成半球形并涂上防锈漆，顶层施工成小窖井加盖，盖厚 0.1m。浇灌前绑扎 φ6.5mm 钢筋一层。盖板与地面平齐或略高于地面。

2）竖向位移监测点布设

竖向位移监测点沿基坑周边布设在支护桩及格构柱顶部，布设平均间距 20m。

2. 支护桩格构柱顶部水平位移监测点布设

1）工作基点的布设方法

工作基点一般采用建墩布设，即在基坑的拐角处（基坑拐角处，变形最小，一般仅为基坑最大变形的 1/10 左右）建立观测墩。工作基点墩的布置按如下方法进行，首先在基坑边的支护桩冠顶梁上钻孔，孔深 100mm，在孔内埋设 φ25 钢筋，并浇筑混凝土观测墩，墩尺寸：长×宽×高＝250mm×250mm×1200mm，墩顶部埋设强制对中螺栓和仪器整平钢板，并在中螺栓顶部刻十字丝，在墩的中间增加加强钢筋，每个墩都加工一个钢盖板，通过盖板以保护测点不受破坏。具体尺寸根据仪器基座丝口尺寸决定。建立的工作基点观测墩现场效果如图 9-5 所示。

图 9-5 水平位移监测工作基点示意图

2）水平位移监测点的布设方法

在支护桩顶部埋设工作基点和观测点时，首先布设工作基点墩，在建立好工作基点墩后，将仪器架设在工作基点墩上，沿基坑周边布设监测点，观测点位置必须选择在通视处，要避开基坑边的安全栏杆，一般情况下，离基坑边 300mm 比较合适，既可避开安全栏杆，又不会影响施工，也便于保护。

监测点根据采用的反射棱镜，定制如图 9-6 所示的对中螺栓代替普通的棱镜对中螺栓，该螺栓的顶部加工成半球形，并刻十字丝，可直接把棱镜套在螺栓上，并可自由转动棱镜。现场效果如图 9-6 所示。

3. 支护桩体深层水平位移监测点布设

1）支护桩体深层水平位移监测点应沿基坑周边围护墙体布设，监测点的布设位置与桩顶水平位移和竖向位移处于同一监测断面。

2）测斜管的埋设方法。支护结构测斜管一般采用绑扎埋设。通过直接绑扎或设置抱箍将测斜管固定在支护桩钢筋笼上，钢筋笼入槽后，浇筑混凝土。测斜管与支护结构的钢筋笼绑扎埋设，绑扎间距不宜大于 1.5m，测斜管与钢筋笼的固定必须牢固，以防浇筑混凝土时，测斜管与钢筋笼相脱落。同时必须注意测斜管的纵向扭转，防止测斜仪探头被导槽卡住。测斜管示意如图 9-7 所示。

(a)　　　　　　　　　　　　　　　　(b)

图 9-6　水平位移监测点示意图
（a）金属监测标；（b）发射棱镜

(a)　　　　　　　　　　　　　　　　(b)

图 9-7　测斜管-测斜仪示意图
（a）测斜套管；（b）测斜传感器

3）测斜管埋设与安装。测斜管埋设与安装应遵守下列原则：

（1）采用测斜仪在埋设于围护结构内的测斜管内进行测试。测点宜选在变形大（或危险）的典型位置。

（2）管底宜与钢筋笼底部持平或略低于钢筋笼底部，顶部达到地面（或导墙顶）。

（3）测斜管与支护结构的钢筋笼绑扎埋设，绑扎间距不宜大于 1.5m。测斜管与钢筋笼的固定必须牢固，以防浇筑混凝土时，测斜管与钢筋笼发生脱落。同时必须注意测斜管的纵向扭转，防止测斜仪探头被导槽卡住。

（4）测斜管的上下管间应对接良好，无缝隙，接头处用自攻螺栓牢固固定、用封箱胶密封。

（5）管绑扎时应调正方向，使管内的一对测槽垂直于测量面（即平行于位移方向）。

（6）封闭底部和顶部，保持测斜管的干净、通畅和平直。

（7）做好清晰的标志和可靠的保护措施。

4．支撑轴力监测点布设

对于设置内支撑的基坑工程，常规选择部分典型支撑进行轴力变化观测，以掌握支撑系统的正常受力状况。对于钢支撑，其轴力采用端头轴力计（又称反力计）进行测试；对于钢筋混凝土支撑，一般通过在构件受力钢筋上串联钢筋应力传感器测定构件受力钢筋的应力，然后根据钢筋与混凝土共同工作、变形协调条件推算其轴力；为了能真实反映出钢筋混凝土支撑杆件的受力状况，测试断面内一般应配置 4 个钢筋应力计，位置分别选择在四侧的中间，轴力计示意如图 9-8 所示，钢筋计如图 9-9 所示。

图 9-8　轴力计　　　　　　　　　　　　　　图 9-9　钢筋计

1）轴力计安装方法

（1）安装前，一定要对轴力计进行标定。

（2）采用专用的轴力架安装架固定轴力计，安装架的一面与钢支撑端头连接牢固，安装架与钢支撑端头的钢板通过焊接方式连接，中间加一块 250mm×250mm×25mm 的加强钢垫板，以扩大轴力计受力面积，防止轴力计受力后陷入钢板影响测试结果。

（3）安装过程必须注意轴力计和钢支撑轴线在一条直线上，各接触面平整，确保钢支撑受力状态通过轴力计（反力计）正常传递到支护结构上。

（4）待焊接冷却后，将轴力计推入安装架圆形钢筒内，并用螺栓（M10）把轴力计固定在安装架上。

（5）将导线电缆接到观测台，进行安装保护和做好标志。

2）振弦式钢筋应力计安装方法

钢筋计与钢筋的连接主要有两种方法：

（1）焊接法：把一根钢筋的端头插入传感器的预留孔中，再把另一根钢筋端头插入传感器的另一端预留孔中，沿传感器的端头焊接均匀，焊接时采用冷却措施，以防温度过高损坏电磁线圈和改变钢弦性能。

（2）螺纹连接：在被测钢筋中，选若干小段（1m 左右），每一端制成与传感器相同的螺纹规格，把钢筋带螺纹的一端，拧入传感器中，直到拧紧为止，拧紧前应涂一层 914 环氧树脂快干胶，以防丝扣间隙影响应力传递，把安装传感器的钢筋带到现场进行焊接。

3）振弦式表面应变计安装方法

首先，将一标准长度的芯棒装在安装架上，拧紧螺栓；其次，将装有标准芯棒的安装架焊接在钢筋的表面，松开螺栓；最后，从一端取出标准芯棒，待安装架焊接冷却后，将应变计从一端慢慢插入安装架内，拧紧螺栓。

5. 地下水位监测点布设

水位管的埋设与安装应遵守下列原则：

1）成孔：水位观测孔采用清水钻进，钻头的直径为 ϕ130，沿铅直方向钻进。在钻进过程中，应及时、准确地记录地层岩性及厚度、钻进时间及初见水位等相关数据；钻孔达到设计深度后停钻，及时将钻孔清洗干净，检查钻孔的通畅情况，并做好清洗记录。

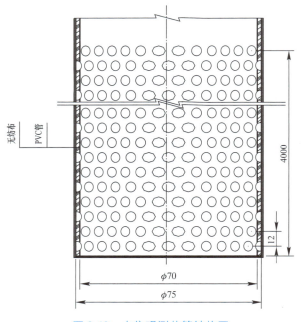

图9-10　水位观测井管结构图

2）井管加工：井管的原材料为内径 $\phi70$、管壁厚度为 2.5mm 的 PVC 管。为保证 PVC 管的透水性，在 PVC 管下端0～4m 范围内加工蜂窝状 $\phi8$ 的通孔，孔的环向间距为 12mm，轴向间距为 12mm，并包土工布滤网，井管的长度比初见水位长 6.5m，如图 9-10 所示。

3）井管放置：成孔后，经校验孔深无误后吊放经加工且检验合格的内径 $\phi70$ 的 PVC 井管，确保有滤孔端向下；水位观测孔应高出地面 0.5m，在孔口设置固定测点标志，并用保护套保护；如图 9-11 所示。

4）回填砾料：在地下水位观测孔井管吊入孔后，应立即在井管的外围填粒径不大于 5mm 的粒石。

5）洗井：在下管、回填砾料结束后，应及时采用清水进行洗井。洗井的质量应符合现行行业标准《供水水文地质钻探与管井施工操作规程》CJJ/T 13—2013 的有关规定。并做好洗井记录。

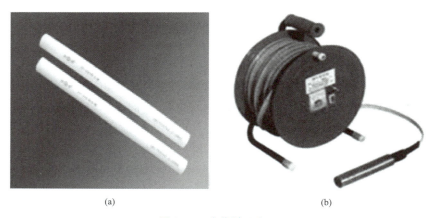

(a)　　　　　　　　　　　　　　(b)

图9-11　水位计示意图

（a）水位管；（b）水位计

6. 周边建（构）筑物竖向位移监测点布设

1）观测基准点、工作点及监测点的布设原则

（1）基准点位置的选择要求

基准点点位应选择在基坑施工影响范围外的稳定区域。一般情况下，基准点应布设在 3 倍的基坑深度以外的稳定区域，其数量分布在保证观测精度的前提下，便于施工、施测和保存。根据实际情况，基准点可采用基岩式基准点，亦可选择远离基坑沿线具有挖孔桩

基础的高层建筑物的结构上建立基准点。

工作点的选取应视观测点与基准点的距离而定，初步确定为每个基准点联测三个工作点。

（2）监测点的布设位置

建（构）筑物的竖向位移监测点应埋设在建（构）筑物的结构柱上，数量视建筑物的结构及面积而定，但所布设的沉降监测点应以能反应建筑物的不均匀沉降为前提。

2）竖向位移监测基准点、工作点及观测点的点位的制作及安装

竖向位移监测点点位的制作除了要满足精度的要求之外，还要做到不影响建筑物的外观，不影响车辆或行人的交通。

工作点采用浅埋钢筋水准标志，监测点的布置及数量视具体情况而定，监测点的主要形式有：

（1）对于混凝土结构墙体上的监测点，采用在结构上钻孔后埋设"L"型点位标志的方法；测点采用 $\phi20$ 不锈钢制作，测点端头加工成半球形，先用冲击钻在墙柱上成孔，在孔中装入 $\phi20$ 不锈钢测点，然

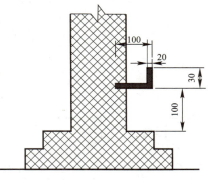

图 9-12 建（构）筑物竖向位移
监测点示意图（mm）

后在孔内灌注云石胶及其凝固剂进行固定（测点固定部位做成螺纹）。样式如图 9-12 所示。

（2）考虑到部分高级建筑物外观的需要，在该建筑物布设监测点时应采用隐蔽式。如图 9-13 所示。

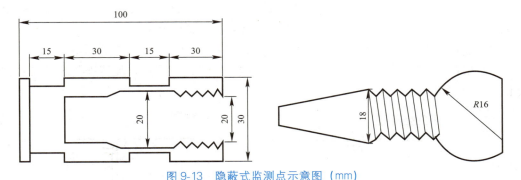

图 9-13 隐蔽式监测点示意图（mm）

监测点埋设时应注意避开如雨水管、窗台线、电器开关等有碍设标与观测的障碍物，并视立尺需要离开墙（柱）面和地面一定距离。测点埋设完毕后，在其端头的立尺部位涂上防腐剂。

7. 周边建（构）筑物裂缝监测点布设

基坑施工前，对影响范围内的建（构）筑物进行裂缝调查，用数码相机对既有建（构）筑物裂缝进行拍照，并记录裂缝位置。隧道基坑施工过程中，在巡检的时候如发现建筑物有新裂缝发生，需要根据实际情况增加建筑物裂缝监测点。在相应的裂缝安装裂缝传感器和自动化采集设备，每条裂缝布置 2～3 组测点。测量数据通过 GPRS 实时传输到平台，平台实时处理，根据实际需要设定采集频率，比传统的人工测读具有更高的时效性，并可根据实际的需要加密采集信息。裂缝计如图 9-14 所示。

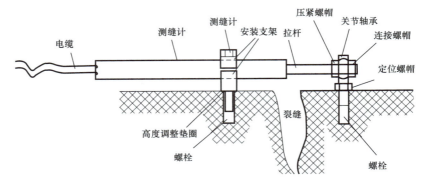

图 9-14　裂缝计布置示意图

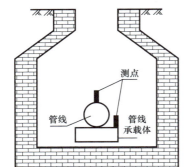

图 9-15　隐蔽式监测点示意图

8. 周边地下管线变形监测点布设

1）监测点布设原则

周边管网监测方法可采用套筒式或抱箍式监测方案，采用一个硬塑料管或金属管打设或埋设于所测管线顶面和地表之间，量测时将测杆放入埋管，再将标尺搁置在测杆顶端。具体布设参照示意如图 9-15～图 9-17 所示。

管线测点按照监测设计图纸布点位置进行设置，布置的原则为：

（1）原则上地下管线监测点重点布设在煤气管线、给水管线、污水管线、大型的雨水管线上，测点布置时要考虑地下管线与洞室的相对位置关系；

（2）测点宜布置在管线的接头处和拐角处，或者对位移变化敏感的部位；

（3）根据设计图纸要求，有特殊要求的管线布置管线管顶点，无特殊要求的布置在管线上方对应地表。

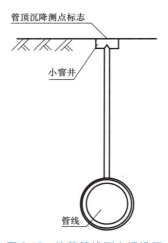

图 9-16　抱箍管线测点埋设图

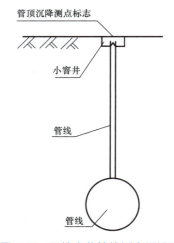

图 9-17　无检查井管线测点埋设图

2）监测点布设方法

管线沉降监测测点埋设时应注意准确调查核实管线的埋设深度、位置，确保测点能够准确地反应管线变形，采用钻孔埋设方式前应探明有无其他管线，确保埋设安全。如不能在管线上直接设点，可在管线周围土体中埋设监测点，通过对周围土体变形监测确定管线变形情况。

针对管线的埋设分三种情况：

（1）观测范围内有检查井的管线，直接打开检查井将监测点布设到管线上或者管线承载体上。

（2）管线埋设浅且开挖不影响周边交通时，采用抱箍法埋设，测点与管线直接抱箍连接在一起；测杆直接引出路面，测点上部采用套筒保护。

（3）无检查井并且不具备开挖条件的管线采用钻机破开路面硬化层，探挖到管顶埋设测杆。

9.1.5 监测结果示例

1. 施工概况及施工进度情况

某站～某站区间基本位于某路和某下方，线路出某站后沿某向西南行，侧穿某高架桥桥桩（规划）后拐至某到某站。

本区间隧道里程范围右线为 K18＋435.202～K20＋072.536，左线为左 K18＋435.203～左 K20＋072.536。

右线全长 1637.334m，其中 K18＋435.202～K18＋514.002 段为矿山法施工区间，长 78.8m；K18＋514.002～K20＋072.536 段为盾构法施工区间，盾构区间长 1558.534m。

区间在左 K18＋789.617 设置一处长链，长链长度 6.851m；在左 K19＋856.621 设置一处短链，短链长度 21.452m。区间左线全长 1622.732m，左 K18＋435.203 至左 K18＋514.109 采用矿山法施工，左 K18＋514.109 至左 K20＋072.536 采用盾构法施工，矿山段长 78.906m，盾构段长 1543.826m。区间结构埋设 12.5～21.8m。

区间在里程 K18＋606.202 处设置 1 号联络通道；在里程 K19＋143 处设置 2 号联络通道兼做废水泵房；在里程 K19＋736.825 处设置 3 号联络通道。

某站采用明挖法，某站采用盖挖法，均具备盾构机始发和接收条件。考虑区间下穿潆江桥，为减小截桩风险，靠近万泉公园站一端采用矿山法，盾构机从某站下井后，从矿山段空推过去，在矿山端头井始发，然后掘进至某站，在某站盾构掉头。

先进行左、右线隧道矿山法段的施工，再进行右线隧道掘进施工，到达某站掉头，进行左线隧道的掘进施工，最后再由某站盾构井吊出，完成本区间盾构段隧道施工。

2. 监测工作情况

本周对某盾构段进行监测，监测项目为地表点沉降、地下管线沉降、建筑物沉降等，施工监测周报样例见附录，测点布置见附录，监测数据汇总，数据见附录。

3. 监测数据初步处理、分析及信息反馈

1）数据处理及分析

（1）本周对地表点沉降进行监测，累计沉降最大点为 18＋550－1DB，累计变化值 －2.3mm，本周变化最大点 18＋550－1DB，变化值 －2.3mm，日平均变化速率 －0.33mm/d。

（2）本周对地下管线沉降进行监测，累计沉降最大点为 18＋525－1GN，累计变化值 －1.5mm，本周变化最大点 18＋525－1GN，变化值 －1.5mm，日平均变化速率 －0.21mm/d。

（3）本周对建筑物沉降进行监测，累计沉降最大点为 ZP01，累计变化值－0.8mm，本周变化最大点 ZP01，变化值－0.8mm，日平均变化速率－0.11mm/d。

2）信息反馈及小结

根据本周监测数据及现场巡视情况，各项变形速率都在允许范围之内。

4. 下周计划

下周工作重点为地表点沉降、地下管线沉降、建筑物沉降等。

5. 现场巡视

现场环境的观察：巡视人员应该对现场环境的各种情况进行全面观察。安全隐患的排查：巡视人员应该对现场的各种安全隐患进行仔细排查。职责人员的检查：巡视人员应该对现场职责人员的工作情况进行检查。设备设施的检查：巡视人员应该对现场的各种设备设施进行检查。工作流程的检查：巡视人员应该对现场的各种工作流程进行检查。

9.1.6　监测信息反馈

根据工程特点，全部监测数据（数据采集及数据分析）均由计算机管理，如监测值出现较大增长或速率加速时，可及时通知施工、设计、监理及运营公司，采取相应措施，确保地铁运营安全。监测反馈流程如图 9-18 所示，并需及时对结果进行分析。

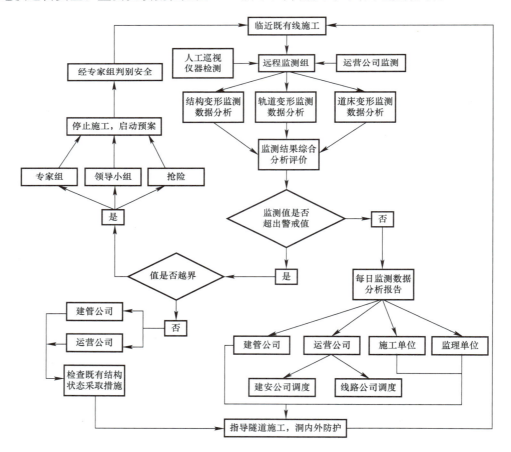

图 9-18　新建隧道工程对既有地铁隧道影响施工监测反馈流程图

9.2 某开发区风机扩底锚杆基础监测

9.2.1 风电场风机概况

某开发区风电场（图 9-19）工程位于辽宁省铁岭市，工程采用某厂家制造的多台
1.5MW 的 UP82/1500 型 IIIA 风机机组，装机容
量为 49.5MW，风机塔架高 65m，属于高耸结
构，主要由塔筒、机舱和叶轮组成。其中，机舱
重 64t、叶轮重 337t、塔架重 99.391t、基础环重
9.983t。

根据《风电机组地基基础设计规定》FD
003—2007，风电场的地质条件属于山体中常见的
简单的岩土地基，其基础设计属二级，风电机组
地基基础抗震设防属丙类，基础混凝土结构环境
类别为二 b 类。

图 9-19 某开发区风电场

基础设计如图 9-20 所示，其中：$H=2.55\text{m}$，$h=1.7\text{m}$，$h_1=1.0\text{m}$，$h_f=0.4\text{m}$，
$h_t=0.45\text{m}$，$r_1=4.9\text{m}$，$r_2=3.0\text{m}$，$r_3=2.0\text{m}$，塔筒直径 $d_t=4.0\text{m}$，中心区域：内径
$d_i=3.2\text{m}$，外径 $d_0=6.0\text{m}$，混凝土体积：$V_1=95.4\text{m}^3$，土体体积：$V_2=18\text{m}^3$。

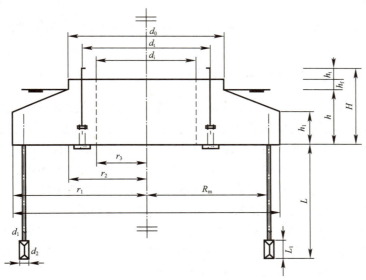

图 9-20 基础设计

按照《风电场工程等级划分及设计安全标准》NB/T 10101—2018 中的规定进行划
分，铁岭风电场所使用的风机机组塔架、基础级别为二级，结构安全等级为二级。关于本
工程的地质概况：

1. 岩石地基的构成

根据勘测专家的现场勘测结果，风电场地区的地层，上部主要的土体为第四系花岗岩。

2. 地下水条件

场地勘察期间勘测深度内未见地下水。

3. 不良地质作用

根据现场勘察及调查了解，场地范围内及其附近不存在对工程安全有影响的岩溶土洞、崩塌、滑坡、泥石流及采空区等不良地质作用。

4. 地基土承载力的确定

场地各层地基土承载力特征值 f_{ak} 如下：

花岗岩② f_{ak}＝350kPa；

花岗岩③ f_{ak}＝600kPa；

花岗岩④ f_{ak}＝1000kPa。

5. 地基岩土分析及基础方案意见

场址区域内地层地基承载力很高，风机基础以花岗岩③和花岗岩④为持力层，风机锚杆锚入花岗岩③和花岗岩④层。扩底岩石锚杆埋入岩石地基的长度为4m，锚杆上部的直径为0.13m，扩大头部分的高度为0.5m，直径为0.2m。采用C35细石混凝土灌孔，混凝土强度等级应进行配比试验和室内标准试块强度试验，并掺入一定比例的膨胀剂。砂浆与岩石粘结强度取中风化花岗岩为0.5MPa、微风化花岗岩为0.6MPa。如风机位所在的山顶部位侧边山坡较陡，则采用必要的护坡措施。

6. 其他

1）根据《中国季节性冻土标准冻深线图》，拟建场地地基土标准冻深为1.40m，最大冻深约为1.70m。

2）拟建场地抗震设防烈度为6度，地震动峰值加速度为0.05g，地震动反应谱特征周期为0.35s。

9.2.2 扩底锚杆基础设计原理

传统锚杆采用直锚技术，先将锚杆埋于等径岩孔，之后灌注细石混凝土或砂浆形成等径锚桩，依靠锚桩与岩孔间摩擦力抵消锚杆的上拔载荷。此种技术在风化岩层地区应用中，等径铺桩在上拔负荷的作用下，由于风化岩层中存在大量岩石节理，锚桩可能因摩擦力不足，发生滑动。在风化岩层中锚杆基础上拔力的关键在于岩孔和锚杆砂浆柱的粘结强度，大量工程试验证明上拔破坏是锚杆的砂浆柱从岩体中抽出造成的。

扩底锚杆技术采用专利扩底钻头，在等径岩孔底部进行扩底，将锚孔由直径130mm扩底为230mm，扩底高度为500mm。锚底部安装双向撑板，利用销轴固定于锚杆杆体。锚杆下端进入扩底锚孔后双向撑板张开，扩撑于扩底锚孔内，防止锚杆杆体从锚孔内拔出，如图9-21所示。扩底锚杆基础从根本上改变了直锚杆的受力原理，如图9-22所示。由原来的摩擦桩改变为扩底部分受力的承载桩基础。铁岭风电场的岩石锚杆基础直径为9.6m，采用M60主体材质为6.8级的岩石扩底锚杆。扩底岩石锚杆与岩石地基的埋入长度为4m，锚杆上端埋入基础内部的长度为0.8m，设计时采用了径向、环向配筋的方式。锚杆分布圆直径：d_m＝8.0m，均布锚杆数量n＝28根，锚杆采用6.8级M60锚栓，有效面积A_e＝2362mm^2，锚杆孔直径d_1＝130mm，扩底直径d_2＝130mm，锚杆锚固长度L＝4.0m，扩底长度L_1＝0.5m。

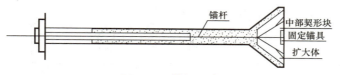

图 9-21　锚杆设计

由于风力发电机基础首次应用岩石锚杆，其受力状况及破坏模式尚未得到验证，只能通过现场拉拔试验来粗略检测岩石锚杆基础的安全性，所以对其理论性研究就显得十分重要，再者风机基础是群锚杆，风机荷载变化往复变化也十分复杂，群锚杆用于风机基础的实际破坏机理和型式无法确定，因此，有必要对锚杆进行结构健康监测。

图 9-22　扩底锚杆基础

9.2.3　监测的目的

该风力发电机组体形较大，造价高，一旦破坏将造成较大的经济损失，甚至是人员伤亡，同时也会造成非常不利的社会影响。风车基础的安全关系到整个机组正常运行的安全，在该风力发电机基础施工过程中，某大学与设计院单位—某电力勘测设计院合作开发和安装了风力发电机组锚杆基础光纤光栅健康监测系统。该健康监测系统利用管线光栅传感器进行监测的主要目标有两个：① 施工过程监测，风力发电基础在上部结构安装过程中，随着荷载的增加，基础的受力变化情况；② 长期安全性能监测，通过连续实时监测风力发电机组在工作中的基础应力变化过程，掌握结构的安全状况，并在基础出现裂缝和破坏前进行提前预警，提高风力发电机组的安全度。

9.2.4　光纤光栅传感器监测案例

1. 监测方案

锚杆的长度为7m，在距锚杆顶部1.5m、3m、6m处分别布设3个光纤光栅应变传感器。1号锚杆布设的光纤光栅应变传感器的标号为1-3号；2号锚杆布设的光纤光栅应变传感器的标号为4-6号；3号锚杆布设的光纤光栅应变传感器的标号为7-9号；4号锚杆布设的光纤光栅应变传感器的标号为10-12号。

布设的光纤光栅温度传感器如表9-2所示，在距锚杆顶部4.5m处布设光纤光栅温度传感器，1号锚杆布设1号温度传感器，2号锚杆布设2号温度传感器，3号锚杆布设3号温度传感器，4号锚杆布设4号温度传感器，如图9-23所示。

传感器的布点位置及数量　　　　　　　　　　　　　　　　　　表 9-2

项目	锚杆编号	光纤光栅应变传感器数量和编号	光纤光栅温度传感器数量和编号
风车基础锚杆	1	3(1号、2号、3号)	1(1号)
	2	3(4号、5号、6号)	1(2号)
	3	3(7号、8号、9号)	1(3号)
	4	3(10号、11号、12号)	1(4号)

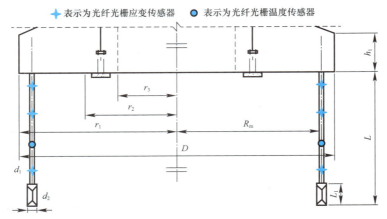

图 9-23   扩底锚杆基础布设

风力发电机基础的锚杆长度为 7m，每根锚杆上粘贴 3 个光纤光栅应变传感器，1 个光纤光栅温度传感器。选择对称的 4 根锚杆呈十字花形布置，每个锚杆上布设 1 个光纤光栅温度传感器与 3 个光纤光栅应变传感器。一共为 9 个光纤光栅应变传感器（钢管封装的光纤光栅应变传感器），3 个光纤光栅温度传感器。光纤光栅应变传感器和光纤光栅温度传感器（用于温度补偿和温度监测）

2. 传感器的安装

1）按照传感器布设方案在锚杆的相应位置用记号笔做标记，然后用磨砂纸在标记处打磨至光亮。

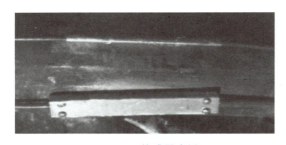

图 9-24   传感器布设

2）把环氧树脂搅拌均匀，并且均匀的涂抹在锚杆打磨处，将传感器粘贴在已经打磨的锚杆上。并将传感器用环氧树脂胶密封，再使用绷带循环捆绑，既可以使结构与传感器粘贴地更加牢固，同时也能起到防水的作用，如图 9-24 所示。

3）将光纤光栅接头跳线通过 PVC 管内与传感器相连，接头处采用防水胶布加以保护并将铝塑管两端采用密封胶封住，防止雨水进入而腐蚀光纤光栅跳线。

4）将所有的光纤接头跳线穿入 PVC 管并在基础底部进行钢筋走线，把光纤光栅跳线及预留接头放入监控箱中，方便后期监测与维修，参见图 9-25。最后，采用通光笔对安装的光纤光栅传感器进行检测，确定其是否能够正常工作，是否在施工过程中被破坏。

健康监测系统从 2021 年安装调试完成后，通过对风力发电机组基础的连续实时监测，得知该结构的安全状况，确保机组的运行安全。首先用光纤调解仪器检测光纤光栅传感器是否能正常工作，结果显示全部传感器正常运作，说明对传感器进行很好保护，基础内部走线如图 9-26 所示。当地风力为 3～4 级时，所布设的光纤光栅应力传感器的波长变化平稳，风力为 3～4 级时对锚杆应变没有影响。

3. 监测数据分析

以 1 号和 2 号应变传感器监测数据为例。如图 9-27 所示为 1 号应变传感器监测结果，

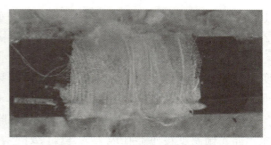

图 9-25　传感器安装与走线

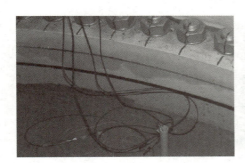

图 9-26　基础内部走线

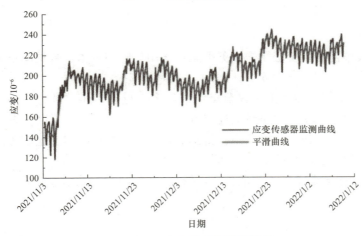

图 9-27　1 号应变传感器监测结果

1 号传感器位于锚杆 1.5m 处。随着监测工作的开展，1 号传感器应变监测结果逐渐增加，在 2021 年 11 月 6 日到 2021 年 11 月 9 日，1 号测点应变监测数据急剧增加，原因是某市由于冬季寒流引起环境温度的陡然降低，环境温度变化引起结构温度应力增加。在 2021

年 12 月 26 日，结构最大监测应变为 244 微应变，截至 2022 年 1 月 12 日，结构监测应变为 230 微应变，结构应变的监测数据展现了结构内力的变化规律。

2 号应变传感器锚杆 3m 处，如图 9-28 所示为 2 号应变传感器监测结果，与 1 号传感器变化规律基本相似。2 号传感器应变测试结果逐渐增加，在 2021 年 11 月 6 日到 2021 年 11 月 9 日期间，温度效应起明显控制作用。在 2021 年 12 月 26 日，结构最大监测应变为 378 微应变，截至 2022 年 1 月 12 日，结构监测应变为 343 微应变。光纤光栅应变传感器和光纤光栅温度传感器在风力为 3～4 级的情况下，传感器的表现均为正常，波长变化平稳，应变变化呈平滑平稳曲线。说明在此风力作用下，锚杆可以正常工作，没有达到其极限应变。

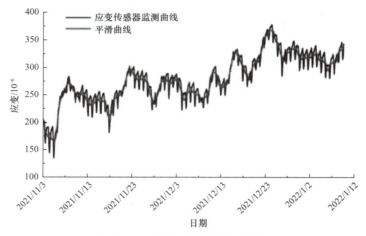

图 9-28   2 号应变传感器监测结果

9.2.5   风力发电结构健康监测系统设计

1. 系统构架

风机结构健康监测系统基于微服务框架，采用物联网技术、数据库技术以及网络技术进行搭建。系统自下到上分为 5 层：

1）采集层。由传感器和采集仪节点组成，多个近点传感器通过 RS-485 连线的方式连接至一台采集仪，采集仪再将数据通过 RJ-45 网线将数据发送至网关设备，网关设备将数据通过运营商网关发送至目标网络，传感器包括：应变传感器、温度传感器、静力水准仪、加速度传感器、位移传感器、风速仪、视频探头等（表 9-3）。

2）通信层。服务器端接收到消息后，依据特定的校验方式，将 socket 进行拆包并解析进入第三层。

传感器参数   表 9-3

序号	监测项目	设备类型	监测构件	设备参数	传感器照片	监测位置
1	应变、温度	AIOT-光纤光栅应变/温度传感器	锚杆混凝土、钢筋应力应变	非线性度：<1%FS		锚杆根部截面

序号	监测项目	设备类型	监测构件	设备参数	传感器照片	监测位置
2	沉降	AIOT-静力 水准仪	混凝土测点	工作温度： －40～80℃		基础沉降
3	加速度	AIOT-加速度 传感器	风机振动峰 值加速度	采样频率：100Hz。 防水等级：IP67		风机基础
4	风速仪	AIOT-风速仪	风速	0～60m/s 精度： ±(0.5±0.03×V) m/s 分辨率		风机塔 筒风速
5	视频监控	AIOT-视频 摄像头	视频	清晰度 1080P		周围环 境视频
6	位移计	AIOT-拉线式 位移传感器	位移	非线性度： <1%FS		位移

　　3）数据层。该层包含设备监测数据以及系统分析数据。将用户的请求数据、配置入参等以系统语言和格式存入数据库，为桥梁健康监测提供重要的数据基础。

　　4）应用层。系统的业务功能都封装在应用层，主要包含桥梁基本信息管理、监测设备管理、测值数据管理、监测数据分析、测值预警以及监测报告整编。

　　5）表示层。该层是直接与用户交互的一层，本系统包含 PC 网页端和微信小程序。前者主要面向现场作业人员用于现场问题上报，后者则更多面向管理人员，用于掌握所有项目概况、监测信息以及安全状态。

　　2. 数据采集与通信

　　物联网自动化监测的最底层包含采集层和通信层，采集层有传感器和采集仪设备，通信层则为网关设备。相近的传感器采用 RS-485 串口连接至同一台采集仪下，并用采集仪的通道号来区分不同的设备 ID。采集仪通过 RJ-45 网线连接至设备网关，并基于 4G 蜂窝网络实现数据至目标地址的传输。所有传感器的供电线与通信线布设在同一线槽下，以此降低开挖成本。供电方式分为城市市电，并配备一块蓄电池。采集仪、设备网关、蓄电池这三个设备封装至一个防风盒内，并视为一个采集总站。

3. 监测数据查询、检查和预警

数据查询功能采用图表方式实现数据可视化。用户可以从监测时间、测点编号、分量树等多个维度进行数据查询，并绘制成过程线。同时，也可以根据时程曲线的数据去查询该测点的测点属性、分布位置、测点状态等信息。该功能帮助用户快速获取重要信息，及时精准地通过数据来捕捉地下工程隐患。

根据工程标准，地下工程健康预警分正常、橙色预警、红色预警三个等级。考虑到业务中不同测项的实际情况，开发了"上限""下限""上下限"三种模式。在上下限的模式下，系统可以通过输入四个值，直观地在数轴上显示不同等级的预警区间。上限和下限模式则为输入两个单边值。若判断结果属于"正常"区间，则不做处理，若属于"橙色""红色"区间，则对其进行标记，并进入预警记录事件。风力发电结构健康监测系统如图 9-29 所示。

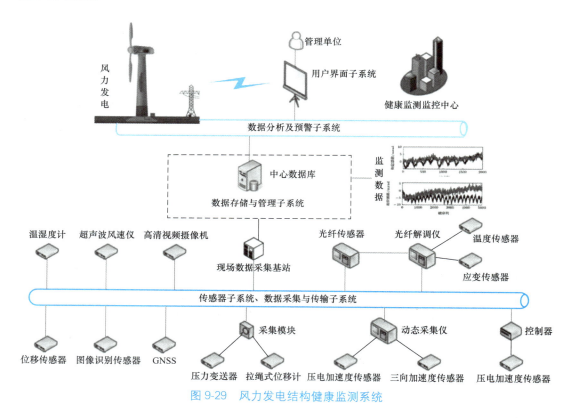

图 9-29　风力发电结构健康监测系统

复习思考题

9-1　结合具体案例来论述，隧道工程监测的数据如何整理、分析和评价？监测的信息又是如何进行反馈和应用的？

9-2　结合具体案例来论述，光纤光栅传感器在风机扩底锚杆基础监测中的特点和优势？

附录 1 施工监测周报

地铁某号线第十七合同段土建施工

某站～某站区间盾构段

第 01 期

时间：（2016.07.17～2016.07.23）

编　制_____

审　核_____

批　准_____

某隧道集团有限公司

某地铁第二项目经理部

附录 1.1　施工监测周报表

工程名称	万～泉区间盾构段	本期日期	2016.07.23
施工单位	某隧道集团有限公司	监理单位	某工程咨询有限责任公司某地铁某号线土建施工标段监理第三监理部

施工情况：
　某站～某站区间盾构段：（区间起始里程18＋511.2）
　盾构正式始发

编　制：　　　　　　　　　　　　　　　　　　　审批：
项目经理：　　　　　　　　　　　　　　　　　　年　月　日

审查意见：

专业监理工程师：　　　　　　　　　　　　　　　年　月　日

审核结论：

总监理工程师：　　　　　　　　　　　　　　　　年　月　日

附录 1.2　沉降竖向位移监测周报表

监测工程名称:某站～某站区间盾构段　　　　报表编号:　　　　　　　　天气:晴
本次监测时间:2016 年 07 月 23 日 09 时　　　　　　上次监测时间:2016 年 07 月 12 日 09 时

仪器型号:徕卡 NA2　　　　　仪器出厂编号:5688624　　　　　检定日期:2015 年 8 月 10 日

监测点名	初始值（m）	上次累计变化量（mm）	本次累计变化量（mm）	本次变化量(mm)	变化速率(mm/d)	控制值		预警等级	备注
						累计变化值(mm)	变化速率值(mm/d)		
18+535−2DB	44.8540	0.0	−1.7	−1.7	−0.06	30	3		
18+535−3DB	44.8836	0.0	−2.2	−2.2	−0.07	30	3		
18+535−4DB	44.9218	0.0	−1.6	−1.6	−0.05	30	3		
18+535−5DB	44.9527	0.0	−0.7	−0.7	−0.02	30	3		
18+535−6DB	44.9715	0.0	−1.2	−1.2	−0.04	30	3		
18+535−7DB	44.9925	0.0	−1.0	−1.0	−0.03	30	3		
18+550−1DB	44.8907	0.0	−1.7	−1.7	−0.06	30	3		
18+550−2DB	44.9268	0.0	−1.9	−1.9	−0.06	30	3		
18+550−3DB	44.9569	0.0	−1.2	−1.2	−0.04	30	3		
18+550−4DB	45.0010	0.0	−1.0	−1.0	−0.03	30	3		
18+550−5DB	45.0404	0.0	−0.9	−0.9	−0.03	30	3		
18+550−6DB	45.0484	0.0	−1.4	−1.4	−0.05	30	3		
18+550−7DB	45.0941	0.0	−0.8	−0.8	−0.03	30	3		
18+550−8DB	45.1058	0.0	−1.8	−1.8	−0.06	30	3		
18+550−9DB	45.1204	0.0	−1.4	−1.4	−0.05	30	3		
18+550−10DB	45.1569	0.0	−2.3	−2.3	−0.08	30	3		
18+550−11DB	45.1845	0.0	−1.0	−1.0	−0.03	30	3		
18+550−12DB	45.1762	0.0	0.2	0.2	0.01	30	3		

施工工况:左线始发里程为 K18+511.2。盾构正式始发。

监测结论及建议:初始值采集时间为 2016 年 7 月 12 日,第一次监测时间为 2016 年 7 月 19 日。无预警点,本周变化速率均小于控制值,无异常。

现场监测人:　　　　　　　　计算人:　　　　　　　　　　　　校核人:
监测项目负责人:　　　　　　监测单位:　　　　　　　　　　　某隧道集团有限公司

附录 1.3　地下管线沉降竖向位移监测周报表

监测工程名称:某站～某站区间盾构段　　　　报表编号:　　　　　　天气:晴
本次监测时间:2016 年 07 月 23 日 09 时　　　　　　上次监测时间:2016 年 07 月 12 日 09 时

仪器型号:徕卡 NA2　　　　仪器出厂编号:5688624　　　　检定日期:2015 年 8 月 10 日

监测点名	初始值(m)	上次累计变化量(mm)	本次累计变化量(mm)	本次变化量(mm)	变化速率(mm/d)	控制值		预警等级	备注
						累计变化值(mm)	变化速率值(mm/d)		
18+515−1GN	44.7764	0.0	0.8	0.8	0.11	10	2		供暖(有压)
18+520−5GN	44.7081	0.0	−1.3	−1.3	−0.19	10	2		供暖(有压)
18+525−1GN	44.6841	0.0	−1.5	−1.5	−0.21	10	2		供暖(有压)
18+535−1GN	44.7836	0.0	−0.4	−0.4	−0.06	10	2		供暖(有压)
18+545−1GN	44.7734	0.0	−0.8	−0.8	−0.11	10	2		供暖(有压)

施工工况:左线始发里程为 K18+511.2。盾构正式始发。

监测结论及建议:初始值采集时间为 2016 年 7 月 12 日,第一次监测时间为 2016 年 7 月 19 日。无预警点,本周变化速率均小于控制值,无异常。

现场监测人:　　　　　　　　计算人:　　　　　　　　　　校核人:
监测项目负责人:　　　　　　监测单位:　　　　　　　某隧道集团有限公司

附录 1.4　建筑物沉降竖向位移监测周报表

监测工程名称:某站～某站区间盾构段　　　　报表编号:　　　　　　天气:晴
本次监测时间:2016 年 07 月 23 日 09 时　　　　　　上次监测时间:2016 年 07 月 12 日 09 时

仪器型号:JSS30A　　　　仪器出厂编号:377　　　　检定日期:2015 年 8 月 10 日

监测点名	初始值(m)	上次累计变化量(mm)	本次累计变化量(mm)	本次变化量(mm)	变化速率(mm/d)	控制值		预警等级	备注
						累计变化值(mm)	变化速率值(mm/d)		
ZP01	46.5170	0.0	−0.8	−0.8	−0.11	10	1		
ZP02	46.5341	0.0	0.2	0.2	0.03	10	1		
ZP03	46.2902	0.0	−0.2	−0.2	−0.03	10	1		
ZP04	46.2976	0.0	−0.6	−0.6	−0.09	10	1		
ZP05	46.1838	0.0	0.1	0.1	0.01	10	1		

施工工况:左线始发里程为 K18+511.2。盾构正式始发。

监测结论及建议:初始值采集时间为 2016 年 7 月 12 日,第一次监测时间为 2016 年 7 月 19 日。无预警点,本周变化速率均小于控制值,无异常。

现场监测人:　　　　　　　　计算人:　　　　　　　　　　校核人:
监测项目负责人:　　　　　　监测单位:　　　　　　　某隧道集团有限公司

附录 1.5　盾构法施工监测巡查表

监测工程名称:地铁某线某站～某站区间盾构段土建工程

报表编号:

巡查时间:2016 年 7 月 23 日 09 时

天气:雨

分类	巡查内容	巡查结果
施工工况	盾构始发端、接收端土体加固情况	地质稳定
	盾构掘进位置(环号)	K18+511.2
	盾构停机、开仓等的时间和位置	正式始发
	联络通道开洞口情况	还未施工
	其他	无
管片变形	管片破损、开裂、错台情况	无
	管片渗漏水情况	无
	其他	无
周边环境	建(构)筑物的裂缝位置、数量和宽度,混凝土剥落位置、大小和数量,设施能否正常使用	无积水、渗水
	地下构筑物积水及渗水情况,地下管线的漏水、漏气情况	无异常
	周边路面或地表的裂缝、沉陷、隆起、冒浆的位置、范围等情况	无隆起,无沉陷
	其他	无异常
监测设施	基准点、监测点的完好状况、保护情况	完好
	监测元器件的完好状况、保护情况	

现场巡查人:　　　　　　　　　　　　　　　　　　　　监测项目负责人:

监测单位:某有限公司

附录 2　施工与运维监测报告

某开发区风机扩底锚杆基础监测

第 01 期

时间：(2021.07～2021.09)

编　　制＿＿＿＿＿＿＿＿＿＿＿＿＿
审　　核＿＿＿＿＿＿＿＿＿＿＿＿＿
批　　准＿＿＿＿＿＿＿＿＿＿＿＿＿

某电力勘测设计院有限公司

工程名称	某开发区风机扩底锚杆基础监测	本期日期	2021.10.01
施工单位	某建设集团有限公司	监理单位	某工程咨询监理有限责任公司

监测情况：

编　　制：　　　　　　　　　　　　　　　　　　　　　审批：
项目经理：　　　　　　　　　　　　　　　　　　　　　　年　月　日

审查意见：

专业监理工程师：　　　　　　　　　　　　　　　　　　年　月　日

审核结论：

总监理工程师：　　　　　　　　　　　　　　　　　　　年　月　日